Dietrich von Bern-Forum
Verein für Heldensage und Geschichte e.V.

(Herausgeber)

Einblicke in die Frühzeit der Eisenverarbeitung

Sagen als „Fundorte"

Bearbeiter: Dr. Reinhard Schmoeckel

Mit 23 Zeichnungen, Fotos, Karten, z.T. farbig

Die Deutsche Bibliothek verzeichnet diese Publikation in der Deutschen Nationalbibliographie; detaillierte bibliographische Angaben sind im Internet über

http://dnb.dnb.de

abrufbar.

Herstellung und Verlag:
BoD – Books on Demand, Norderstedt
ISBN: 9783741253355
Zu beziehen über jede Buchhandlung

Dietrich von Bern-Forum
Verein für Heldensage und Geschichte e.V.
(Herausgeber)

Forschungen zur Thidrekssaga

Untersuchungen zur Völkerwanderungszeit im nördlichen Mitteleuropa

Band 8

Hammerschmied (Hüttenmann)

Der Sage nach Wielands Bruder Slagfidr (Schlagfeder)
In der Eifel und im Sauerland: Reidemeister
In Siegen heißt er Frieder

Inhaltsverzeichnis

Vorwort

**vor allem für Leser, die bisher noch keine Verbindung mit
dem „Dietrich von Bern-Forum" oder dem BERNER hatten**

Schatzsucher haben es selten leicht. Meist ist das, was sie suchen,
versteckt und nur schwer zugänglich. Manchmal aber stößt man auch
auf Schätze vor der eigenen Nase. Man muss nur die Augen offen
halten und vielleicht zum zweiten Mal und nun genauer betrachten,
was man schon längst einmal gesehen hat, und man merkt dann
plötzlich, dass man einen „Schatz" vor sich hat.

Der Lesestoff in diesem Band – und damit der Ort, wo hoch interessante „Wissens-**Schätze**" zu finden sind – steht bereits in den
Bücherschränken wenigstens etlicher Mitglieder unseres Vereins, vor
allem, wenn sie ihm schon lange angehören und damit die kleine
bescheidene Zeitschrift DER BERNER beziehen – und wenn sie
diese Hefte aufgehoben haben. Denn der größte Teil der Beiträge in
diesem Buch sind Nachdrucke von Aufsätzen aus älteren und neue-
ren Heften dieser Zeitschrift.

Doch der eigentliche Fundort der „Wissens-Schätze", um die es
hier geht, liegt wiederum in a n d e r e n schriftlichen Quellen, die
nun allerdings viele hundert Jahre alt sind, wenigstens ihre schriftliche Fixierung. S i e wurden meist in den Aufsätzen im BERNER
behandelt. Und der wahre Ursprung dieser ä l t e r e n Quellen liegt
sogar noch etliche w e i t e r e Jahrhunderte zurück und reicht tief in
die Zeit hinein, da man noch nicht schreiben konnte und wichtiges
Wissen für künftige Generationen nur auf mündlichem Wege überliefern konnte, dem sogenannten „oralen Zeitalter".

Es handelt sich um die „ S a g e n" aus alter Zeit, die „**Helden**sagen" (nicht die Dorf- oder Ungeheuer-Sagen). Für das Gebiet des
nördlichen Mitteleuropa sind solche Heldensagen in einem dicken
Manuskript aus dem 13. Jahrhundert erhalten, das in nordischer (alt-

norwegisch/isländischer) Sprache geschrieben ist, die sogenannte **„Thidrekssaga".** Doch ist diese „Sage" nur eine Übersetzung aus der alt-nieder d e u t s c h e n Sprache; allerdings ist ein Text in d i e s e r Sprache s c h r i f t l i c h nicht erhalten.

Für Philologen („Alt-Skandinavistiker", „Alt-Germanisten") dürfte es eine Überraschung sein, dass auch die berühmte **„Edda"** aus Island im Grunde ebenfalls Vieles aus dem Gebiet des späteren Deutschland und dessen früher Kulturgeschichte berichtet, doch wurde das trotz 200 Jahren wissenschaftlicher Erforschung bisher kaum erkannt.

Der Verein, der als Herausgeber d i e s e s Buches fungiert, widmet sich seit dem Jahr 2000 der Erforschung des „Rätselbuches Thidrekssaga". Das betrifft keineswegs nur seinen Text, sondern vor allem auch sein historisches Umfeld, nämlich das reale Leben der Menschen im nördlichen Mitteleuropa in den ersten Jahrhunderten nach der Zeitwende, soweit man dazu etwas aus den Sagen entnehmen kann. Doch auch andere ähnliche „Sagen-Texte", wie etwa die nordische Edda oder das angelsächsische Beowulf-Epos, wurden und werden immer wieder von Autoren behandelt, die für unseren Verein schreiben.

Dieser Verein, das **„Dietrich von Bern-Forum – Verein für Heldensage und Geschichte e.V.",** hat einen wichtigen Vorzug gegenüber der herkömmlichen Form der Erforschung so alter Texte. Für die Forscher in unserem Verein gelten n i c h t die strengen Grenzen zwischen den Fakultäten an den Universitäten, vielfach sogar zwischen einzelnen Fächern innerhalb der Fakultäten (z.B. Historiker, Philologen – und hier wieder Alt-Germanisten, Indogermanisten, Sprachwissenschaftler usw.) Auch spielen für uns alte akademische „Dogmen" oder „Tabus" keine Rolle. Hier können, wie auf einem offenen Markt („Forum") auch Ansichten veröffentlicht werden, die der „herrschenden Meinung" im (akademischen) Fachgebiet total widersprechen.

Zum Interessenfeld der herkömmlichen p h i l o l o g i s c h e n Forschung an deutschen oder europäischen Universitäten gehörten (und gehören !) die Themen, die in d i e s e m Band behandelt werden, allerdings ohnehin n i c h t . Was haben die ehrwürdigen „Göttersagen" voller geheimnisvoller Mythen, wie sie etwa in der „Edda" niedergeschrieben worden sind, mit so profanen Dingen wie der Arbeit der Schmiede zu tun …?

Die Autoren, die in unserem Mitteilungsblatt DER BERNER zu Wort kommen, sind (fast) alle „Hobby-Forscher", allerdings mit höchst beachtlichem speziellen Wissen auf ganz bestimmten Fachgebieten „nicht-philologischer" Art. Das geht den akademischen Forschern zur „Edda" und anderen nordischen oder germanischen Sagen-Texten, auch der „Thidrekssaga", zumeist ab.

Die Erforschung der Geschichte der T e c h n i k , speziell des **Bergbaus und der Kunst der Eisen-Gewinnung und Verarbeitung,** lag bisher auch nicht im Vordergrund des Interesses der Autoren, die Aufsätze im BERNER veröffentlicht haben. Doch, wie erwähnt, stand dem auch kein „Tabu" seitens unseres Vereins entgegen.

Seit 2014 gibt es jedoch einen eigenen Arbeitskreis innerhalb des Vereins, der sich bemüht, die Rätsel der **„Montanwirtschaft"** in unserem Land seit der Zeit der Römer – wenn nicht noch früher – bis zum Einsetzen schriftlicher Quellen im Mittelalter aufzuklären. Das soll geschehen durch gezielte Auswertung der eben erwähnten alten Texte, aber auch durch Heranziehen von Erkenntnissen der Archäologie, der Sprachwissenschaft, der Regionalforschung, der Ortsnamen-Kunde, der Geologie, dem modernen Geografischen Informations-System und anderer Wissenschaften. Vielfach leben diese akademischen Fächer bis heute bewusst „an einander vorbei" und tragen somit nicht zu übergreifendem Wissen bei.

Vielleicht fällt es auch eher „Nicht-Philologen" auf, dass die einzelnen germanischen Sprachen, die man aus früher Zeit kennt – etwa das Gotische oder das Alt-Isländische, das Angelsächsische, das frühe Dänische oder die Mundarten der Germanen südlich der Nordsee - bis ins frühe Mittelalter enger mit einander verwandt und sich sehr ähnlich gewesen sein müssen, als die Sprachwissenschaft zuzugeben bereit ist.

Es gab damals nur wenige Menschen, die mit diesen Sprachen „gestaltend umgingen" und in ihren Köpfen die alten mündlichen Erzählungen aufbewahrten, nämlich die Dichter/Sänger, „Skops" (im

Norden „Skalden") genannt. Sie aber scheinen recht gut über das Bescheid gewusst zu haben, was sowohl in Skandinavien, im (germanischen) Norddeutschland oder im (inzwischen von Germanen als Herren übernommenen) Britannien vor sich ging, oder besser, was von ihren Kollegen „jenseits des Meeres" davon erzählt wurde.

Gleich wo diese Skops lebten, haben sie in ihren Köpfen das Wissen auch ihrer Kollegen bewahrt und für ihre eigenen Erzählungen benutzt. Denn diese Sänger und zugleich Dichter waren in ihrer Zeit das, was heute Bücher, Zeitungen, Fernsehen und andere Institutionen leisten: sie lieferten den wenigen Menschen, die nicht ausschließlich Bauern waren (und die daher das alles nicht interessierte), das Neueste aus der Welt, aus der Vergangenheit und aus der Gegenwart, indem sie davon „Sagen" erzählten.

Ihre Zuhörer waren auch nur wenige. Es waren die Häuptlinge oder Könige mit ihren Familien und „Mannen" (Kriegern) auf den Adelshöfen, aber auch die Kaufleute, unentbehrlich als Überbringer hoch begehrter Waren und vor allem auch wichtiger Informationen über die nahen und fernen Nachbarn in einer Zeit, da man ja keine andere Form der Nachrichtenübermittlung kannte.

Und noch eine Gruppe von Menschen dürfte an den Lippen der Skops gehangen haben: das waren die Bergleute und die Schmiede, die „Handwerker", die aus bestimmten Steinen im Berginneren Erzklumpen holten und es in Eisen und dieses in „schneidende" Schwerter aus Stahl „verzaubern" konnten. Denn für die Masse der Menschen waren diese komplizierten Vorgänge noch bis vor anderthalb Jahrtausenden so etwas wie Zauberei. Für diese kleine, aber ungeheuer wichtige Berufsgruppe waren die Lieder der Skops, die manchmal gerade für sie wichtige Themen behandelten, k e i n e Rätsel, sondern leicht verständliche und leicht ins eigene Gedächtnis aufzunehmende „Betriebsanleitungen".

Nur für uns heutige Deutsche müssen diese „Lügengeschichten", als die sie uns erscheinen, nach ihrem wahren Sinn hinterfragt werden.

Denn nie fiel es den Skops ein, ihre Lieder in banaler „Alltagssprache" vorzutragen. Stets mussten Götter aus dem germanischen

Asen-Himmel, Riesen, Ungeheuer oder wenigstens große Helden die Hauptpersonen ihrer Erzählungen sein (und nicht etwa simple Schmiede !). Und bestimmte Worte (vor allem in den alt-isländischen Texten die sogenannten „Kenningar") bedeuteten völlig Anderes als im normalen Leben. Aber wer einst die Lieder der Skops öfter gehört hatte, wusste, was damit wirklich gemeint war. W i r wissen das nicht, und die gelehrten Übersetzer der alten Texte in heutiges Deutsch haben es vielleicht auch nicht gewusst, oder wenigstens hielten sie es nicht für nötig, den modernen Lesern ihrer Übersetzungen das näher zu erklären.

Doch wenn man hinter den wirklichen Kern vieler dieser „Heldenlieder" kommt, beginnt man zu verstehen, dass etwa „Wasserungeheuer" nichts anderes als Zuflussbäche für Wassermühlen sind, „steinerne Riesen" frühzeitliche „Hochöfen", „Mjölnirs Hammer" ein von einem Wasserrad getriebener „Aufwerfhammer" und vieles andere mehr. Der Erklärung vieler dieser Begriffe dienen die Texte, die den umfangreichen **Teil I** dieses Bandes bilden. Ihr Autor Karl Mebold ist selbst auch erst in den letzten Jahren schrittweise auf mehreren „Reisen" durch die Sagentexte auf den „Hintersinn" vieler „Lügengeschichten" gestoßen.

Es gibt aber auch manche Hinweise auf die **Menschen**, die in dieser Frühzeit der Metallverarbeitung sich damit beschäftigten. Das waren nämlich keineswegs irgendwelche Bauern, die durch Zufall zu ihrem neuen „Job" gekommen waren, sondern offenbar Spezialisten aus ganz bestimmten Völkern, und zwar wohl viele davon mit sehr bezeichnender (g e r i n g e r) Körpergröße. Waren es „Zwerge", die einst die ersten Stollen in die Berge hämmerten und das Erz herausholten ? Die unendlich vielen Sagen von „schmiedenden Zwergen" aus vielen deutschen Landschaften – sind sie reine Phantasie-Erzeugnisse ? Von den **Menschen** in der frühen Technik berichten die Aufsätze, die im **Teil II** zusammengestellt sind.

Schließlich dürfte viele Leser auch interessieren, w o sich in der Realität der Landschaft in Norddeutschland – vielleicht auch in Skandinavien ? – solche frühen Schmiedefeuer nachweisen lassen. Die im **Teil III – Orte** gesammelten Aufsätze beschäftigen sich damit.

Die meisten dieser Aufsätze wurden einst von ihren Autoren „isoliert" verfasst und auch so gelesen. Man nahm sie zur Kenntnis, doch weder der Autor noch die Leser konnten ahnen, dass es noch ganz andere, dazu passende Erkenntnisse geben könne.

Wie erwähnt, war bisher auch bei den Autoren unseres Vereins kein spezielles Interesse an der frühen Technik zu verzeichnen. Aber unter den vielen hundert Aufsätzen, die dieser Verein bisher auf weit über 5000 Seiten veröffentlicht hat (in der Zeitschrift DER BERNER und in bisher 7 Bänden „Forschungen zur Thidrekssaga") fanden sich doch immer wieder Beiträge, die mit dem Thema d i e s e s (8.) Forschungsbandes zu tun hatten. Und die Zusammenstellung mit anderen dazu passenden – und ebenfalls bereits veröffentlichten – Forschungen, wie sie in diesem Band versucht wird, öffnet das Auge für einen „zweiten Blick".

Vor allem die wegweisenden Beiträge von Karl Mebold (im Teil I dieses Bandes) verdienten es, nach ihrer ersten Veröffentlichung in den Heften des BERNER noch einmal abgedruckt zu werden. Denn zu ihnen gehören Illustrationen, die der Autor in unübertroffener Weise selbst erstellt hat; er ist von Beruf u.a. Kunsterzieher ! In der Z e i t s c h r i f t DER BERNER musste beim beschränkten Platzangebot mit jeder Seite gespart werden; in dem hiermit vorgelegten B u c h war das nicht nötig. Erst mit der Erklärung durch die Zeichnungen werden viele der „Lügengeschichten" verständlich, die der Verfasser dem Leser erklärt.

Dieser „zweite Blick", nun in einem Umfeld, das plötzlich Querbezüge zu allen möglichen plausiblen Erklärungen anderer Autoren und anderer historischer Vermutungen erkennen lässt, zeigt, dass hier offensichtlich ein Wissens-Schatz liegt, der – zusammen genommen ! – ein „Aha-Erlebnis" für jeden historisch interessierten Leser ermöglicht. Da öffnen sich plötzlich Einblicke in die Frühzeit der Eisenverarbeitung, in eine Zeit, von der man bisher glaubte, eigentlich überhaupt nichts zu wissen!

Damit soll nicht behauptet werden, nunmehr seien alle Rätsel gelöst und die neue, sich anbietende Erklärung sei die einzig Richtige ! Beim Lesen der Beiträge in diesem Band wird ein aufmerksamer Leser feststellen, dass auch in ihm immer noch zahlreiche Widersprüche und neue ungeklärte Fragen auftauchen. Wie sollte das auch anders sein bei nur sehr indirekten (schriftlichen) Berichten über eine Zeit, in der man noch nicht schreiben konnte !

Aber immerhin, vielleicht ergeben die vielen gut erklärten „Wissens-Splitter", die in diesem Band zusammen getragen worden sind, doch so etwas wie eine neue „Schicht des realen Wissens" über die Technik der Eisen-Gewinnung und -Verarbeitung aus Zeiten, da die Menschen noch nicht schreiben konnten !

Mit dem Beitrag von Dietrich B a u e r im Teil III überschreitet der herausgebende Verein eine gewisse (bisher) selbst gesteckte Grenze: nämlich im Wesentlichen aus den alten „ H e l d e n s a g e n" die Realität der Zeiten vor 1500 Jahren und mehr zu enträtseln. Doch er tut das gerne, weil den Verantwortlichen klar ist, dass die in akademischen Kreisen übliche Scheu vor dem Überschreiten der Grenzen der alten Spezialwissenschaften (Geschichte, Archäologie, Sprachwissenschaft, Sagenforschung, Geographie, ...) keinesfalls mehr zum Fortschritt des Wissens beitragen kann, sondern nur eine ü b e r g r e i f e n d e Sicht.

Wir hoffen, dass dieser Band der „Forschungen zur Thidrekssaga" ausnahmsweise auch zahlreiche Interessenten erreicht, die sich bisher nicht besonders für Sagenforschung interssierten, aber gerne wüssten, wie vor tausend oder mehr Jahren Metalle aus der Erde geholt und verarbeitet wurden. Denn das hat so sehr den zivilisatorischen Fortschritt der Menschheit befördert. Vielleicht hat der eine oder andere Leser dieses Bandes Lust, sich an weiteren Forschungen zu beteiligen.

Als Herausgeber: Der Vorstand des „Dietrich von Bern-Forums – Verein für Heldensage und Geschichte e.V. "

Als Bearbeiter dieses Bandes: Dr. Reinhard Schmoeckel

I.

Metallum

Die harte Wahrheit hinter uralten Lügengeschichten

Sechs „Reiseberichte " über die Aufdeckung technologischer und montanwirtschaftlicher Geheimnisse in frühen europäischen Erzählungen, Sagen und Märchen

Von Karl Mebold

Vorweg gesagt

Die hier vorgelegten „Sechs Berichte über Reisen" " sind entstanden aus Schriftfassungen von Manuskripten für Vorträge zum Thema **„Sagen und Märchen – mit der Montan-Brille gelesen"**, die der Verfasser auf verschiedenen wissenschaftlichen Tagungen des „Dietrich von Bern-Forums – Verein für Heldensage und Geschichte e.V." in den letzten zwei Jahren gehalten hat. Die Schriftfassungen sind anschließend größtenteils im Mitteilungsblatt des Vereins DER BERNER (vierteljährlich erscheinend) abgedruckt worden. Diese Abdrucke wurden für die Zusammenfassung in diesem Band, so weit nötig, nochmals leicht überarbeitet.

Neben dem **Zentralthema** der Vortragsreihe, der sowohl in der Geschichtsschreibung wie auch in der Sagenforschung oft vernachlässigten **Technik- und Wirtschaftsgeschichte,** ist das spannungsreiche Verhältnis zwischen mündlicher **Erzählkultur** und klerikaler **Schriftkultur** ein wesentlicher Erkenntnisgegenstand dieser Arbeit.

Das dritte thematische Zentrum der Untersuchung ist die **Metaphorik.** Eine Metapher ist die bildhafte Beschreibung eines Sachverhalts, die Ersetzung eines Begriffs durch einen anderen Begriff, den man meistens kennen muss, um das „Angedeutete" zu verstehen. Metaphern sind in der Sprache der alten Sagen ein häufig vorkommendes Sprachmittel, um reale, nüchterne Sachverhalte in aufregende Umschreibungen zu verpacken (statt „Herd" z.B. „Waldverschlinger" = „Verbraucher von Holz" zu sagen). Bildhaftmetaphorisches Sprechen und dadurch bewirktes „Bilder-Hören" sind meines Erachtens Gründe für das Verschwinden von Stoffen wie Mechanik, Technik, Wirtschaft aus den alten Erzählungen, jedenfalls in der uns heutigen L e s e r n von Übersetzern und anderen Universitätsgelehrten vorgelegten Form. Die R ü c k a b - w i c k l u n g fehlgedeuteter Sprachbilder ist daher ein Weg, die Rätsel der Sagensprache aufzulösen.

Die U r s t o f f e der hier durchforsteten Erzählungen (auch das Wort „durchforstet" ist hier eine Metapher !) wurzeln in nicht mehr gesprochenen Mundarten und in schriftloser Vorzeit. Die uns überlieferten Texte sind nach mehrfacher Übersetzung aus (oft fehlerhaften !) Abschriften entstanden. Daher gehe ich von der Annahme aus, dass besonders bei der Weitergabe von technologischen Informationen aus der Epoche der Mündlichkeit (Oralität) in die Schriftkultur ein „Schlupf" stattgefunden hat, ein Übertragungs- und Sinn-Verlust, der von der frühen Abschreibern (und d e r e n Abschreibern !) nicht wieder einzuholen war. Jedes Kind kennt dieses Phänomen als „Stille Post".

Auch die von mir vorgelegten Forschungsberichte sind in Wahrheit mehr Erfahrungsberichte, mehr Erzählung als nüchterne, wissenschaftliche Forschung. Sie sind Verschriftungen von ursprünglich „oralen", d.h. interaktiven und dialogischen Veranstaltungen, nämlich meinen Vorträgen vor interessierten Zuhörern, nicht nur bei den Tagungen des „Dietrich von Bern-Forums". Denn diese Vorträge waren für mich ein „performativer Lernprozess" (ein Lernprozess, der sich zugleich mit dem Vortrag in mir selbst vollzog). Er führte zu immer wieder verblüffenden „Aha-Erlebnissen" auch beim Vortragenden selbst. Schriftlich sind solche „Ahas" schwer zu vermitteln, weil die „Entdeckungsreisen" im „Reich des Sprechens" stattfanden.

Ich habe meine Forschungen in sechs „Berichte" oder sechs „Reisen" gegliedert. Damit folge ich dem Wortgebrauch der alten Stahlschmiede, die von „Hütten- oder Hammer-**Reisen**" sprechen, wenn ihre Werke laufen und die Räder drehen. Denn letztendlich erzähle ich hier in 27 Kapiteln vom Einem, der auszieht, um Drachenrätsel zu lösen, der aber bei Niederschrift von Reisebericht 1 nicht wissen kann, welche Erkenntnisse ihm die Reisen 2 bis 6 bringen werden.

In frühmittelalterlichen Verschriftungen alter Erzählungen, z. B. im Beowulf-Epos, sind die Spuren ursprünglicher Mündlichkeit selbst in modernen Übersetzungen noch erkennbar. Das zu wissen, erleichtert die Text-Rezeption, also das verstehenden Lesen. Im hier vorgelegten B u c h beitrag ist das „Rätsellösende" z.B. im Vor und Zurück der imaginierten Dialoge, in Sprüngen und Wiederholungen, (die in Wahrheit Vertiefungen sind) und in der Gliederung des Ganzen in sechs Reisen ablesbar. Dazu gehört, dass die Sagen-**Texte** von der Sagen-**Deutung** unterscheidbar sind. Im Schriftbild wird das behelfsweise durch den Wechsel der Schriftart sichtbar: Die (ursprünglichen) Erzählungen sind *kursiv,* Deutung und Diskurs in „Normal"-Schrift gesetzt.

Wir steigen mit der Analyse da ein, wo nach meiner Überzeugung **Technik und Montanwirtschaft** in S p r a c h bildern ihren Ausdruck finden. Anders ausgedrückt: zum Beispiel das Rätsel des N i - b e l u n g e n hortes, die Geheimnisse seiner Beschaffenheit, Größe und Lage ist n i c h t in den Wäldern (oder im Rhein oder wo auch immer !), sondern in der S p r a c h e der alten Dichtungen aufzulösen. Die Wahrheitssuche hat P r o z e s s charakter, als gäbe es den ständigen Austausch und direktes Feedback auch zwischen Autor und Leser, das heißt: manchmal dauert's ! Es macht aber Spaß und kann spannend sein, die Geheimnisse rätselhafter Sagen-Episoden s c h r i t t weise aufzudecken. Diese Entdeckerfreude soll im Buch erhalten bleiben.

Leider kann dieses Buch kein Sagen-V o r l e s e buch sein. Die Dichtungen in ihrer kunstvoll durch-komponierten Sprachgestalt sind meist arg verkürzt wiedergegeben. Dem Leser, der aktiv und reflektiv an den „Entdeckungsreisen ins Reich der Sagensprache" teilnehmen will, empfehle ich die folgende P r i m ä r literatur zu lesen:

GRIMM, Haus- und Kindermärchen, speziell „Der junge Riese" und Das tapfere Schneiderlein".

EDDA, Heldenlieder u n d Prosa-Edda, Empfehlung: Marix-Verlag Wiesbaden 2004, Herausgeber M. Stange

BEOWULF, Reclam Nr. 18303 oder (lesbarer !) Insel Taschenbuch 3306, G. Haefs

Ich habe u.a. als Dramaturg, Kunsterzieher und Werklehrer – als solcher bin ich „Techniker" – gearbeitet. Heute schreibe und illustriere ich Kinderbücher (für die Enkel). Der Einschub mit dem „Techniker" ist eine maßlose Übertreibung, wie sie zu den Merkmalen und Gestaltungsmitteln klassischer Ich-Erzählungen gehören. Die

Literaturgeschichte hat für diese Textsorte, deren Übertreibungen und Verzerrungen so überdeutlich sind, dass kein Leser nach ihrem Wahrheitsgehalt fragt, einen definierten Begriff: „Lügengeschichten". Zu den Ich-Erzählern gehören z. B. Odysseus, Thor, Münchhausen, Beowulf (in seinen Unterwasserkämpfen), Gargantua, Karl May. Der Begriff „Lügengeschichte" ist also nicht nur (was uns hier interessiert) **Metapher** oder Synonym für „Blendwerk", sondern auch eine literaturhistorische Kategorie.

W a r a (Wahrheit) ist die neunte der Asen-Göttinnen; sie hört alle Eide und erforscht alles Dunkle. Von ihr kommt die Redensart,, dass man einer Sache g e w a h r wird, wenn man sie in E r f a h-r u n g bringt.

Als Pennäler der Klasse 9 im Ferienjob habe ich in der Birlenbacher Hütte meinen ersten Hochofen-Abstich erlebt und danach im Verband der Masselschläger gusseiserne Barren zerschlagen dürfen. Als Werkstudent der Dortmund-Hörder Hütten-Union habe ich von der Möller-Bühne Zuschläge ins strahlende Ofenloch geschaufelt, habe also mehrfach er**fahren**, was „Drachenhitze" ist. Das Wort ist eine Metapher, die Erfahrung der Sache ist „ungeheuerlich" – was wiederum nur eine Metapher ist. Die Sache selbst ist unvergessen. Nicht vergessen ist auch die Intensität und Präzision des wortlosen Kontakts zwischen den Arbeitern am „Drachenofen".

40 Jahre Interpretationsarbeit mit Schülern und Erwachsenen an allen erdenklichen Artefakten erleichtern es mir, die unterschiedlichen Symbolsprachen zu verstehen und zu übersetzen, besonders die bildstarken metaphorischen. Dabei spekuliere und projiziere ich – für Archäologen Todsünden, nicht aber für den Komparatisten ! Sobald ich erkenne, dass ein Gedanke spekulativ ist, gehe ich ihm trotzdem nach. Wenn ich sehe, dass ein Begriff eine Metapher oder gar ein Kenning ist, suche ich die Geschichte dahinter. Oft stehen sie in anderen Texten. Dabei denke ich vergleichend – genau das meint „komparatistisch". Ich vergleiche auch Ungleiches, allerdings, ohne die Unterschiede gleich zu machen. Ein Heldenlied ist k e i n Unfallprotokoll, k e i n e Strafanzeige, k e i n e Bedienungsanweisung. Das sind vier verschiedene Textsorten, und können doch alle auf den gleichen Vorgang hinweisen.

Als Komparatist wünsche ich Ergänzung, Korrektur – auch Streit !
– durch und mit Anglisten, Ingenieuren, Landeskundlern, und ich
hoffe, dass das Dietrich von Bern-Forum ein dafür geeigneter Markt-
platz ist.

Einige bedauern, dass in der hier vorgelegten Untersuchung zwar
Ross und Reiter, aber nicht der Stall genannt wird, dass Grani und
Sigfrid, sogar Granis Weg, dass aber Granis Route auf der Wander-
karte nicht einzutragen ist. „Granis Weg" ist eben ein Kenning !
Nach meiner Auffassung geben Sagenforscher ihre Disziplin der
Lächerlichkeit preis, wenn sie aus den vieldeutigen und offenen
Symbolsprachen der alten Texte zeiträumlich präzise Verortungen
glauben ablesen zu können: siehe das „Hexenhaus" (von Hänsel und
Gretel) in den Wäldern am oberen Main, samt ergrabenem Lebku-
chenofen mit darin verbrannten Skelettresten einer älteren, natürlich
buckligen, Frau. Zwischen Schweden und des Südpfalz sind mir fünf
penibel belegte Lokalisierungsberichte für eine „Wielandschmie-
de" bekannt. Dabei fällt auf, dass die Autoren das Urgeschehen der
Erzählung stets in der Nähe ihres Geburts- oder Wohnortes oder
wenigstens in die Heimatregion verlegen.

In Anspielung auf eines der witzigsten Lügenlieder der Edda
(gemeint ist die „Heimholung von Thors Hammer" - Hammarsheimt
oder Thrymlied aus der Älteren Edda) nannte Heinz Ritter die fünf
eben erwähnten Berichte über Wielands Werkstätten „Heimholungen
des Mythos". Im besagen Eddalied klagt Thor, *er habe geträumt,
sein Hammer sei ihm gestohlen worden. Loki müsse ihn umgehend
heimholen.* (Lauter Lügen: statt „klagt" muss es heißen „lügt", statt
geträumt" : „fantasiert" , statt „s e i n Hammer" : „das Gerät, das er
unbedingt haben will" , und statt „heimholen" muss es heißen „klau-
en" !)

Darüber kann man schmunzeln, zumal auch Dr. Ritter selbst nicht
gegen derartige Heimholung und Festlegung gefeit war. Oder aber
ich schließe daraus (wie im Fall Wieland), dass es in vielen Jahrhunderten an v i e l e n Orten Schmiedewerkstätten gegeben hat, in welchen nach einem der vielen (Wieland zugeschriebenen) Verfahren
Stahlpanzer, Kettenringhemden und beißende unkaputtbare Schwerter hergestellt wurden. Diesem Gedanken ist nachzugehen, auch

wenn er spekulativ ist. Und wenn ich – ganz komparatistisch – in den historisierenden Schlachtenschinken über die Völkerwanderungszeit hektargroße Flächen von dünn gewalztem Stahlblech auf den Schultern römischer Soldaten und auf den Decken ihrer Pferde sehe, komme ich zu der Mutmaßung, dass es s e h r viele solcher Werkstätten gegeben hat.

Eine solche Mutmaßung – nach meiner Wahrheit besser „sichere Annahme" – projiziere ich auf verschiedene Landschaften. Ich lese (in Texten und Landschaften), assoziiere und projiziere diese Vorstellungen probeweise in eine konkrete Landschaft. Diese Landschaften sind damit unter frühen „Montanverdacht" gestellt. Sie müssen allerdings d i e e i n e Grundvoraussetzung für frühe Stahlproduktion mitbringen; **der anstehende Fels zeigt sichtbar dichte Eisenkonkretionen**, die schon keltische Prospektoren auflesen konnten, dazu einen hohen Manganwert (< 10 %) und wenig Schwefel/Phosphor/Arsen. Das ist eine sehr enge Bedingung, trifft aber für viele, sogar sehr viele Täler und Berghänge im **Rheinischen Schiefergebirge rechts wie links des Rhein**s zu. Zielführend für die Tatortsuche ist vielleicht eine Reise entlang des aufgelassenen Limes, wo Asa-Thor auf die spätrömischen Riesen (Metapher !) traf. Davon erzählt Gylfis Verblendung: *König Utgardloki bleckt die Zähne, lächelt und spricht: selten hörte ich von langer Reise Wahres berichten.*

Fragen zu Beowulf treffen ein Kernthema dieser Arbeit, die **Metaphorik.** Also: **Beowulf ist eine literarische Figur, keine historische,** nicht mal eine sagenhafte. Beowulf ist das Konstrukt des „uns-unbekannten-christlichen-Autors" , der für seine politisierende und moralisierende Predigt einen waffenlos kämpfenden und trotzdem vorbildlichen Helden erfunden hat. Das einzig Wirkliche ist, dass der Prediger, der im frühen Mittelalter in Ostengland schrieb, tatsächlich gelebt hat. Alles andere ist **Metapher,** in meiner Kinderbuchsprache „Lüge", „Erfindung", in Sturlusons Sprache „Blendwerk": die sogenannte „dänische Halle", die Vorzeit, die Könige Hygelac, Beowulf, Grendel und seine Mutter, die Midgardschlange, die Riesen - - alles Metaphern. Sturlusons Botschaft heißt: „Es geht übel aus, wenn wir uns durch Metaphern den Blick auf die Wirklichkeit verstellen." (Siehe „König Gylfis Verblendung" oder „Wie Utgardloki die

16

Asen verarscht", indem er nämlich ausschließlich in Metaphern spricht, und die Asen merken es nicht.)

Die durchgehende Nummerierung der Kapitel in allen sechs Reisen führt den Leser auch durch das Metaphern-Dickicht von Sigurds „Drachen-Abstich" zum „unermesslichen Hort" des Zwerges Nibelung. Eine andere Hilfe ist das „Kleine Schmiede-Lexikon" auf den Seiten 135-138 für die vielen Fachworte aus der uralten Schmiedesprache.

Das Inhaltsverzeichnis nennt die Fundorte aller untersuchten Sagen-Episoden und erleichtert so die aktive Teilnahme an der „Schatzsuche".

Zuletzt gesagt: Auch in der Buchfassung ist mir das Teilhaben am Suchen und Finden wichtiger, als eilfertiges Mitteilen von „Forschungsergebnissen", die letztlich doch nur M u t m a ß u n g e n sein können.

Zu allerletzt: Diese Wahrheitssuche ist kein Alleingang. Ich danke den Teilnehmern der Arbeitsgruppe „Montanwirtschaft", den Kollegen, Brief- wie Telefon-Partnern, insbesondere meinem geduldigen und hartnäckigem Lektor, sowie allen risikobereiten Lesern fürs Mitgehen.

Viel Spaß unterwegs – und viele Ahas !

Blaue Mühle (Nideggen-Embken) , 18. Februar 2016

Karl Mebold

Reise 1 : Schmelzer und Schmiede

Hier wird erzählt von Zwergen, Schmelzern und Schmieden, von Sigmund/Sigurd//Sigfrid, vom tapferen Schneiderlein und vom Schmiedegott Thor.

1. Summarischer Überblick und vorweggenommenes Fazit

In dieser Untersuchung stelle ich Texte aus der Edda, dem Beowulf-Epos, der Thidrekssaga, aus Grimms Märchensammlung und anderen alten Erzählungen **unter Technologie-Verdacht.** Die untersuchten Geschichten werden mit einer „Techniker-" oder „Schmiede-Brille" gelesen. Diese Brille blendet alles Mythologische, Genealogische, Ethnographische, Historiographische und Heroische aus – was in den genannten Texten ja ebenfalls enthalten ist ! - , macht stattdessen aber die Arbeitswelt, im Besonderen **Bergbau, Köhlern, Erzschmelzen und Schmieden** deutlich sichtbar. Für diese begrenzte, aber auch zielgerichtete Sichtweise auf das Thema METALLUM benutze ich die Metapher „Montanbrille".

Es geht im Kern um **frühgeschichtliche Stahlerzeugung** und ihre gesellschaftliche Wirkung. Das wird in drei Zeilen (in „Märchen-Sprache") zusammengefasst:

- **Wer den Stahl aus dem Felsen zieht, wird König** (Artus-Sage)

- **Wer Drachen kalt macht, ist König** (Sigurd-Lieder, Edda)

- **Wer Riesen nass macht, bleibt König** (Edda, Märchen „Das tapfere Schneiderlein").

Nüchtern gesagt: es geht um die **waffentechnische Überlegenheit** eines Volkes, eines Gruppe, einer Sippe als Voraussetzung für Macht-Erwerb und Macht-Erhalt. Das ist das Kernthema der vorlie-

genden Untersuchung und eines der Hauptthemen der frühen europäischen Geschichte:
- Die Richtige h e i r a t e n (das heißt: in die richtige Familie
  einheiraten !)
- Die richtigen B ü n d n i s s e schließen
- und richtig überlegene W a f f e n schaffen.

Ich vereinfache in dieser Arbeit die historischen und genealogi-
schen Aspekte bewusst, um stattdessen die t e c h n o l o g i s c h e n
Voraussetzungen für politische Macht plakativ herauszuarbeiten.

Das Grundthema dieser Forschung ist eine l i t e r a t u r -
vergleichende Frage, keine Frage an die Geschichte oder an die
Technik der Metallurgie. Ich frage nicht, w a n n , w o und o b
überhaupt „Sigurd der Schmelzer" oder „Wieland der Schmied" gearbeitet haben, sondern welche T e x t e von der Arbeit der beiden
Helden erzählen.

Als Nebenthemen verfolge ich die Fragen:

W a r u m wird der montanwirtschaftlich-technische Aspekt in der
Sagenforschung so sträflich vernachlässigt ? (Von Ausnahmen wie
Alfred Lück, Helmut Vitt, Harry Böseke mal abgesehen).

Und w a r u m erscheinen die Prozesse und Abläufe aus der Arbeitswelt dermaßen verzerrt und verschlüsselt, dass sie lange Zeit als
Lügengeschichten oder pure Poesie abgetan werden konnten ?

Im weiteren interessieren mich die R e g e l n der Metaphorik
und ganz allgemein die metaphorische Sprache, deren Kenntnis es
dem neugierig gewordenen Leser/Zuhörer ermöglicht, die rätselhaften und kunstvollen Verschlüsselungen der alten Texte selbst aufzulösen, um schließlich die Wahrheit, die Faktizität, hinter der poeti-
schen Gestalt der alten Lieder und Märchen erkennen zu können.
Auch das ist eine literaturgeschichtliche Problemstellung, keine
technologische oder metallurgische.

Ehe es zu spät ist, sei gesagt, dass sich z e i t - r ä u m l i c h e
Zuordnungen der Ereignisse, aus denen die Stoffe der Erzählungen
stammen, in einer literaturvergleichenden Untersuchung verbieten.

20

Die Frage heißt nicht: w o ereignete sich diese Geschichte, sondern: w o h e r hat der Erzähler die Information ?

Obwohl es wahrnehmungs-physiologisch begründet und daher überhaupt nicht zu vermeiden ist, dass ich beim Hören/Lesen aufregender Geschichten das Geschehen mit inneren, vertrauten Ort- und Landschaftsvorstellungen verbinde, um es besser zu behalten. Ich verorte also das Gehörte im visuell Vertrauten, und letzteres nennt man „Heimat". Das mag die Euphorie vieler Heimatkundler bei der Verortung alter Mythen erklären.

Zur Veranschaulichung der Vorgehensweise in dieser Untersuchung werden die überlieferten Texte zitiert, vielfach nacherzählt, verknappt und gerafft, aber u n gedeutet (*kursive Schrift*). Darunter (in normaler Schrift) den jeweiligen Textteilen zugeordnet diejenigen Elemente, Begriffe und Formulierungen, die der „Suchradar" (oder die „Montanbrille") als **zur Arbeitswelt gehörend** erkennt. Neben den „üblichen Verdächtigen" (Zwerge, Riesen, Drachen, Köhler, Schmiede, Drachentöter) meldet der Radar Treffer z.B. bei Eisenstange (statt Schwert), Steinschild (statt Holz), Kraftgürtel, Beißzange, Wurfhammer, siebenfache (oder dreißigfache) Kraft e i n e r Faust, Eisenhandschuh, Eisenschuhe, Helfer namens „Hödd" (mundartlich für „Hütte"), Riesen aus Lehm oder Ton usw.

2.   Einstieg in die Untersuchung

Zum Einstieg werden jetzt drei Szenen aus den seit Generationen ausschließlich mündlich weiter gesagten Textzusammenhängen herausgenommen und für meine Erzählabsicht etwas gerafft *(kursiv)* wiedergegeben.

In jeder dieser Episoden geht es um das F l i e s s e n , um die Fähigkeit eines Helden, Gestein zu verflüssigen. Metaphorisch gesagt: den Käse ausquetschen, das Blut herausfließen zu lassen, aus dem Stein Wasser zu pressen. Der Stein tropft, der Lehmofen „seicht", Sigurd badet im Blut.

a. Aus der Prosa-Edda: Thors Wettkampf mit dem Riesen Hrungnir

Asa-Thor sowie seine Gefährten Loki und Thialfi befinden sich im Wettkampf mit dem Riesen Hrungnir auf dessen Hof Griottuna-gardr. Hrungnirs Leute haben ihm , weil die Asen zu dritt angereist sind, einen Gehilfen zur Seite gestellt, aus Lehm gebaut, neun Rasten hoch und drei breit vor der Brust. Sie finden aber kein geeignetes Herz, das groß genug ist. Das einer Stute erweist sich als ungeeignet. Es flattert, als Thor kommt.

Schauen wir statt auf Heldisches auf die Arbeitswelt: Dann ist der *Gott* ein Schmied, seine „*Waffe* ist ein Werkzeug. Der schlaue *Loki* ist Ingenieur. *Thialfi* ist ein altnordisches Wort für Arbeiter. Der Schmiedewettstreit findet auf einem Hof statt, der *Griottuna-gardr* heißt (Grotti = Wassermühle, Gardr = Garten, umzäunter Bereich, das Ganze etwa:= Werksgelände, vielleicht „Stahlwerke Südwestfalen" - - falls ich diesen Begriff überhaupt verwenden kann, ohne dass Heimatfreunde ihn punktgenau verorten.

Hrungnir selbst hat ein Herz aus Stein, scharfkantig, aus drei aufgestellten Steinen – wie man seitdem das Runenzeichen, welches Hrungnirs Herz heißt, zu beschreiben pflegt. Auch sein Haupt ist mit Stein bedeckt, Stein auch sein Schild und seine Waffe. Ihm zur Seite steht der Lehmriese. So stehen sie auf Griottuna-gardr und harren der Asen.

Der (Hoch?)Ofen hat drei Rasten Brustbreite. Eine „Raste" muss ein altes Längenmaß sein: Die Winddüse hat die Größe einer *flatternden Stutenmuffe.* Natürlich ist nicht das Herz einer Stute gemeint. Die Edda erzählt in einer körperbetonten Symbolsprache, in sinnenhaft wahrnehmbaren Bildern von sinnlich wahrnehmbarer Realität – und noch nie hat jemand ein Stuten h e r z flattern sehen. Wer aber schon einmal ein Herz in eine Baumrinde geschnitten hat und dann den phallischen Pfeil hineingesetzt hat, der weiß, was gemeint ist – und wie groß die Düse am brennenden Windofen sein soll, und dann wird das Flattern des „Herzens" sogar hörbar. (Für S. Sturluson ist

Rennfeuer mit Gewölbe. Windzufuhr durch natürlichen Zug oder Blasebalg.

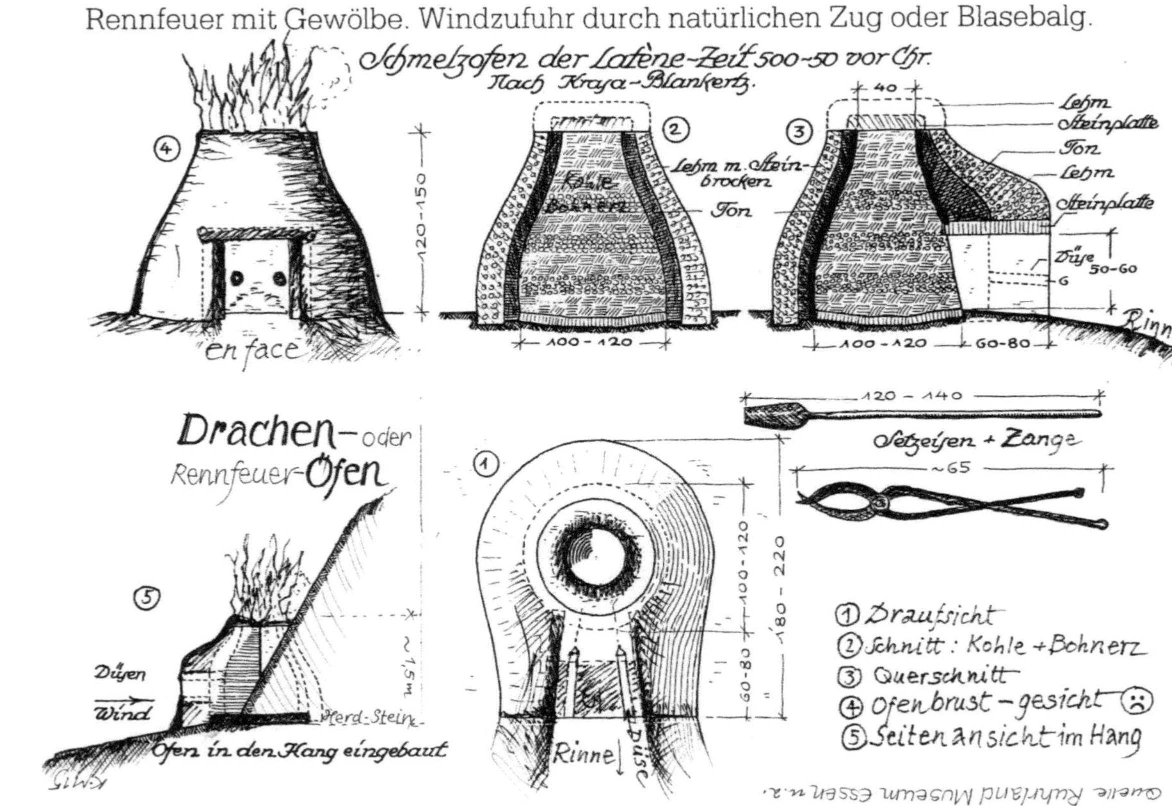

das Wort „Herz" an dieser Stelle „metaphorisches Blendwerk";
mehr dazu in Reise 5, S. 99 ff.)

Zurück zur hier behandelten Episode aus der Edda. Einer der Öfen
bekommt den Wind durch drei Steine, die so aufgestellt werden, wie
durch ein Runenzeichen überliefert ist. Es werden zwei Ofentypen
erwähnt: der aus Lehm gebrannte und der aus Stein gemauerte. Der
Hofname „Mühlengarten" lässt mehr vermuten: Vielleicht wasserrad-getriebene Blasebälge und Wasserhämmer ?

*Sobald Thor kommt, lässt der Lehmriese Wasser. Loki ruft: „Er
nässt ein, er hat Angst. Er seicht schon !". Thialfi rät Hrungnir:
„Nimm einen Stein unter die Füße. Du bist schlecht geschützt. Thor
fährt niederhalb in die Erde und wird v o n u n t e n an dich her-
ankommen !"*

*Daraufhin nimmt der Riese seinen Schild und stellt sich drauf.
Jetzt trifft Thors Hammer Mjölnir auf das ungeschützte Haupt des
Riesen und zerschmettert ihm den Schädel. Thor selbst bleibt mit
einem Fuß unter den Trümmern eingeklemmt und kann nur mit Hilfe
vieler hinzu geeilter Asen befreit werden ... Unter ihnen ist Magni,
der Sohn Thors mit einer Riesin. Er ist erst drei Jahre alt, sagt aber:
„Schmach und Schande, Vater! Wäre ich doch früher hier gewesen.
Ich hätte diesen Riesen allein mit meiner Faust zur Hel gesandt !"*

Falls es sich nicht um einen räuberischen Überfall handelt, bei
dem Thor den Ofen zertrümmert, wird hier die lebensgefährliche
Schmelzer-Arbeit der Hüttenleute beschrieben. Sobald der Schmelz-
punkt für Schlacke und Erz erreicht ist, sickert oder seicht das
schwere Metall nach unten und sammelt sich als „Bart", als „Luppe" oder „Wolf" oder „Sau" oder „Ass" oder „Herzstück" auf dem
steinernen Herdboden.

Der Schmelzer „beißt" dieses Herz mit einer riesengroßen Beißzange und zerrt das „Ass" (den „Wolf" oder die „Luppe") heraus.
Die darin noch enthaltene Schlacke wird heraus gehämmert. Bei
jedem Schlag quillt die Gischt wie Käsebrei aus dem mit Hilfe der
großen Zange ständig neu aufgestellten Werkstück.

24

Genauer wird dieser Arbeitsvorgang in Reise 3, S. 71 ff. beschrieben. Dort findet sich auch eine Abbildung, die Vieles besser als Worte erklären kann.

Trotzdem schon hier ein erster Hinweis auf die besondere und uralte Fachsprache der Eisenleute. Das Wort Wolf heißt im Lateinischen Lupus; das Wort „Ass" gehört zu den Abkömmlingen des indoeuropäischen Kernworts „as", welches u. a. den Begriffen Asche, und Esse (für Rauchabzug oder Feuerherd) , aber auch dem Essen = Beißen zugrunde liegt.

Das Ende der hier beschriebene Episode könnte auch ein Arbeitsunfall sein, oder ein Raubüberfall oder der Konkurrenzkampf zweier Schmiede. Dass aber heldenhaftes Verhalten in lebensbedrohenden Situationen am Schmelzofen beschrieben wird, scheint mir unabweisbar. Ein Arbeiterlied !

b. Aus der Lieder-Edda: Sigmunds/Sigurds/Sigfrids Drachenabstich

In einem Kampf auf Leben und Tod besiegt Sigurd (im Deutschen Sigfrid) *einen feuerspeienden Lindwurm. Er hockt sich in eine Rinne, die vom Standort des Drachen zum Wasser führt. Kniend sticht er dann dem Wurm von u n t e n auf (oder ab). Dann beißt er dem Gegner ins Herz, reißt es heraus, trinkt vom Drachenblut und badet im ausfließenden Blut, um unverletzlich zu werden.*

Der Sigurd-Stoff wird in der Edda in mehreren Liedern besungen, im altenglischen Beowulf-Epos taucht er bzw. sein Vater Sigmund als Beispiel für vorbildliches Handeln auf. In der niederdeutschen Nibelungensage heißt der Held Sigfrid, im höfischen Nibelungenl i e d Siegfried.

In der hier wiedergegebenen Episode erledigt er die Arbeit an einem „feuerspeienden Lindwurm". Das ist ein isländisches Kenning. Kenningar (Plural) sind metaphorische Kurzbezeichnungen für ganze Erzählungen, deren Kenntnisse beim Hörer vorausgesetzt werden.

Mit einer Ritzzeichnung auf einem flachen Felsen hat ein Künstler im 11. Jahrhundert n. Chr. in R a m s u n d (Mittel-Schweden) fast die gesamte Sigfrid-Sage bildlich dargestellt, soweit sie sich auf den „Drachen" bezieht. Der mit germanischen Runen beschriebene Körper der Schlange („Drachen") umschlingt die verschiedenen Episoden; auf diese kann hier nicht näher eingegangen werden.

U n t e n   r e c h t s   sticht der Held Sigfrid von   u n t e n   in den Leib des Drachen und öffnet ihn damit zum Ausfließen des geschmolzenen und flüssig gewordenen Erzes aus dem Ofen. Die „Beißzange", mit der Sigfrid anschließend arbeitet, ist in der linken Hälfte abgebildet

(Nachzeichnung: Karl Mebold)

Hier steht „Wurm" für Schlange, für „Ver-schlinger" und für Schatz-besitzer. Wörtlich: er sitzt über dem Schatz, über der Stahlluppe. „Lind" oder „Lint" steht für Holz oder allgemein Wald. Gemeint ist also der „waldverschlingende Schmelzofen". Sigurd entreißt ihm das Herz, den Schatz oder die Luppe mit der Beißzange. Der Stahl wird geschmiedet und im organischen Nitrier-Bad (Blut) gehärtet, zuletzt dann zum „hürnenen Harnisch" geschmiedet. Das macht ihn (beinahe) unverletzbar.

c. *Aus Grimms Märchensammlung; Das tapfere Schneiderlein*

Das tapfere Schneiderlein trifft gleich zu Beginn seiner Abenteu-erreise, an deren Ende er eine Prinzessin für sich gewinnt und König in seinem eigenen Reich wird, auf einen gewaltigen, aber dummen und angeberischen Riesen. Der, provoziert durch das Motto „Sieben auf einen Streich", welches der Schneider sich auf seinen **Bauchgurt** *gestickt hatte, fordert das Schneiderlein zum Wettkampf.*

Der Riese nimmt einen Stein, quetscht ihn mit der bloßen Faust so lange, bis Wasser heraustropft. Nun fordert er den Schneider auf, es ihm gleichzutun. Der greift heimlich in seinen Brotbeutel, nimmt einen garen Handkäs heraus und presst den so lange, bis ihm der Quark durch die Fingerritzen quillt. Der Wettstreit steht unentschie-den. Da wirft der Riese einen Stein so gewaltig hoch, dass er erst Atemzüge später wieder exakt neben ihnen herunter fällt. Unser gut vorbereiteter Schneider nimmt einen Vogel aus seinem Beutel, wirft ihn auf - so hoch, dass er nicht wieder herunterfällt. Da muss sich der Riese dieses Mal geschlagen geben.

Das Märchen erzählt von einem „Harnisch-Schneider" oder „Schwert-Feger". Das sind mittelalterliche Worte für einen Stahl-schmied, „fegen" bedeutet eigentlich „reinigen, von Unrat befreien", daher das Wort „Fegefeuer", und der Name „Feggehutt" für eine Stahlhütte, die Blankeisen erzeugt. .

Der Stahlschmied wird schließlich „König in seinem Reich". Er kann Gestein zum Fließen bringen. Er quetscht die Schlacke aus der Luppe. Er hat ein Werkzeug, das den Griff seiner Hand mittels der Hebelkraft seiner Zange **versiebenfacht** (siehe Abbildung auf S. 23) . Vor allem beherrscht er das Aufwerfen, will sagen: er schmiedet am **Aufwerfhammer,** bewegt durch das mächtige Rad einer Wassermühle (siehe Reise 3, S. 72/73).

Im Märchen trickst er den Riesen aus, denn Vogel und Fliegen und Feder sind Kenningar, deren erzählerische Bedeutung nur der literarische Kenner kennt. Aber davon hat der Riese eben keine Ahnung. Grund für uns, das Thema hier zu klären..

3. Klärung und Hilfestellung

a. Das unterschiedliche Alter der Texte

Die hier behandelten Erzählungen stammen aus sehr verschiedenen Zeitaltern. Das Sigurd-Lied, jahrhundertlang immer mündlich weitergesagt, (bis zu seiner Verschriftung durch latein-geschulte klerikale Schreiber) ist ein Bericht über oder eine Anleitung für die Arbeit an den f r ü h e s t e n Metallschmelzöfen. Das waren anfangs einfache Feuergruben, mit Holzkohle und Bohnerzen vollgepackt, später mit einer Rinne für die Luftzufuhr, und schließlich mit Lehmummantelung versehen: So entstehen noch vor Christi Geburt (in der sog. „Eisenzeit"; Latènezeit) Rennfeueröfen (siehe die Abbildung auf S. 23).

Der sagenhafte Sigurd-Stoff ist der Moment der Begegnung mit der (im Wortsinn unvorstellbaren) Hitzestrahlung, die den Schmelzer schlagartig trifft, sobald er den Ofen unten öffnet. Solche latènezeitlichen Verhüttungsplätze gab es in unseren Breiten, also nördlich der Alpen, etwa ab der Mitte des letzten Jahrtausends vor Christi Geburt, z.B. im Giebelwald bei Schelden und im Rödgerwald bei Siegen, sowie in Hillesheim (Zentraleifel) .

Eine Arbeitsanweisung zum vernünftigen Verhalten beim Abstich könnte lauten: „Hinterm Steinschild / auf die Knie gehen / dann von unten zustoßen". Diese Anweisung kann daher schon zweieinhalb Jahrtausende alt sein, möglicherweise noch älter. Denn die vorderasiatischen Völker, die die Verhüttungstechniken vermutlich erst etwa um 500 v. Chr. nach Europa brachten, dürften schon davor ebenfalls ihre Helden der Arbeit besungen haben.

Sicher der jüngste Text ist die Erzählung vom tapferen (Harnisch-) S c h n e i d e r. Wann diese kindliche Burleske verschriftet wurde, weiß ich nicht. Ihre verballhornten Entsprechungen zu Thors Riesenabenteuern, wie sie die Edda erzählt, sind jedoch frappant. Es sind die gleichen Stoffe: Schmelzen, Schweissen, Härten. .

Die **Edda,** in Island gesammelte Texte, kommentiert und ergänzt von Snorri Sturluson (1178 – 1241) verbindet u r a l t e, bis dahin nie verschriftete Erzählungen mit z e i t g e n ö s s i s c h e n Berichten (also etwa um 1220 n. Chr.). Die Erwähnung von unterschiedlich gebauten Düsen (für die Zugluft) und die technisch erstaunlich genaue Charakterisierung des Aufwerfhammers waren m. E. um 1220 neuester Diskussionsstand unter Schmiede-Fachleuten. Ich halte daher für das Folgende zwei Regeln fest:

1.   Das Alter der Stoffe ist **nicht gleich** der Ursprungszeit der mündlichen Erzählungen, und die sind wiederum **nicht gleich** der Entstehungszeit der verschrifteten T e x t e, wie sie uns vorliegen.

2.   Unsere Arbeitsfrage heißt nicht: Was erzählt die Edda vom Latène-Ofen ? Sondern was erzählt S n o r r i (im frühen 13. Jahrhundert) über Schmelzer und Schmiede s e i n e r Zeit ? Welche älteren Texte kennt er ? Was hat er als Augenzeuge wahrgenommen ? Welche Zeitzeugen-Berichte könnten ihm vorliegen ?

Es hilft, d r e i Zeitschichten auseinander zu halten:

a) EREIGNISZEIT (u. U. Jahrtausende zurück bis zum Ende des Bronzezeitalters)

b) ENTSTEHUNGSZEIT der ältesten Berichte (u. U. Latènezeit),

c) ZEIT DER VERSCHRIFTUNG : (um 1200 n. Chr.)

b. Die metaphorischen Sagensprache

Snorri Sturluson, Dichter, Politiker, Lehrer, hat die Edda (wörtlich: Urgroßmutter, übertragen etwa: Mutter aller Bücher) als Lehrbuch für junge Skalden geschrieben, also für D i c h t e r , nicht für Techniker. Ein Schwerpunkt der isländischen Skalden-Poetik sind die Keningar. Ein Kenning ist ein bildhafter Begriff, oft ein Doppelbegriff, der im kundigen Zuhörer sofort eine bestimmte Erzählung samt Deutung wachruft. Der Erzähler (Skalde, Skop, Barde, Sänger) kann sich dann weitere Ausführungen sparen. Viele Keningar zu kennen, hieß für den mittelalterlichen Isländer (literarisch) gebildet zu sein.

Ein uns vertrautes (allerdings aus der mediterranen Kultur stammendes) Beispiel: Wenn ich frage „wo ist hier der rote Faden ?“ muss ich nicht ausführen, welcher Held (Theseus), gegen welches Ungeheuer (Minotaurus) , an welchem Ort mit Hilfe welcher Prinzessin, welches Abenteuer überstanden hat. Jeder weiß: er will aus einem „Labyrinth herausfinden“; und es kann auch übertragen ein Gedanken-Labyrinth sein.

Ein klassisches isländisches Kenning ist **„Granis Weg“.** Angesprochen wird der Weg, den Sigfrid wählt, nachdem er die Drachenarbeit erledigt hat und samt Schatz zum Hof der Gjukungen / Nibelungen reitet, um dort seine Prinzessin zu gewinnen. Dabei ist „Weg“ auch übertragen gemeint: wie ein Mann sowohl diesen wie auch den anderen Schatz gewinnt. Um das Kenning „Granis Weg“ zu verstehen, muss der Hörer allerdings wissen, dass Sigfrids Pferd „Grani“ heißt. Das Wort bedeutet im Nordischen „schlank“ und ist ein Hinweis darauf, dass „Granis Weg“ wohl keinen Schwerlast-Transport meint.

30

Weitere Kenningar aus unserem Kontext sind „Wielands Werk“, „Lokis Listen“, „Goldhaar der Sif“, „Egils Pfeil“ oder „Egil der Schütze, sowie „Beo-wulf“. Sind die mit einem Kenning angesprochenen Kurzgeschichten nicht bekannt, kann es, wie eben angedeutet, zu absurden Fehldeutungen kommen. Zur Abhilfe werden in den folgenden Abschnitten einige der wichtigen Kenningar erklärt.

Mit dem „Aufwerfen eines Vogels“ begegnet uns im Märchen vom tapferen „Aufschneider“ ein Wort-Bild, das in der Sagen-Erzählung (und erst recht in der Sagenforschung der Philologen) zu gleichsam labyrinthischer Verirrung führt. Genau genommen ist es ein doppeltes Bild, und damit verdoppelt sich das Missverständnis.

1. Bild: Ein Riese w i r f t seinen Stein so gewaltig, das er erst viele Atemzüge später – aber exakt neben ihm – wieder herunterfällt. Die Irritation beginnt.

2. Bild: Der Schneider w i r f t einen Vogel so hoch, dass er überhaupt nicht mehr herunterkommt. Da hat der Schneider gewonnen – aber die Irritation wächst.

Es geht um die Vorstellung, um das innere Bild, das ich mir beim Stichwort „Aufwerfen“ und beim Stichwort „Vogel“ zwischen meinen Ohren mache. Davon hängt ab, was ich verstehe. Beim „Vogel“ ist das einsichtig, ich assoziiere Vogel, Fliegen, Flügel, Spatz oder Taube oder Gans oder Meise – jedenfalls „Gefiedertes“, und das liegt ganz nah beim „Federn“ und trifft damit eine wesentliche Qualität gut geschmiedeten Stahls. Beim Wort „Aufwerfen“ fragt mein Hirn: Wer wirft was, wie weit, wohin ? Die Irritation wuchert.

4. Wuchernde Metaphern mit der „Montan-Brille" gelesen

a. *Thors Hammer Mjölnir*

Zur Klärung hören wir auf Großmutter **Edda**, die folgende (hier gekürzte) Geschichte erzählt: *Die Zwerge haben für den Donnergott einen blitzenden Hammer aus Stahl geschmiedet, der in vielerlei Hinsicht besonders ist:*

1.   Sein Schlag ist so wuchtig, dass er die Schädel der Riesen zertrümmert, was heißt: tiefe Löcher in der Landschaft hinterlässt.

2.   Er wird von Thor mit ungeheurer Gewalt hoch geworfen, so dass er „ fliegt ".

3.   Er fällt aber trotzdem, wie gewaltig auch immer er empor geschleudert wird, immer wieder exakt in die Faust des Schmiedegottes zurück.

4.   Er hat „dummerweise" einen auffallend kurzen Stil, was aber seine gewaltige Wirkung nicht mindert.

Die angeblich um das Jahr 950 n. Chr. in Island hergestellte Figur aus Eisen soll „Thor mit seinem Hammer Mjölnir" darstellen. Allerdings hatte man in Island um diese Zeit noch keine Ahnung, wie die mitteleuropäischen „Urbilder" dieses Hammers wirklich aussahen.

Mit der Montan-Brille gelesen:

Zu 1.) Der Hammer ist stärker als alle bisherigen Hämmer. Sein Wirken hat Spuren („Pingen") in der Landschaft hinterlassen.

Zu 2) Er wird mit Hilfe der Nocken („Frösche") auf der Welle eines W a s s e r r a d e s hochgedrückt, bei schneller Drehung der Welle aufgeworfen und gegen einen über dem Hammerstiel reitenden Eschenholzbalken („Reitel") geschleudert. Der Hammer fliegt, der Reitel federt, er schleudert den Hammerholm zurück auf den Amboss (siehe dazu die Abbildung auf S. 70).

Zu 3) Holm und Federbaum sind durch eine eichene, mit Stahlbändern verstärkte Zangenkonstruktion („Scheer") so eng geführt, dass trotz des gewaltigen Drehmoments der Welle und des Zentnergewichts des Hammerkopfes („Bär") , der Schlag jedes Mal präzise neben dem Hammerschmied auf dem Amboss landet.

Zu 4) Mjölnir ist anders als frühere europäische Hämmer am S t i e l e n d e in der Zangenkonstruktion gelagert (Schulter- oder Achselhöhle). Er ist ein einarmiger Hammer, sein Arm ist nur halb so lang wie die Stiele der älteren Schwanzhämmer, die – mittig gelagert – am hinteren Ende („Schwanz") durch Wasserkraft heruntergedrückt werden, wodurch sich der Kopf hebt und danach allein durch sein Gewicht auf den Amboss („Affels") fällt. Zur Erinnerung: „Mjölnirs Bär" wird zusätzlich vom federnden Reitel herunter geschleudert.

Das alles erzählt die Edda – nur kürzer ! Ihre poetische Kurzfassung ist aber ohne „Ahnung von der Sache" gar nicht zu verstehen. Diese „Ahnung" verdanke ich einem Text des jungen Friedrich Oehler von 1948, der seinen Großvater noch life am Wasserhammer hat schmieden sehen (siehe dazu in diesem Band „Reise 3", S. 71 ff.) mit der Abbildung einer Hammerhütte und der dreiköpfigen Bedienungsmannschaft (S. 73) .

b. *Das fliegende Beil*

Die uralte Zunft der Schmiede hat – wie andere Handwerksgruppen (Bergleute, Jäger, Förster) auch – eine berufsbezogene Fachsprache, in der die Bedeutung von Wörtern sich nicht immer mit denen der Allgemeinsprache deckt. Diese Fach- oder Geheim-Terminologie ist z. T. heute noch Bestandteil der Ausbildung. Im Baugewerbe habe ich selbst die folgende Prüfungsfrage erlebt: „Wie groß ist die Freiheit des Zimmermanns ?" Richtige Antwort: „So weit ein Beil **fliegt**". Nun vermute ich als L a i e , wie weit ein Zimmermann sein Beil wirft – wie ein Hammer- oder Speerwerfer - , etwa 40 Meter weit. **Gemeint** ist aber der Spielraum, um den mehrere Beilschläge maximal nach rechts oder links abweichen dürfen, wenn der Meister eine Fachwerkverbindung schlägt. Das ist höchstens 1 Zentimeter ! Die „Freiheit" des Schreiners liegt im Millimeterbereich, die eines Schlossers im Nano-Bereich. So weit zum Fliegen.

c. *Wielands Werk*

Der Name Wieland steht für die Einführung der **Stahlherstellung** im Europa nördlich der Alpen. Aus Eisen wird S t a h l legiert. Voraussetzung ist, dass das erschmolzene Erz „smydisch" ist: schmiedbar, elastisch, federnd, geschmeidig usw. Davon abgeleitet die Worte „Schmiede" und „Geschmeide". „Wielands Werk" meint Stahl. Wieland ist eine Bezeichnung bestimmter Arbeitsprozesse, z.B. Frischfeuer oder Nitrierbad. Wieland ist so wenig eine Person wie Thor oder Egil, diese Namen sind Funktionsträger, Berufe, Arbeitsverfahren.

Dass Wielands Stahl auch elastisch sein kann und „federt" und dass Thors Hammer „auffliegt", hat manchen Unkundigen zu Deutungen mit Vögeln, Gänsen und Federn verleitet. Wenn dann auch noch ein ahnungsloser Kleriker, vertraut mit der mediterranen Mythologie, die Ikarus-Daedalus-Geschichte mit einmischt, bekommt Wieland sogar Flügel ! Lauter Lügengeschichten ! Oder Missverständnisse ? Oder gar bewusste Irreführungen ?

d. Egil der Schütze

Dem schnellen Bediener der „Schütze" (agil = schnell, beweglich) wurde von den Deutern besonders übel mitgespielt. Deshalb hier der Urtext des eddischen Liedes über Wölundur (Wieland). Am Anfang heißt es: *Es waren drei Brüder, Söhne eines Finnenkönigs* (ich lese das als „Eigentümer eines Finnhammers"). *Der eine hieß Slagfidr, der andere Egil, der dritte Wölundur. Im Wolfstal bauten sie Häuser am Wasser. Das Wasser wird „Ulf-siar = Wolfs-See" genannt. Der Ulf-siar liegt im „Siarland".* Manche übersetzen „See-Land", andere lassen „Siarland" stehen oder schreiben „Sioland". (Der Leser möge sich erinnern: k e i n e regional-lokalen Zuordnungen !)

Zur alten Geschichte eine moderne Entsprechung: im Großen Brockhaus heißt es sinngemäß: Die Belegschaft eines wasserradgetriebenen Stahlhammers besteht aus einem Frischfeuerschmied, einem Hammerschmied und dem Mann an den „Schützen" (Schütz = Wehr = Regelung der Wasserzufuhr). Im Siegerländer Idiom heißt der 3. Mann „Schetze-Jong".

Verblüffend ist die vergleichbare Interaktionsstruktur der drei Spezialisten in der Sage und im Lexikon, verblüffend auch die sprechenden Namen. *„Wölundur"* (Geschmeidemacher) bringt den im Frischfeuer aufgekohlten Eisenbatzen auf den Amboss. *„Slagfidr"* (Schlagfeder) hält das Werkstück unter dem vom Federbalken zurück geschleuderten, zentnerschweren Hammerkopf und wendet ihn stetig zwischen den Schlägen, bis er würfelförmig ist und die gewünschte Verdichtung hat. Dann stoppt *„Egil"* (der „Schützen-Junge") den Wasserantrieb. Hammerschmied und Schütze kommunizieren wortlos, aber „pfeilschnell". Schließt der Schützenmann das Wehr (das „Schütz"), „schießt" das Wasser über die „Schütte", das ist dann „Überschuss". Der Hammer ruht, bis der Feuerschmied den nächsten „Wolf" unter den „Bär" auf den Amboss legt, Schlagfeder das Zeichen gibt und Egil Wasser „zuschießt". Dann fliegt der Hammer wieder, und zwar zentimetergenau auf den Amboss.

Hierzu siehe eine Beschreibung auf S. 71 ff. mit Abbildung S. 73.

5. Ein hilfreiches Lexikon aus der Edda

a. *Alwissmal, das Lied vom allwissenden Zwerg*

Lehrmeister Sturluson gibt eine wichtige Hilfe zum Verstehen der mit Synonymen und Kenningar überfrachteten metaphorischen Sprache der eddischen Erzähler. Das ist „Alwissmal", das Lied vom allwissenden Zwerg Alwiss. Der Zwerg hat um die Hand einer Thorstochter, einer Asin, angehalten. Das ist eine gesellschaftliche Anmaßung. Trotzdem lässt sich Thor auf einen Wissens-Wettkampf ein und befragt ihn eine ganze Nacht lang. Sturluson erzählt das in einem (poetisch wundervollen) Dialog-Gedicht über 33 Strophen. Mit „scheuklappen-bewehrtem Techniker-Blick" beschränke ich mich hier auf drei davon, in denen die Bedeutungsweite von „Feuer", „Wald" und „See" erkundet wird; ich empfehle aber die Lektüre des kompletten Liedes.

Thor: *Des Mädchens Minne mag ich dir, weiser Gast, nicht weigern, kannst du aus allen Welten mir kundtun, was ich zu wissen wünsche" (Nebenbei: Eine Stabreim-Orgie !).* ***Alwiss*** *antwortet: Versuch es, Asa-Thor, da du gesonnen scheinst, an des Zwerges Wissen zu zweifeln. Alle neun Himmel habe ich durchmessen und weiß von allen Wesen.*

Thor *(nachdem er nach Himmel, Erde, Mond, Sonne, Wind und Wetter gefragt hat): So sage mir, Alwiss, von allen Weltreichen weißt, kluger Zwerg, du wohl, wie man das F e u e r heißt, das bei den Völkern brennt, bei den Bewohnern jeder der Welten.* ***Alwiss:*** *„Feuer" bei den Menschen, „Flamme" bei den Asen, bei den Wanen „Waberbrand", „Fresser" bei den Riesen, „Wüster" bei Hel, „Verzehrer" beim Zwergenvolk.*

Thor: *Nun sage mir, Alwiss, von allen Weltreichen weißt, weiser Zwerg, du wohl, wie man den W a l d heißt, der da wächst bei den Menschen wie bei den Bewohnern jedweder Welt.* ***Alwiss:*** *„Wald" bei den Menschen, bei den Göttern „Haar der Berge", „Feldmähne" ist er den Asen, bei Riesen „In die Glut" (!), „Feuerfraß" bei Hel, bei Wanen heißt er „Heister".*

***Thor**: Jetzt sage mir, Alwiss, von allen Weltreichen, Zwerg, weißt du wohl, wie man M e e r heißt, durch das die Menschen rudern, bei den Bewohnern jeder Welt. – **Alwiss** : „See" sagen die Menschen, „Meer" die Götter, „Woger" die Wanen, „Tiefe" sagen Zwerge, die Tursen „Flut", und die Alfen „Wasserschatz".*

Thor fragt noch nach Nacht, Saat und letztendlich nach Bier, von dem beide die Nacht lang tüchtig getrunken haben. Dann trifft der erste Sonnenstrahl den Zwerg und bannt und fesselt den lästigen Werber. Wieder hat Thor einen Wettkampf gewonnen.

Zwischenergebnis: Die Feinde und Konkurrenten der Asen sind die sogenannten Riesen, Tursen oder Jötune. Deren Feuer fressen den Wald und verwüsten die „Feldmähne", das „Haar der Berge". Die Menschen nennen das (heute) Umweltzerstörung.

6. Drei Muster-Erzählungen samt Deutungsvorschlägen

a. Das Goldhaar der Sif

Die sanfte Sif ist die schönste der Asen-Gottheiten. Sie ist vermählt mit Thor. Dieser, nicht nur Gott der Bauern und Schmiede, sondern auch der fruchtbare Donner- und Regengott, ist mächtig stolz auf ihre Schönheit. Besonders liebt er ihr prachtvolles Haarkleid, welches sie grün-golden umhüllt. Beide Gottheiten sind Wächter der Fruchtbarkeit und Gesundheit von Feldern, Weiden, Menschen und Tieren.

„Sif" (auch „Sief") meint fruchtbares Land. Im Mosel- und Rheinfränkischen ist heute noch Siefen, Seifen, mundartlich auch „em Siffe" gebräuchlich. Die sauerländer Variante ist „Siepen", z.B. Mühlensiepen. An den bergan in den Wald führenden Talenden, den Siefen, liegen häufig ehemalige Meilerplätze (von Köhlern), Grubeneingänge, Halden und Verhüttungs-Terrassen, nahe beim Wald und am Wasser. Das Lexikon des vielwissenden Zwerges hat uns gelehrt, „Haar der Berge" und „Feldmähne" als Synonyme für Wälder, Weiden und Felder zu lesen.

Eines Nachts wird das Haarkleid der Sif gestohlen. Thor tobt. Nackt und kahl, abgeschabt sind Schädel und Körper seiner schönen Frau, wie geschändet liegt sie da. Thor weiß sofort, wer das getan hat. Er greift Loki mit beiden Fäusten am Hals und droht, ihm jeden Knochen zu brechen, falls er diesen Frevel nicht umgehend wieder gut macht. Der schwört neun Eide, dass seine Zwerge ein neues Haarkleid herstellen würden, welches sofort nachwachse – wie natürliches Haar. Da lässt Thor ihn laufen.

G e s c h ä n d e t ! Dramatischer können die Vergiftung der natürlichen Umwelt durch Hüttengase (Schwefel, Arsen, Phosphor) und die Folgen durch Abholzung nicht beschrieben werden. Für einen Korb Metall wird manchmal das Fünfzehnfache an Holz gefressen. Verursacher des Umweltfrevels ist „Loki".

Die Edda nennt ihn auch „Logi". Wenn ein solcher „Ingenieur" von außerhalb Asgards gemeint ist, sagt die Edda: ein „Uitgard-Loki". Er ist namensverwandt mit dem frühkeltischen Gott Lugus, in Irland Lug. Er ist Ahnherr für Städtenamen (z.B: Lyon, lat. Lugdunum, aber auch Leyden in Holland, wie für Liegnitz im Osten (Schlesien). Wir sehen: dies ist ein überregionales Thema !

Loki befiehlt seinen Zwergen, ein kostbares Geschmeide anzufertigen, ganz aus Gold, geformt wie lebendig wallendes Haar, welches, sobald man es trägt, anwächst wie natürliches Haar. Die Schmiede gehen sofort ans Werk, und nach drei Tagen ist Loki schon wieder mit dem prächtige Geschmeide zurück in Asenheim. Thor legt seiner weinenden Sif das Goldhaar an. Es wächst sofort an und ist so schön wie ihr ursprüngliches Haar. Sif strahlt, Thor ist zufrieden und Loki erleichtert.

In der Edda meint „Loki" Erfindergeist, technologischer Fortschritt. Für die Asen ist er zugleich Rechtsverdreher und Staatsanwalt. Er schließt Verträge für sie – und bricht sie, wenn es dem Asenvorteil dient. Er schwört stellvertretend neun Eide und berät die Landesherren gleichzeitig, wie sie straffrei zu brechen sind. In „Lokis" Denk-Fabriken werden Schmelz- und Gusstechniken sowie Filteranlagen gegen den tödlichen Hüttenrauch entwickelt – und Konzepte zur Renaturierung der beschädigten Landschaft. – Das „*Goldhaar*" der Sif steht für eine resourcen-schonende Erfindung, womöglich für Haubergs-Bewirtschaftung oder für ein genossenschaftliches Gewerke-System.

b. *Lokis Wette mit den Zwergen*

Auf dem Rückweg aus den Werkstätten seiner Zwerge begegnet Loki dem Zwergenkönig Brokk – manche nennen ihn Niff. Er ist Herr eines Eisenwerkes. Loki prahlt schamlos mit der Kunstfertigkeit seiner Leute und preist deren Arbeiten – besonders das Goldhaar – über alle Maßen. Da antwortet Niff: Mein Bruder Neifel ist Schmied, er betreibt eine große Werkstatt. Da fertigt er Kostbarkeiten, die weit prächtiger sind als deine goldene Perücke, vor allem brauchbarer. Loki ist sauer. Ein Wort gibt das andere, bis sie schließlich wetten – und zwar jeder um seinen Kopf. Die Asen selber sollen entscheiden, wer die besseren Schmiede sind.

Übers Jahr treten Loki und Niff in Asenheim zum tödlichen Wettstreit an. Wegen des hohen Preises sitzt Odin selbst der Jury vor. Bei ihm stehen Thor und Frey, der freundlichste aller Asengötter.

Zuerst präsentiert Loki das Goldhaar. Er ruft Sif als strahlende Zeugin für die Kunstfertigkeit seiner Schmiede auf – und ist sich sicher, den Wettkampf zu gewinnen.

Jedenfalls ist das „Goldhaar" eine ökologische und gesellschaftliche Veränderung und belebt die strapazierte Industrie-Landschaft wieder. Es zeigt sich hier, dass „*Kleinod*" kein realer Gegenstand (Waffe, Werkzeug, Schmuck) sein muss, sondern genauso eine Errungenschaft , eine hilfreiche Idee, ein Konzept sein kann. „Goldhaar" ist das Prinzip der ökologischen Waldwirtschaft.

c. *Kleinode der Asen*

Für Frey stellt Loki ein Zauberschiff vor, das gegen jeden Wind fahren kann und groß genug ist, um alle Asen aufzunehmen und doch zusammenfaltbar und in die Tasche zu stecken. Dem Odin weiht er einen machtvollen Speer aus Stahl, genannt Gungnir, der nie im Stoß innehält und sein Ziel nie verfehlt.

Das „*Zauberschiff*" kann in die Tasche gesteckt werden, ist also auch kein Gegenstand, eher ein „Segelschein": es ist die Fähigkeit, gegen den Wind zu kreuzen. – Von Sigfrids Pferd *Grani* wird erzählt, dass es, mit den beim Drachenkampf erworbenen Schätzen beladen, erst losgehen will, sobald sein Herr auch aufsitzt. Die Wahrheit dahinter ist, dass Grani, der „Schlanke", nicht Stahlbarren und Goldringe zu tragen hat, sondern dass der Reiter sein erworbenes Know-how, seine „Meisterbriefe" für Köhlern, Bergbau, Verhütten und Stahlschmieden mit sich trägt, wenn er ins Niflungarland reitet.

In Vorausschau auf die finalen Betrachtungen des Niflungen-Stoffes (in diesem Buch Reise 6, S. 115 ff.) halte ich hier fest: Sigurd/Sigfrid kommt als gestandener **Hüttenfachmann** ins Land des Königs Gjuki.

Odins Speer „*Gungnir*" ist aus Stahl gemacht. Die Kurz-Beschreibung in der Edda erlaubt als Lösung sowohl „Armbrust" als auch lanzenbewehrte „Panzerreiterei" anzunehmen. In jedem Fall ist eine Errungenschaft der Rüstungsindustrie gemeint, die waffentechnische Überlegenheit schafft.

Dann tritt Niff, der Zwergenkönig, auf. Für Odin bringt er Draupnir mit, einen Goldring, dem alle neun Nächte acht neue Ringe entträufeln, ebenso geformt und kostbar wie Draupnir selbst. Für Frey führt er einen goldborstigen Eber aus Bronze vor, mit dem der Gott Tag wie Nacht, schneller als jeder andere, über Himmel und Erde reisen kann.

„*Draupnir*", der „Tropfer", bedeutet m. E. die Technik des Metallgießens (in einer Lehmform), die die beliebige Vervielfachung eines Beiles, Hammers oder Schmuckstücks ermöglicht. Der „*Goldborsten-Eber*", der bei Tag und Nacht leuchtet, macht mehr Deutungsmühe. Zwei Vorschläge: dieser anrennende „Eber" ist ein Streitwagen, seine Speichen blitzen wie Gold. Oder es ist die Erfindung des Steigbügels gemeint. Bleiben die Frage: in welchem Zeitalter ? Gegen wen ? Die Forscher forschen da noch.

40

Für Thor schließlich präsentiert Niff den stählernen Hammer Mjölnir, über den erzählt wird, dass er den gewaltigsten Schlag aller Schmiedehämmer habe und doch federnd auf den Amboss komme – und dass er, so hoch er auch geworfen werde, doch präzise in des Schmiedes Hand zurückkehre. Leider – merkt Niff an – habe er einen kleinen Fehler, da Loki seinen Bruder in dessen Werkstatt ausspioniert und bei der Fertigstellung gestört habe Jedenfalls habe der Hammer deshalb einen auffallend kurzen Stiel.

„Mjölnir", Thors Hammer, ist sicher um 1220, der Zeit der Niederschrift dieses Teils der Edda, das modernste Gerät unter den Kleinoden, sprich technischen Errungenschaften der Asen, das heißt: der Landesherren. Jedem sauerländer, siegerländer oder eifeler Handwerker ist der vom Wasserrad getriebene „Aufwerfhammer" ein Begriff. Die letzten Exemplare dieser – bis auf ein kostbares Mueumsstück inzwischen verschwundenen Spezies (siehe Reise 3) wurden um das Jahr 1900 durch Dampfhämmer ersetzt.

Den Wasserradbau brachten die römischen Zivilisatoren schon etwa ab Christ Geburt nach Mitteleuropa (in der Eifel nachgewiesen). Im nordischen „Mühlenlied" sind 2000 Jahre Technikgeschichte poetisch komprimiert (siehe „Reise 4").

Nun berät die Jury und wählt als kostbarstes der Kleinode Thors Hammer. Begründung: er ist die wirkungsvollste Waffe im Kampf der Asen gegen ihre ERZ-Feinde, die Riesen.

Niff stürzt sich sofort auf Loki und will dessen Kopf, Loki zischt: Den Kopf kannst du haben, aber den Hals darfst du nicht verletzen ! Diesem Argument stimmt Thor zu – und Loki entwischt mal wieder.

Der Triumph bleibt aber beim Zwergenkönig, denn mit seinem kurzstieligen „fliegenden" Schmiedehammer gewinnt er den Wettbewerb.

Reise 2:   Wasserungeheuer

Hier wird berichtet von menschenfressenden Wasserungeheuern in Königshallen – und von Beowulf, einem waffenlos kämpfenden Helden .

7.   Erkenntnisgewinn aus REISE 1

Aus dem Reisebericht 1 (Schmelzer und Schmiede) rekapituliere
ich sieben Stichworte, die im Folgenden die Untersuchung vertiefen
sollen.

1. Die Snorri-Sturluson-Redakteure, die in Island um 1200 n. Chr.
   alte Lieder und Erzählungen zusammentragen und sie in zwei
   Sammlungsteilen (z. T. neu erzählt) herausgeben, verbinden
   dabei „uralte" (d.h. zeitlose) Stoffe" mit zeitgenössischen Beo-
   bachtungen und Berichten (vielleicht Reise-Berichten).
2. *Dabei werden neben zeitlos gültigen Götter-Mythen (z. B. dass
   bei Gewitter Thors Schlitten über die Schädel der Felsriesen
   scheppert) auch gesellschaftspolitische Phänomene thematisiert:
   - Umweltzerstörung und Umweltschutz (im *Goldhaar der
     Sif);*
   - Wirtschaftskonkurrenz und Werkspionage (in *Loki und die
     Zwerge),*
   - zivilisatorischer Fortschritt und Waffentechnologie (in
     Kleinode der Asen)
3. Der diesen Erzählungen gemeinsame Kern ist die Stahl-
   Herstellung, ihre Voraussetzungen und Folgen.

Die drei folgenden Einsichten beziehen sich weniger auf die Stoffe
der Frühzeit-Erzählungen als auf unseren forschenden Umgang damit:
4. Für die Sagen-Analyse ist der Zeitraum der Verschriftung
   wichtiger als das Alter der Stoffe oder die Frage der Historizi-
   tät des Ur-Geschehens.

5.	Snorris Redakteure berichten präzise, z. t. als ob sie Augen- und Ohrenzeugen gewesen wären, über Themen ihrer Gegenwart. Die „alten Lieder" kennen sie nur vom Hören, d.h. vom Sagen, allenfalls – wie wir ! – vom Lesen. Dann muss also Sagenforschung *intertextuell* weiterarbeiten, d.h. es ist zu fragen, welche Texte muss Snorri, der Erzähler, gekannt haben, dass er die Geschichte von Sigurd/Sigfrid, dem Schmelzer und Schmied, so erzählen kann, wie er sie in seiner Edda überliefert.

6.	Letztlich bleibt die Frage nach der Erzähl-Absicht der Dichter oder Sänger oder Redakteure. Welche Botschaft wird mit der Story an welche Adressen geschickt ?

7.	Zwei uns vertraute Beispiele verdeutlichen die Fragestellung: Das oberdeutsche, im Donauraum lokalisierte Nibelungen- l i e d über den Untergang der Nibelungen (Regensburg ? um ca. 1200 n. Chr.) transportiert viel Unerforschtes über seine Entstehungsumstnde (Auftraggeber, Intention, politisch-soziale Strukturen, Freiheit des Dichters) und über die Entstehungs- Ze i t . Das Lied sagt mehr über die schon gescheiterten oder zum Scheitern verurteilten Kreuzzüge der Staufer-Kaiser als über das Ur-Ereignis der Nibelungen-Katastrophe. Seine Botschaft ist Kritik an der Reichsführung, am Größenwahn der Staufer, sein Adressat ist der Reichsadel.

Das zweite Beispiel: Die etwas später (um 1240 ?) verschriftete niederdeutsche Fassung der Thidrekssaga erzählt (vor allem in den sogenannten Ost-Kriegen und Wilzen-Kämpfen) mehr über die Expansionspolitik des Deutsch-Ritter-Ordens nach den gescheiterten Jerusalem-Missionen als von den Kämpfen des früh-fränkischen Dietrich/Theudrik/Theodrix/Thidrek an Austriens Ostgrenzen. Hier heißt der Appell an die Führungseliten: Ost-Kolonisation !

Aus gutem Grund ist daher Snorri Sturlusons Prosafassung des Sigfrid-Stoffes die Grundlage meiner Untersuchung, also n i c h t das Nibelungenlied oder die Thidrekssaga. Sturluson thematisiert METALLUM, den harten Kern der Geschichte (siehe Reise 6, S. 113 ff. Hier stellt sich die Frage: Was intendieren die Erzähler ? Ist das

Ziel der Sigurd-Erzählung Heldenverehrung ?   Sind die Thor-Geschichten Mythen-Pflege – oder nur gehobene Unterhaltung gebildeter Isländer ?

Und welche Erzähl-Absicht verfolgt der Dichter des B e o w u l f-Epos ?

8.   Drei Einstiegs-Thesen zum Beowulf-Epos

Das Beowulf-Epos gilt als das älteste und einzige vollständig erhaltene altgermanische Helden-Epos, überliefert in einer Handschrift in alt-angelsächsischer Sprache. Annahmen, Vermutungen und Fragen zu seiner Entstehung und seinem Autor sowie zu dessen möglichen „Erzähl-Absichten" sind in einem späteren Kapitel dieser „Beowulf-Reise" nachzulesen.

Worum geht's dem (uns unbekannten) Abt oder beauftragten Mönch, der das Epos komponierte ? Wer war Auftraggeber ? Welche (bestellte, verheimlichte, unbewusste oder kalkulierte) Botschaft wird durch die (für Hörer und Leser oft unverdaulich verdichtete) Stoffsammlung transportiert ? Welcher „Message" zuliebe zertrümmert und verbiegt er den ursprünglichen Stoff ? Ist er ein Ahnungsloser oder ein gewiefter Prediger, der die alten Stoffe für seine seelsorgerischen Absichten instrumentalisiert ?

Zuvor möchte ich zeigen, dass dem höchst kunstvollen und scheinbar unentwirrbaren Mythengeschlinge in diesem Epos – dem Vor und Zurück im Fußkampf und Handgemenge mit unsichtbaren Teufeln und menschenfressenden Monstern – ein zwar abenteuerlicher, aber praxisnaher und sehr realistischer Bericht **aus der Welt der Arbeit** zu Grunde liegt (oder zu Grunde liegen k ö n n t e).

Mit der Montan-Brille gelesen, legen drei Erzählmotive – drei Metaphern – einen Anfangsverdacht nahe:

- Der Abstich eines Feuerdrachens,

- die ungeheure Kraft eines unberechenbaren Wassermonsters

• und die „Ein-armigkeit" des gewaltigen Menschenfressers Grendel.

Diese drei sofort auffallenden Metaphern stehen für die Großtaten des Helden. Sie gliedern das Gesamtgeschehen im Epos und verleiten mich zu folgenden drei Annahmen:

Annahme 1: Ein Unfall beim Hochofen-Abstich

Beginnen wir mit dem E n d e ! Der Drachenabstich, bei dem sich der gealterte Protagonist tödlich verletzt, d.h. verätzt oder verbrennt, ist ein Unfall vor dem Schmelzofen. „Drachenkampf" ist ein Kenning für Arbeit am Ofen. Beowulfs Tod ist ein Arbeitsunfall in der Gießerei. Machen wir uns die Mühe, ein paar der Zeilen am Ende der Dreitausendzeilen-Erzählung mit der Lupe zu lesen: Beowulf ist nicht allein. Sein Helfer heißt Wiglaf. Nachdem sie den Drachen geöffnet haben, ergießt sich die Waberglut in den Sand. Dabei wird Beowulf verletzt. Wiglaf – als einziger Augenzeuge des Geschehens – holt Hilfe. Das Folgende möglichst wortnah gemäß den Übersetzungen von Haefs (Hae), Lehnert (Leh) und Simrock (Sim):

„Wiglaf bringt leidvolle Kunde. Er log nichts hinzu an Worten und Geschehnissen. (bei Sim: er log nicht viel an Wort und Weise. Bei Hae: er erfand nichts hinzu"; dies ist nebenbei gesagt eine treffende Belegstelle dafür, wie o r a l e Erzähler die Authentizität ihres Berichtes beteuern). *„Die, die Wiglaf gerufen hat, laufen zum Adlerfelsen und sehen dort auf dem Sand den entstellten Helden* (so bei Hae und Sim.) Leh::*„im Sand der Seele beraubt den Helden) liegen. Zuvor aber sahen sie seltsames Wesen, (Hae: „einen seltsamen Anblick"): „dem Fürsten gegenüber liegend – den Wurm der Wüste, den Lohedrachen, von seiner eigenen Glut grausig verbrannt. Volle fünfzig Fuß war er lang auf dem Lager, von Gluten verschwelt".*

Hier beschreibt m. E. ein Augenzeuge das Ergebnis eines Floss-Ofen-Abstichs, die erkaltenden Masseln in ihren Sandbetten und ein menschliches Unfallopfer, den toten Fürsten Beowulf.

Der Einwand, dass Drachenkampf ein Allgemeinplatz in jeder (frühmittelalterlichen) Fürsten-Biographie sei, und dass seine Erwähnung im Heldenlied nicht notwendig ein reales Ereignis im Lebenslauf des Protagonisten sein muss, sondern metaphorisch für

46

„ausgezeichnete Leistung" stehen kann, zieht hier nicht. „Drachenkampf" im B e o w u l f -Epos steht für Scheitern und Tod – jedenfalls auf der vom Dichter intendierten Bedeutungsebene, auf der das
Heldenleben (weil es noch nicht christlich gelebt wird) heillos enden
muss.

Ohne Frage steht „Schwert-aus-dem-Felsen-ziehen" oder „Vom-
Vater-ein-Schwert-bekommen" als Symbol für den Regierungsantritt
eines Prinzen. Auch „Pferd-und-Rüstung-bekommen" steht symbolisch, d.h. stellvertretend für „ein-eigenes-Reich-erhalten". Und sicher ist der Topos „Drachenkampf" auch hier als „heldenhaftes-
Verhalten-in-Extremsituationen" zu lesen. Am Ende dieser Dichtung
aber wird Kampf ganz realistisch, auf Wahrnehmungen gestützt,
erzählt. Daher schließe ich eine n u r symbolische oder mythologische Deutung aus. D i e s e r Drachenkampf ist exakt beschriebene,
lebensgefährliche, tödlich endende Arbeit.

Annahme 2: Ein Team von Notfallexperten

Der Aspekt Arbeitswelt wird im Mittelteil der Abenteuertrilogie
noch deutlicher. Beowulfs wiederholte „Ring-Kämpfe" und „Hand-
Gemenge" mit Grendels Mutter über und unter Wasser finden im
Ereignisraum „Eisenhüttenwerk" samt dazu gehörenden „Königs-
Hallen" und Wasserkraftanlagen statt. „Die Mutter aller Monsterma-
schinen" kommt immer wieder und unberechenbar aus dem Moor
gekrochen und verschwindet nach verrichteter Arbeit, sprich nach
angerichteter Zerstörung, wieder in Sumpf und Moor. Dabei hinterlässt sie eine Blutspur, auf der sie Menschen bei lebendigem Leibe
zerrissen und mitgerissen hat. Hier ist die Rede von W a s s e r ,
speziell von Hochwasser in einem Hüttental.

Mit der Stahlwerker-Brille gelesen, kommen die nicht berechenba-
ren und kaum beherrschbaren Wassermassen aus den mäandernden
Bachläufen (Kenning: *„Sumpfschlangen"*) der noch nicht drainierten
Feuchtwiesentäler. O b e r h a l b der Werke, in denen die Wasserkraft Maschinen antreiben soll, muss sie gebändigt werden; d.h. sie
wird kanalisiert, zwischen Deichen, über Wehre und durch Wasser-
kästen geführt, zuletzt über Schütten und genau zu kalkulierende

Gefällestrecken auf die Räder geleitet. Sie, die „Mutter aller Maschinen" treibt Schlacken- und Erzpochwerke, Riesengebläse für Schmelz- und Schmiedefeuer und zuallerletzt gewaltige Wasserhämmer an.

Eine solche Anlage, in der Fachliteratur auch „Wasserkunst" genannt, ist äußerst störanfällig. Hochwasser – Gewitterregen mit Schwemmgut in den Rechen – über- oder unterdimensionierte Getriebeteile – zerbrechende Zahnräder – klemmende Wehre – steuerungslose Antriebsräder und nicht auskuppelbare Riesenhämmer! Ein einziger Fehler kann eine ganze Anlage zertrümmern. Mit solchen Fällen schlägt sich Beowulf herum. Das ist sein Job, sein Auftrag. Er und sein Team werden als Notfallexperten gerufen.

Annahme 3: „Grendel" ist ein Wasser-Hammer

Grendel, der Name für die vielgestaltige (der christliche Autor des Beowulf-Epos sagt „teuflische"), menschenfressende, nachts heimtückisch aus dem Moor schleichende Energie, hat sich der technologischen Dekodierung lange widersetzt. Sobald wir aber lesen, wie Beowulf den Arm von Grendel (es ist e i n Arm !) selbst beschreibt, angebracht an der Wand einer Königshalle, als Wahrzeichen für seinen Erfolg, (wie eine Trophäe? oder als Austauschteil? oder als Werkzeug?) und wie er gleichzeitig erzählt, dass er gesehen hat, wie vier Männer mit großer Mühe Grendels Kopf in die Halle tragen, da spätestens wird der Verdacht heiß: „Grendel" könnte der Name sein für einen schweren, einarmigen Hebelhammer, der von den „Fröschen" der rotierenden Wasserradwelle aufgeworfen wird und leicht außer Kontrolle gerät (siehe die Zeichnung auf S. 72 dieses Buches) .

Diese drei **Annahmen** werden im Folgenden in kleinen Schritten belegt.

Das soll durch detaillierte Text-, Wort- und Sprachbildanalysen geschehen. Erschwert wird dieses Unterfangen dadurch, dass ich erstens bisher nur mit d e u t s c h e n Übersetzungen gearbeitet habe, zweitens dadurch, dass der altenglische Autor (mutmaßlich) seine kontinentalen, oralen Quellen selbst nicht in allen Aspekten verstanden hat, weil er – aus „technik-orientierter" Perspektive gesehen – ein ahnungsloser Kleriker war. Außerdem – und dies ist für mich überraschend und unerklärlich, und falls ich mich hier irre, entschuldige ich mich vorweg für die Anmaßung – kann ich keiner der zu Rate gezogenen Eindeutschungen entnehmen, dass die Übersetzer eine Ahnung von oder ein Interesse an den offen sichtbaren technischen Inhalten der Erzählung, d.h. an Beowulfs Arbeit gehabt hätten.

Über dreitausend rhythmisierte stabreim-gespickte Langzeilen voll von nordischem Mythengewusel und Heldengebrabbel um Rache, Ehre und Gefolgschaftstreue, voller genealogischer Rekonstruktionen früheuropäischer Königsdynastien, ein Heiligtum für Anglisten, ein unerschöpflicher Sprachfundus - aber als Urkunde für einen wesentlichen Zweig der Zivilisationsgeschichte (bisher) n i c h t genutzt.

Konsequenz: Nur durch das Studium der Urabschrift, die als Faksimile publiziert ist, könnte ein Team klären, w i e die Übersetzer ins Deutsche den Bedeutungsspielraum verdächtiger Wörter, Sätze und Sprachbilder genutzt haben, und o b das jeweilige Wortfeld die hier vorgeschlagenen technischen Übersetzungen zulässt.

Beispiele für problematische Wortfelder sind m. E. a) das **hard-hart-heart-Feld**, b) das **hondskoi-Handschuh-Feld** und c) das **craft-strength-power-Feld**.

Solche Fragen zweifelsfrei aufzuklären, ist ohne schriftkundigen Einblick ins Faksimile und ohne die heutigen Textfassungen mit dem altenglischen Text im Detail zu vergleichen, nicht möglich. **Fachleute gesucht!**

9. Textstellen, die stutzig machen

Um den bisherigen Prozess der Entschlüsselung nachvollziehbar zu machen, stelle ich eine Liste von Textsplittern (Einzelbegriffe/Redeweisen/Sprachbilder usw.) zusammen. Lauter Splitter, bei denen ich als aufmerksamer technophiler Leser stutzig geworden bin. Um Interessenten (und Kennern des Beowulf-Epos) das Nachlesen zu erleichtern, sind zu diesen Belegstellen die Versnummern angegeben, außerdem Kürzel für die **deutschsprachigen** Herausgeber samt Seitenzahlen. Beispiel: Vers 380, „was König Hrothgar über Beowulf sagt" ist nachzulesen bei:

(Sim 26) = Simrock, Anaconda Verlag, Köln 2009, Seite 26

(Leh 44) = Lehnert, Reclam Nr. 18303, Stuttgart 2004, Seite 44

(Hae 30) = Haefs, Insel tb 3306, Leipzig 2007, Seite 30

(Hub 63) =Hube, Marix V. Wiesbaden 2012, Seite 63

a. Die Kraft von 30 Recken in einer Hand

Vers 380 ff, König Hrothgar über Beowulf... *Ich hörte erzählen, dass allein im Griff seiner Hand... Kraft von dreißig Recken... denkwürdige Riesenkraft von dreißig Männern... im Handgriff...* (Hae 30, Sim 26, Le 44)

Verse 410 ff, Beowulf über sich selbst...*Mir wurde Grendels Unfug (Grendels Streitsache) bekannt... ich komme auf Rat meines Herrn und dessen Berater...kennen meine Kraft und Stärke...meine Machtgestrenge (vielleicht „Professionalität?) ich bändige, fessele Fünfe (?)... habe die Nachkommen der Riesen vernichtet (vielleicht „Hinterlassenschaft der Riesen" ?)... nachts Wasserungeheuer erschlagen... den Streit mit dem ungestümen Riesen alleine ausgetragen ...nur mit meiner verwegenen Schar, meinem beherzten Haufen (vielleicht „Expertenteam"?)... die Halle säubern...weil Grendel o h n e Waffen ist, auch ich weder Schwert noch Schild... allein mit dem Griff meiner Hand den Feind packen...* (Sim 28, Le 47, He 32).

Beowulf kommt also als gesandter Ratgeber, nicht als Krieger an Hrothgars Hof. Dort wird ein Mann gebraucht, der b e i d e s mitbringt, Sachkunde und Praxiserfahrung, *Worte und Werke* (Vers 288).

Das englische *craft* meint auch Handfertigkeit, Geschicklichkeit, Kunst, ja sogar Schlauheit und List. Englisch *craftsmen* sind die (gelernten) Handwerker, Könner. *craftsmenship* bedeutet handwerkliches Können. Beowulf kommt als gerufener Experte zur Hilfeleistung (Vers 457), um die Halle zu säubern und um gegen einen „Handkämpfer ohne Waffen" (Vers 680) anzutreten. Entweder kennt er ein Verfahren, oder er hat ein Werkzeug, das seine Handkraft vervielfacht, vielleicht eine Riesenzange, deren Hebelwirkung er einsetzt, oder einen Flaschenzug? Vielleicht einen Kran?

Es fällt auf, dass Wörter wie Handwerk, Handwerker, Handarbeit, Werkzeug, Werkstatt im Vokabular des Dichters (und der Übersetzer !!) nicht vorkommen. Stattdessen aber die heldisch konnotierten Begriffe Handkampf, Hand-kämpfer, Handgemenge, Heldenwerk. Ich wiederhole, dass *craft* auch Kunstfertigkeit bedeutet, und damit mit dem alten Begriff „Wasserkunst" für von Wasserrädern betriebene Anlagen korrespondiert.

b. Hochwassergefahr

Vers 600 ff., Beschreibungen von Grendel und seinem Tun… *Unhold, Wicht, Wüterich, Würger, verwüstender Frevler… kommt aus dem Moor geschlichen, um zu morden… versucht, wieder ins Moor zu entwischen… ist nicht zu fassen … holt sich seine Beute, ohne Gegenwehr fürchten zu müssen…* (d.h. es gibt keine Abwehr gegen Grendel)… *Er würgt, verschleppt, verschlingt* (sehr häufig benutztes Wort) *tags und nachts Leute… zerbricht, zerreißt und frisst sie samt Faust und Fuß* (Vers 745)… *dringt in die Hallen ein… bricht eiserne Bänder und feuergehärtete Riegel* (Vers 721)… *zerstört Tore und Eingänge… gleitet über den glänzenden Boden der Halle… um Wachmannschaften zu verschlingen* (Vers 730).

Hier erscheint das Unheil namens Grendel, welches immer wieder und schon seit Jahren über Hrothgars herrliche Halle herfällt, (Stabreimlesen färbt ab!), wie ein alles verschlingendes H o c h w a s s e r, als Überschwemmungskatastrophe, die eine königliche (Hof)-Anlage samt Hallen, Belegschaft und Behausungen (in Teilen) vernichtet. Die Menschen haben Teile des Überschwemmungsbereichs verlassen, wohnen und schlafen hochwasserfrei, die herrschaftliche „weitgerühmte" Anlage ist unbrauchbar geworden. Sie verödet. Da braucht's einen Retter, einen, der Erfahrung mit Wasserungeheuern hat.

c. Giftgasalarm

Der zweite Aspekt des Unheils namens Grendel scheint G i f t- g e f a h r zu sein *(Vers 275 ff): ...Der heimtückische, teuflische Würger schleicht unbemerkt... auf dem blanken Boden kriechend herein..., tötet lautlos schlafende Männer..., er würgt und erwürgt sie...* (klingt wie Sauerstoffmangel und Ersticken), *...der dunkle Schattengänger ..., in finsteren Nächten... unheimliches Leid und Leichenfall. ..(Hae 25, Leh 40).*

Ursache solcher Todesfälle sind die in der Frühzeit der Hüttentechnik ungefiltert in die Atmosphäre entlassenen Abgase, der „Hüttenrauch". Findet das Eisenschmelzen und Stahlkochen gar innerhalb einer schlecht gelüfteten „Königshalle" statt, können Schwefel, Phosphor und Arsen nicht entweichen. Nicht zufällig überliefern Kirchenleute die Mär, man erkenne den Teufel (als welcher Grendel vom Erzähler in vielen Textstellen dargestellt wird) am Schwefelgestank. Hüttenrauch verätzt die Atemorgane und führt zum Tod. Er vergiftet Felder, Wälder und Weiden und damit auch das Vieh (siehe *Goldhaar der Sif*). Die heimtückischsten Nebenprodukte der Metallgewinnung sind aber geruchlose, schwere (daher kriechende) Gase, die *„Würger"*. Hrothgars Ofen-Belegschaft liegt morgens... *entseelt in der Met-Halle, ohne dass sie dazu gekommen wären, ihre Schwerter zu ziehen.*

d. Gefahr durch schwer beherrschbare Mechanik

Der Beowulf-Dichter findet noch eine dritte Symbolebene (nach Überschwemmungskatastrophe und Vergiftungsgefahr), auf der das Unfassbare namens Grendel Gestalt annimmt: es ist die schwer beherrschbare M e c h a n i k, die leicht aus der Steuerung geratende Kraftübertragung in einer wassergetriebenen Anlage. Und genau das ist m.E. die „Halle Heorot". Der Autor macht aus der Hirschhalle den Tatort für eine Parabel, um uns a) das "nicht fassbare" Problem, b) den einzigartigen Er-Löser, c) die finale Rettungstat vor Augen zu führen.

Mit Mechanik ist hier der Weg der Kraft des strömenden Wassers über die Radschaufeln, Radwellen, Getriebe mit Z a h n rädern und Riemen bis zu den arbeitenden Maschinen gemeint. Vor allem anderen ist dabei die nicht auskuppelbare Kopplung, die konstruktive Einheit von Radwelle mit ihren Aufwerfnocken („Fröschen") einerseits (siehe dazu die Abbildung auf S. 54) – und dem Hammer samt Federbaum andererseits – eine höchst riskante Kraftverbindung. (Dies ist nur ein Beispiel aus der frühen Technikgeschichte. Der nach dem Prinzip Hamsterrad arbeitende Kran, der von Menschen in Gang gehalten wird, oder der schwere Mahlstein, der Malmer, der von einer stehenden Wasserradwelle gedreht wird, sind weitere Beispiele für starre Kraftkopplungen in der frühgeschichtlichen Mechanik. In der Beowulf-Erzählung scheint aber ein Schmiedehammer die Probleme zu machen).

Auch die weiter unten beschriebene Kampfszene lese ich als Arbeitsunfall. Wer den rotierenden Fröschen oder den Radschaufeln oder gar den aus der Spur geratenen Hammerschlägen zu nahe kommt, ist verloren. (Verse 735 ff., Hae 42, Leh 60, Sim 42)...*Beowulf... als Einziger wachsam... sieht, wie der verwüstende Unhold mit seinen grässlichen Klauen... den vorne liegenden Mann packt... aufschlitzt... Gebein durchbeißt* (d.h. Knochen bricht)... *auseinander reißt... Blut trinkt... große Stücke verschlingt.*

Freistehende Schaufeln am gezimmerten Wasserrad
(Museums-Nachbau von Heinr. Aug. Berg, Weidenau/Sieg, 1936)
„Klauen und Zähne eines Wassermonsters"

e. Das Handschuh-Rätsel

Kurzer Einschub zum „Handschuh". Bei der Lektüre der vorstehenden Sätze sehe ich, wie ein Arbeiter – *der vorne liegende Mann* – während des Schmiedevorgangs oder während der Reparaturarbeiten vom nicht aufzuhaltenden Wasserrad erfasst wird. Diese Szene, auch ein Splitter, der stutzig macht, wird im Epos mehrmals angesprochen. In einer vom Dichter weit hinten (in den Versen 2070-2100) eingeordneten, weitschweifigen Eigenlobrede (sogen. „Ich-Erzählung") berichtet der Held selbst, wie der *vorne liegende Mann* seines Teams mit Namen *Hondscioh* von Grendel gepackt, zerstückelt und gefressen wird. Und wie danach der Unhold (Hube sagt: *die Trollin*) erfolglos versucht, ihn (Beowulf) in einen „Fausthandschuh" zu stecken.

Das gleiche Bild finden wir später in Thors angeberischen Ich-Erzählungen wieder (siehe REISE 3, S. 70). Einige Übersetzungen lassen die Vorstellung aufkommen, als ob der Unhold (*Meertroll/ Schattengänger/ Moor-Trollin*) zuerst den vorne befindlichen Schutzhandschuh des Mitarbeiters erfasst (zerfetzt/verschlingt) – sei's durch Feuer, durch die zuschlagenden Wasserradschaufeln oder durch drehende Zahn-Räder. Die vieldeutige Handschuh-Metapher verlangt jedenfalls eine gründliche Wort- und Sach-Analyse (in „Thors Riesenabenteuern" in REISE 3, S. 70 f.). Denn ein „Handschuh" nährt natürlich den Technikverdacht, selbst, wenn er nur ein kleiner Splitter in der großen Erzählung ist.

f. Der schwer beherrschbare Wasserzulauf

Weiter mit der Großmetapher *„Moorwassermutter* mit *Monstersohn"*. Welch ein Bild! Nicht nur die Vielgestaltigkeit Grendels als Inbegriff für das Unfassbare, Unbegreifliche (im Wortsinn von Greifen/Fassen/Begreifen), für das dem Schicksal und der Willkür des Zufalls Ausgeliefert-Sein, sondern, als Vertiefung dieses Sinnbildes, die Unauflösbarkeit der Bindung zwischen Grendel und seiner Mutter – bzw. umgekehrt: zwischen technischem Antrieb und getriebenem Werkzeug – als Symbol für Ausweglosigkeit.

Die (nicht nur mechanische) Verbindung von Wasserrad als „Mutter allen Antriebs" und ihrem Hammersohn ist das Faszinosum der Beowulf- Erzählung. In dieser Kernmetapher findet der Autor die größte symbolische Tiefe seiner Geschichte. Diese Verbindung wird im Ablauf der mäandernden Gesamtkomposition des Dichters vor allem im Mittelteil immer wieder thematisiert, d.h. mehrmals – von wechselnden Sängern/Erzählern in Varianten vorgetragen; und sie ist sehr unterschiedlich deutbar. Das Wüten der Mutter im Mittelakt des Dramas kann auch als Wut über den Verlust des Sohnes verstanden werden.

Das vertieft die Metapher um einen weiteren Aspekt, zumal der Autor Priester ist (siehe Kapitel 10). Ich habe Verständnis für alle, die das Epos mythologisch, religionsgeschichtlich oder psychoanalytisch angehen, bleibe hier aber bei der technologischen Sichtweise: Beowulf ist als „Feuerwehrmann" gerufen worden, es gibt ein paar sehr r e a l e Probleme. Diese banale Sicht macht die Parabel so eingängig: Die Verbindung von Rad und Hammer ist lebensgefährlich, da sie kaum beeinflussbar ist; solange das Rad dreht, schlägt der Hammer. Dreht es zu schnell, tobt die Hammerfaust und zertrümmert den Amboss-Stuhl. Wenn kein Werkstück zwischen Amboss und Bär liegt, weil der Hammerschmied das Tempo nicht mithalten kann (s. Thor, REISE 3), werden Hammerstiel, -kopf und Amboss ruiniert. Das ist ein uns vertrautes Motiv: Sigfrid zerschlägt den Amboss, Thor zerstört eine ganze Hammeranlage, ebenso der junge Riese im Grimmschen Märchen.

Alles hängt vom Wasserzulauf ab. Ist er undosiert oder nicht zu unterbrechen, dreht das Rad zu schnell und bringt einen ungeheuren Drehmoment auf. Wenn am hinteren Ende des Kraftweges Energie nicht in Arbeit umgewandelt wird, entsteht ein gewalttätiges Tempo. Zähne und Nocken brechen (s. Thor, REISE 3 !), die Wellen springen aus den Lagern und zertrümmern die Anlage. Realisieren wir, dass dabei Tonnengewichte und Räder mit übermannshohen Radien im Spiel sind, wird die Aufgabenstellung für Beowulf und sein Team klar, vor allem r e a l i s t i s c h . Ich schlage vor, den Grendel praktisch-mechanisch anzugehen, nicht psychoanalytisch, und ebenso seine furchterregende Mutter, das Wasserrad. .

56

g. Ein Werkzeug, das im Liegen benutzt werden kann ,

Zurück zum Tatort! Wir lesen weitere Textstellen, die sehr stutzig machen: Vers 747...*Beowulf kämpft (arbeitet) im Liegen... auf dem Lager ruhend... Grendel greift nach dem Recken auf der Ruhestatt (Leh 61)... nach dem scheinbar schlummernden (Hae 43)... fürder schreitend greift Grendel jetzo nach dem Recken auf dem Ruhebett... da reckt die Hand der großgeherzte Recke... fasst mit der Faust den Feind behende... auf den andern Arm gestützt... dann plötzlich... fühlt der Frevelstifter* (also Grendel*), dass mächtigeren Mann in Mittelgart... so hart von Handgriff... auf Erden nie gefunden...*

Die gleiche Passage bei Leh 61:...*reckt nach ihm der Feind die Finger... fasst Beowulf schnell den Arglistigen, indem er sich auf einen Arm stützt...sofort fühlt der Frevler... nie im Erdenkreis... gewaltigeren Mann mit härterem Handgriff...*__Die Szene bei Hae 43:...*den grausigen Feind packt Beowulf mit einer Hand, indem er sich stützt auf den anderen Arm... sofort muss der Frevler spüren, dass ihm noch nie ein stärkerer Mann mit härterem Handgriff begegnet ist... in sein Versteck... ins Freie... will er fliehen... sich zur Hölle sehnend, wo sich die Teufel treffen...* (wir hören den christlichen Erzähler)... *jetzt erst richtet sich Beowulf auf... packt noch fester zu... bricht dem Riesen die Finger... der drängt ins Freie, sich in die Sümpfe zu retten... aber Beowulf hält ihn fest im Griff* (Verse 745-765).

Das ist äußerst plastisch, hoch dramatisch erzählt. Bei jedem Zuhörer/Leser entstehen bildhafte Vorstellungen, E i n b i l d u n - g e n. Bei „*er hält den Riesen mit festem Griff*" sehe ich eine große Zange. Aber mir bleibt die Frage: Wie kämpft einer liegend? Mit einer Hand? Den anderen Arm aufgestützt? Und wie entwickelt er dabei riesenhaften Zugriff? A r b e i t e n kann ich im Liegen, z.B. unterm PKW. Auch ein Hebelbalken l i e g t auf seinem Auflager (Ruhestatt?) und vervielfacht sogar meine Handkraft. Als (vielleicht vorschnelle) Deutung kommt mir: hier wird die Funktionsweise eines Werkzeugs beschrieben, oder eine Erfindung, eine Finde, Finte, d.h. eine technische List. Die Zange hat eine Hebelansatzfläche, wie die Zange eines Hufschmieds. Ein Arm (der Zange!) liegt auf, auf dem Boden oder auf dem Huf aufgestützt. Beowulf vervielfacht seine

Kraft durch Hebelwirkung – mit Hilfe eines „Engländers" oder einer Riesen-Rohrzange, jedenfalls durch ein Werkzeug mit starkem Packan und großer Hebelwirkung.

Für den weiteren Fortgang der Analyse halte ich drei Einsichten fest:

1. In den alten Texten werden die Wörter Findung, Fund und Find, Finte und List häufig synonym für **technische Erfindungen** („Lokis Listen") gebraucht.

2. Auch Herakles gewinnt den Kampf gegen einen Riesen, der ein **Sohn der Erde** ist, durch Aushebeln, indem er mit **List** (d.h. mit Verstand) verhindert, dass sein Gegner den Boden berührt und so Kontakt zu seiner Mutter (!) bekommt.

3. Selbst der Laie sollte wissen, dass das englische *craft* nicht nur Stärke *(power)*, sondern vielmehr auch Kunstfertigkeit bedeutet.

10. Gewissheiten, Vermutungen und Fragen zur Entstehung und Absicht des Beowulf-Epos

Die Beowulf-Erzählung hat nicht die Klarheit und Schlichtheit, d.h. Eindeutigkeit der Texte der E d d a . Die Beowulf-Figur ist zwiespältig. Beowulf wird als Problemlöser beschrieben, als „Salvator". Er kommt, um die Halle zu s ä u b e r n und wird erwartet wie ein Heiland! Diese spirituelle Anmutung steht dermaßen quer zur trivialen Technikmetaphorik, dass ich die Deutungsarbeit auf der Textoberfläche hier unterbreche und zur eigenen Vergewisserung den Kenntnisstand der Forschung rekapituliere. Zumal sich diese Untersuchung auf einen für Beowulf-Forscher eher randständigen Aspekt konzentriert, auf Technik-Geschichte.

Wir fragen schlicht nach „Beowulfs" Berufsausbildung. Welche Qualifikationen bringt Held Beowulf mit, der nicht als Trouble-Shooter gerufen ist, sondern als Ratgeber, und der sein Schwert nicht gebraucht, weil es ihm nicht nutzt? Anders gefragt: mit welchen Kenntnissen und Fertigkeiten stattete der A u t o r seine Hauptfigur aus, damit die Erzählung funktioniert?

a. Was die Forschung über die Textentstehung weiß

1. Die Z e i t der Entstehung ist umstritten (7. bis 10. Jahrhundert werden genannt !) Die älteste erhaltene Handschrift (brit. Mus. Lon. Cotton Vitellius A. XV.) entstand um 1000 n. Chr., die erste Niederschrift (nicht erhalten) wahrscheinlich um **730**.

2. Die Entstehungs-Region ist **East Anglia**. Das ist der Bereich der sagenhaften „Sieben Kleinkönigreiche", welche nach dem Verfall der römischen Militärverwaltung in Britannia (ab dem Jahr 406 n. Chr.) von (germanischen) Invasoren gegründet worden waren, die vom europäischen Kontinent (Dänemark, Norddeutschland) her kamen. Zur Veranschaulichung für uns Heutige: Das ist die fiktionale Kulisse des „game of thones": Adel in byzantinischer Mode, Volk in Säcken und Fellen, Schmuck keltisch/orientalisch, Waffentechnik spät-römisch, mit sächsischen Verbundstahlschwertern, Architektur kaiserzeitliche Palastruinen, Sitten neolithisch. - An die Urenkel dieser romanisierten germanischen Barbaren wendet sich der Beowulf-Autor mit seinem Text.

3. Alle Schauplätze der H a n d l u n g liegen auf dem **alten Kontinent,** keiner der Schauplätze liegt in Britannien. Die beschriebenen Ereignisse sind v o r -**geschichtlich** (z. T. mythisch rätselhaft unverstanden), die Akteure sind a-historische Sagenhelden, heroisierte Vorzeit-Könige.

4. Gleichwohl verknüpft der „**uns unbekannte christliche Autor"** (ein hoch gelehrter, aristokratischer Mönch, Abt oder Bischof ?) die sagenhaften Königslisten geschickt mit den Ahnenreihen der in East Anglia seit dem 5. Jahrhundert siedelnden Jüten – Angeln – Sachsen – Goten – usw. und dadurch mit deren Stammeserinnerungen.

5. Der Anlass zur **Erst l e s u n g** der (im frühen 8. Jahrhundert (?) erstmals schriftlich niedergelegten) Dichtung könnte nach Meinung von Althistorikern eine Hochzeit gewesen sein, auf der

sich vormals verfeindete götisch-jütische „Königssippen" mit angelsächsischen oder friesischen Dynastien verbinden. Die Forscher forschen da noch.

6. Vermutete **Auftraggeber** für die Dichtung sind entweder die Kirche (seit der Synode von Whisby 663 in Ostengland alleine die römisch-katholische, n i c h t die irisch-schottisch-keltische Kirche) oder/und ambitionierte Häuptlinge, von denen jeder Großkönig werden will.

7. Bei Abfassung der Dichtung (wahrscheinlich in einem der großen ostanglischen Klöster) stand dem Dichter eine **Sammlung früher k o n t i n e n t a l e r Heldenlieder** zur Verfügung – oder er ließ sie sich vortragen und verschriftete sie (z.T. erstmalig). Manche Forscher vermuten, dass er auf eine ä l t e r e (womöglich schon schriftliche) Fassung der Beowulf-Abenteuer zurückgreifen konnte. Das würde den Überlieferungsweg der alten Stoffe und Wörter (!) um eine weitere Station verlängern – und macht den inhaltlichen und begrifflichen „Schlupf" (Sinnverlust) noch erklärbarer.

8. Die **Sprache** des Beowulf-Epos, das **Altenglische,** ist eine Schöpfung des Autors, der die Mundarten (Dialektsprachen) seiner zumeist analphabetischen angel-sächsisch-friesisch-jütisch-gotischen Zuhörer in die neu geschaffene Hochsprache aufnimmt und sie dadurch feierlich überhöht.

9. Das wirkungsvollste Gestaltungsmittel des Dichters sind rhythmisierte **stabreimende Langzeilenverse.** Sie sind Relikte der oralen Erzählkultur, da sie sich leichter memorieren lassen. So verbindet der Erzähler nie gehörte Feierlichkeit mit Vertrautem. Der Vortrag beeindruckt. Die über dreitausend Verse werden in einer Festhalle vorgelesen/vorgetragen/ vorgesungen, durchaus einer katholischen Messfeier vergleichbar. „Frühmittelalterliche Literaturrezeption ist kollektives Zuhören," – wer konnte schon selber lesen ?

b. Mutmaßungen

Der Beowulf-Autor schreibt die über 3000 rhythmisierten Lang-zeilen seines Epos in Altenglisch. Schon das ist eine kulturelle Sensation. Er schreibt, obwohl Kleriker, nicht in Latein! Ihm liegt – wird vermutet – eine Sammlung kontinentaler Heldenlieder vor. Oder er lässt sie sich vortragen (von Mundartsängern !) in dänischen, friesischen, sächsischen, anglischen, schwedischen, hunischen usw. Dialekten. Die besungenen Ereignisse finden alle auf dem K o n t i - n e n t statt. Nur die Auftraggeber sind I n s e l -Angel-Sachsen, vermutlich die ostanglische Kirche. Manche Forscher datieren die Niederschrift kurz nach 600 n. Chr., andere eher bei 700 n. Chr. In jedem Fall begründet der Autor die altenglische Literatur-Sprache – als ein Konglomerat aus mehreren kontinental-germanischen Mundarten. (Ich benutze den Begriff „Mundart“, um zu veranschaulichen, dass in der Beowulf-Dichtung viele Sprachen ohne Schrift zum ersten Mal verschriftet wurden – und zwar z. T. in „sound-translation“, also der Lautung folgend). Dies alles – die Menge des verdichteten Sprachmaterials (3180 Zeilen), die frühe Datierung (600-700 n.C.) und die Grundlegung des Altenglischen – machen das Beowulf-Epos zu einem kulturgeschichtlichen Meilenstein. Trotzdem steht es hier unter *Technologieverdacht.*

Den Forschern folgend setze ich voraus, dass der Veranstaltungsort für die erste feierliche Lesung des Epos eine k o n k r e t e Halle in Ostengland im frühen 8. Jahrhundert ist. Der dort verlesene Text erzählt jedoch von einer f i k t i v e n Königshalle auf dem Kontinent („ D ä n e m a r k “), wo gerade ein abendfüllendes Beowulf-Festival stattfindet, in welchem mehrere Barden/Skops/ Skalden/Erzähler über die uralten Sigurd/Hygelac/ Hrothgar/ Beowulf-Mythen berichten – in Liedform, als Ich-Erzählung, als Augenzeugenbericht oder als Weissagung.

Wir wissen, dass germanische Heldenlieder immer in der Halle eines spendablen (d.h. als gebefreudig besungenen, in Wirklichkeit eher knauserigen) Heerkönigs vorgetragen werden, und dass diese Hallen „am Ende immer im Feuer vergehen“. Das ist ein Topos, ein Allgemeinplatz nordischen Erzählens. Auch der Beowulf-Autor erwähnt schon im achtzigsten Vers – quasi nebenbei – dass auch

König Hrothgars „dänische Halle", wo gerade das Beowulf-Singspiel begonnen hat, „am Ende von heißer Lohe verzehrt" wird. Ob diese Endzeitvorstellung eher germanisch-heidnischer Weltenbrandangst entspringt oder kirchlich geschürter Fegefeuerfantasie geschuldet ist, sei hier nicht diskutiert.

Wir wissen aber, dass der Autor ein Mann der K i r c h e ist. Er ist Prediger. Die heroischen Abenteuerstories dienen nicht zur Unterhaltung des analphabetischen Publikums, sondern er p r e - d i g t !. Er trägt einen (zuweilen penetrant) moralisierenden Text vor, einen Predigttext. Das ist belegbar.

Ich lese ganze Passagen als geschickte Mischung – um nicht zu sagen manipulative Verpackung – von Tatsachen, Feststellungen, Verzerrungen, Suggestionen und Appellen. Dabei steckt unter beinahe jeder offenen Aussage eine nicht ausgesprochene, versteckte Botschaft. In dämonisierenden Sach-Behauptungen verteufelt er die gesellschaftliche Gegenwart seiner Zuhörer. Die Metapher für die Teufelei heißt *„Grendel"*. Danach beschwört der Pfaffe die Notwendigkeit eines außergewöhnlichen Retters. Das Kenning für diesen Erlöser ist *„Beowulf"*. Dieser Experte vollbringt in seiner (allen Zuhörern im Saal vertrauten) Lebensgeschichte drei herausragende Heldentaten, alle drei, ohne das Schwert benutzen. Dies scheint die Botschaft zu sein !

c. Wofür steht das Kenning „Beowulf" ?

In dieser Untersuchung, die vorrangig der vergessenen oder verheimlichten T e c h n i k geschichte gewidmet ist (der gesamte Teil I dieses Buches !), bin ich unverhofft auf die Beowulf-Figur gestoßen und ihr dann gefolgt, weil sie des Drachen-Abstichs wegen unter Technikverdacht geriet. Was ist das für einer, ein frühmittelalterlicher Experte ohne Schwert? Ein Schmied? Ein Wasserrad-Erbauer? Hammer oder Zange statt Schwert? Ein Hand-Werker ist er in jedem Fall, weitere Details sind noch zu klären. Hier heißt jetzt die Frage: Warum gibt der Prediger dieser Figur so viel Bedeutung? Was will er damit sagen – und was bleibt unausgesprochen?

62

Bei gründlicher Lektüre fällt auf, dass die eigentlichen Kämpfe, die Einsätze, Beowulfs buchstäbliches Ein-Greifen **sehr kurz und unverständlich karg** umschrieben werden, als habe der Kirchenmann wenig Interesse daran, am Kämpfen nicht und an Technik schon gar nicht. (Verse 815-836)

Um das **Beowulf-Kenning** als umfassende Aussage zu verstehen, und um die eigentliche Erzählintention herauszufinden, versuche ich im Folgenden (in Eilmärschen) die umhüllten Schachtelbotschaften des Predigers an seine barbarischen Analphabeten schrittweise zu enthüllen:

Erste Hülle, eine verzerrende Behauptung: *„So prächtig Euch die Halle erscheint, in der wir feiern – unsere Wirklichkeit ist unerträglich. Es grendelt!"* Mit dieser Behauptung wird die Gegenwart, in der er und seine Zuhörer leben, verteufelt.

Zweite Hülle, eine Suggestion: *„Niemand unter Euch sieht Einen, der uns aus dieser Grendelei herausführen kann".*

Dritte Hülle, eine Schmeichelei: *„Aber! – in Eurer gemeinsamen heroischen Vergangenheit auf dem alten Kontinent gibt es vorbildliche Helden. Ihr hattet Könige, die Euren Völkern den Frieden gebracht haben und die ihn halten konnten".*

Vierte Hülle, Schmeichelei mit eingebetteter Suggestion: *„Die heldenhaften Anführer Hygelac, Hrothgar und Beowulf, unter deren Ahnen wir die Besten aus all unseren Völkern wissen, und zu deren Nachfahren sich viele von Euch zählen, sind heroische Vorbilder für kluges, friedenstiftendes Handeln".*

Fünfte Hülle, eine Affirmation: *„Ihr – hier – heute – Ihr kennt den wahren Weltenlenker und Friedensfürsten. Unsere Altvorderen kannten ihn noch nicht, den einen, den Schöpfungsherrn (das Wort Gott bleibt unausgesprochen), -* **deshalb mussten sie letztlich auch scheitern.** *Ihre Hallen und sie vergingen im Feuer – sogar Beowulf! Ihr, heute, wisst es besser."*

Sechste Hülle: *„Ihr findet im Beowulf-Gleichnis mehrere Beispiele für vorbildliches Handeln: König Hrothgar, ein heldenhafter Führer seines Volkes,* **bittet um Rat!** *Er bittet König Hygelac um Rat und*

*Hilfe. Der schickt ihm seinen besten Mann, den Helden Beowulf, der das Übel, the evil, den Grendel - **ohne Schwert** - alleine durch Sachverstand und den Griff seiner Hand überwindet. Zu Recht wird er noch heute von Euch ein großer König genannt ".*

d. Predigt oder Werkstattbericht?

Kritisch gelesen, zeigt sich das Epos als wirkungsvolle politische Einflussnahme, mit verdecktem missionarischen Impetus. Sublime Fähigkeiten wie um-Rat-fragen-können, um-Hilfe-bitten-können, Rat-und-Hilfe-anzunehmen und Probleme-ohne-Schwert-lösen – alles untypische Eigenschaften für g e r m a n i s c h e Fürsten – werden als Kriterien für die Wahl eines Anführers propagiert: *" Ohne Schwert soll er's bringen – wie einstmals Euer Ahn Beowulf!"*

Um eine solche Botschaft zu transportieren, benutzt „der uns unbekannte christliche Autor" (im Folgenden verkürzt DUUCA) die Figur eines tatkräftigen Friedenstifters, der unbestritten Fürst, *First,* Erster in seinem Wirkungsbereich ist. Das Modell für diese Figur findet er nicht auf dem Schlachtfeld, sondern in der zivilen Arbeitswelt – wie in der Parabel von den „Arbeitern im Weinberg des Herrn". Als Träger seiner Kernbotschaft wählt DUUCA einen Ingenieur, einen Verfahrenstechniker oder Maschinenbauer. In der Sprache der E d d a heißen diese Leute Loki oder Logi oder Asa-Loki oder Uitgard-Loki.

Im Diskurs über die gegenseitige Beeinflussung zwischen früher oraler Erzählkultur und klerikaler Schriftkultur gibt es das anschauliche Bild von der Verschriftungsschwelle, über die viele (die meisten!) oralen Erzählungen, Aufzählungen, Listen, Verzeichnisse und dergl. nicht hinweg gekommen sind. Das heißt, es gab orale Stoffe und Genres, an denen die klerikalen Verschrifter kein Interesse hatten. Solche Texte blieben an der Verschriftungsschwelle hängen und waren damit dem Fluss des Vergessens überlassen. Allenfalls tauchen sie als Kinderreime, Wortspiele, Merksprüche oder als Elemente in scheinbar absurden Lügengeschichten und/oder Gruselmärchen im Volksmund wieder auf.

Wo die Verschriftung spät stattfindet (z.B. in der Edda in Island um 1200), sind die Reste alter Sachtexte noch zu finden, z. B. : Uitgard Lokis Erläuterung zum Wasserkasten und zur Bedienung von Schützen und Wehren (s. REISE 4, S. 106 f.). Im Gegensatz zu diesen nicht immer unterhaltsamen Sachtexten halfen die Klosterschreiber vielen Heldenliedern und Königslisten über die Schwelle, und zwar **weil diese gebraucht** wurden – zur Legitimation geistlicher wie weltlicher Herrschaftsanmaßung, zur Rekonstruktion von Dynastien oder als Stoff für Heiligen- und Märtyrer-Legenden. So werden Georg und Michael zu Drachentötern, obwohl sie vermutlich nie am Schmelzofen gestanden haben.

An der Schwelle hängen bleiben z.B. Arbeitslieder, rhythmisierte Handlungsanweisungen für Arbeitskollektive, „Fingergedichte" für die Handwerkerausbildung oder Merklisten für metallurgische Geheimnisse (die wir nur als implizite und unverstandene Inhalte eddischer Zwergen-Lieder kennen). Von Beowulf und seinen Einsätzen haben wir nur Kenntnis bekommen, weil DUCCA sie als G l e i c h n i s s e hat brauchen können.

e. Das Finale oder der abgetrennte Arm

Am faktischen Tathergang, an Beowulfs Tätigkeit und seinem Werkzeug hat DUCCA kein Interesse, deshalb handelt er die finale Arbeit am Grendel flott in wenigen Zeilen ab (Vers 815-819): *Mit seiner Kraft hält der Kühne Grendel im Griff... die Achsel (Schulter) zeigt tiefe Risse... Sehnen zerreißen, Gelenkknochen brechen... Beowulf hält den abgetrennten Arm fest, der böse Geist des Unholds entweicht in die Sümpfe* .Über fünfhundert Langzeilen für das demagogische Prediger-Brimborium um die Tat herum, für das Ergebnis drei Verse: V 833-836: *Als **sichtbarer Beweis** liegt alles **beisammen... Hand, Arm und Achsel** (Schulter)... von Grendels Grape (übersetzt als Klaue? Grapschhand? Greifarm? Stauche?- von Stauchen)... **unters offene Dach** gelegt.*

Ich lese das als Reparaturbericht oder als De-Montage-Anleitung, nicht als Rauferei mit einem „*Meertroll*", bei der Letzterer sogar einen Arm verliert.

Bleibt am Ende der Beowulf-REISE zweierlei anzuhängen:

1. Die Kernfrage dieser Untersuchung nach **technischen Fakten** ist mit dem Beowulf-Text nicht eindeutig zu beantworten; sie wird aber durch Quervergleiche und Überblendungen mit anderen Texten – wie sie die Edda bringt – beantwortbar. Dort lesen wir über Arbeitsabläufe von menschenfresserischem Ausmaß und über Arbeitsunfälle „Grendelscher" Dimension. Außerdem werden dort Tatorte zum Teil detailgenau beschrieben, etwa im „Mühlenlied" und in „Thors Abenteuern" auf dem Werkgelände von Uitgard Loki, sowie in der „Großen Halle" des Riesen Geierröd (siehe die folgenden REISEN)

2. Die Kernbotschaft der Beowulf-Predigts ist m. E. der nie wörtlich ausgesprochene Appell: *„Entscheidet Euch für einen Mann der Kirche, für einen, der den himmlischen Friedenskönig um Rat und Hilfe bitten kann, für einen, der **beten** kann!"* Aber das offen zu sagen, ist noch zu riskant. Kürzlich erst haben auf der anderen Kanalseite friesische Rowdies zwei angelsächsische Missionare umgebracht (die beiden Ewalde, um das Jahr 695 n. Chr.).

f. Archäologische Anmerkung

Zum Schuss der REISE noch eine archäologische Anmerkung, welche die kultur-geschichtliche Hauptthese meiner Forschungen stützt:

In einer Veröffentlichung des Röm. Germ. Zentralmuseums mit dem Titel „Steinbruch und Bergwerk", Mainz 2000, S. 49 ist zu lesen: *„An der Koblenzer Straße in Mayen belegen Grabungsbefunde die Existenz von kaiserzeitlichen* (römischen) *Schmieden, Eisenschmelzereien, von einer Lederwerkstatt, Zimmerei und Schreinerei".* (Im Klartext: Blasebalg- und Wasserradbau möglich!)

Weiter im Zitat: *„Ein größerer Eisenverhüttungsbetrieb wurde 1926 „Im Bannen", unmittelbar an der Nette* (Fluss zum Rhein) *aufgedeckt. Ein Gebäude mit zwei Räumen, in neun Meter Abstand parallel zum römischen Straßenverlauf, enthielt Mengen von*

66

Eisenschlacken, darunter fladenförmige Schlackenklötze („Ofen-säue"), sowie Holzkohle, Asche, Roheisenbarren und Schmelztiegel. Ein weißer Quarzit zeigt eingeschliffene Lager für eine Eisenachse (Gleitlager). Das könnte auf eine wassergetriebene Mechanik hinweisen, etwa auf **eine Mühle** *zur Zerschrotung von gerösteten Roheisenbrocken – oder für den Antrieb eines Hammerwerks. Auf Grund von Münzfunden wird die Metallwerkstatt in die Zeit von Kaiser Constantin I. datiert."*

Constantin I. war Imperator in Gallia, kämpfte u.a. gegen Franken und Alemannen, starb 306 auf einem Zug gegen Picten und Scoten im Norden der Insel Britannien.

Es ist also durchaus möglich, dass völkerwanderungszeitliche Barbaren, sprich die sagenhaften „Thors", „Lokis", „Thialfis" oder „Beowölfe", bei einer Wanderung am Rhein entlang überall in Limesnähe auf funktionstüchtige kelto-römische „Riesen"-Tech-nologien getroffen sein können.

Reise 3: Tatorte

Hier wird erzählt von Thors Taten, Lokis Listen,
Wielands Werken und vielem Anderem

11. Thors Fahrt nach Geirrödsgardr

Im 18. Kapitel der SKALDS-KAPAR-MAL (übersetzt etwa:
Dichter-Lehrbuch) berichtet Snorri Sturluson u.a. über Thors Riesen-Abenteuer und nennt die hier folgende mustergültige Lügengeschichte „Thors Fahrt nach Geirröds-gardr". Ich zitiere deren Anfang ausführlich (*in kursiver Schrift,* nach der Übersetzung Simrock/Stange, Marix-Verlag 2006) .

*„Es verdient gar sehr erzählt zu werden, wie Thor gen Geirrödsgardr fuhr, denn da hatte er weder den **Hammer** Mölnir noch den
Stärkegürtel noch seine **Eisenhandschuhe** bei sich, woran allein
sein Begleiter Loki schuld war. Denn diesem war es einst begegnet,
dass er ertappt wurde, als er aus Langeweile und Neugierde nach
Geirröds-gardr geflogen war und dass er dort festgesetzt und gefoltert wurde..."*

In Wahrheit war Loki nicht geflogen, sondern geschlichen, ohne
Spuren zu hinterlassen, und das nicht aus Langeweile, sondern mit
Spionageabsicht. Er sollte in Thors Auftrag eine Werkanlage ausspionieren, die dem Riesen Geirröd gehörte. Was dann geschieht, wird
hier g e k ü r z t weiter erzählt, wobei alles, was als **Tatortbeschreibung** aufgefasst werden kann, also alle baulichen Merkmale
der Geirrödschen Anlage, durch **Fettschrift** hervorgehoben wird.

*„Loki kam auf den Hof geflogen, und sah eine **große Halle.** Er
lugte durchs **Fenster** und wurde dabei entdeckt. Er floh eine **hohe
Hallenwand** hinauf bis ins **Dachgebälk.** Hier wurde er von Geirröds
Leuten gefasst. Da er seinen Namen nicht nennen wollte, folterten sie
ihn. Nun gab er seinen Auftrag preis. Sogleich wurde ihm die Bedingung abgepresst, dass er den Auftraggeber Thor auf **Geirröds** Hof
holen sollte – aber ohne dessen Waffen. Darauf musste Loki neun
Eide schwören.*

Wieder zurück in Asgard, log er Thor vor, sie seien auf eine große Gasterei geladen, es gebe Ochsenbraten und Bier, und alle kämen unbewaffnet. Das mit dem Ochsenbraten zog. Auf dem Weg zur Gasterei nahmen die Asen Herberge bei einem befreundeten Riesenweib, das Grid oder Gridir (manche sagen auch Sigridr) hieß. Sie war von Odin die Mutter des Asen Widar, des Schweigsamen.

*Als Grid von der angeblichen Gasterei hörte, enthüllte sie die Wahrheit über den Gastgeber. Geirröd sei ein hundsübler, hinterhältiger Jötun. Sie lieh dem Thor ihren eigenen **Stärkegürtel,** ihre **Eisenhandschuhe** und einen starken **Eisenstab.** Nun musste Loki offen legen, dass er geschworen hatte, Thor ohne Waffen auf Geirröds Hof zu bringen. Die Asen einigten sich mit Grid auf die Formulierung „ohne seine e i g e n e n Waffen", und nahmen dann den Wasserweg nach Geirröds-gardr. Bald gerieten sie in einen starken **Strömungskanal.** Vor dem Absturz in eine **Wassergrotte** rettete sie allein Grids Eisenstange. Thor klemmt den stählernen Stab quer in den **Kanal,** und Loki klammerte sich an Thors **Gürtel.** Mit Hilfe eines **federnden Baumstammes** ... gelangen sie wieder ans Ufer. Da erkennt Thor Geirröds Töchter, die breitbeinig über einer Bergkluft hockend starke Strömung machen. Er verjagt sie mit Felsbrocken und zerstört dabei ein **Wehr,** da lässt die Strömung nach. Dies ist Thors erster Sieg auf seiner Fahrt gen Geirröds-gardr, und der Gott spricht: „An der Quelle stau ich den Fluss."*

Mit dieser Weisheit gibt uns der belesene Sturluson zu verstehen, dass er die Sagen des klassischen Altertums, hier die Taten des Herakles, kennt, und dass er seinen Thor mit dem antiken Kulturbringer gleichsetzt (Herakles hatte eine Überschwemmungskatastrophe im Mündungsbereich des Flusses Hydra nicht durch Deichbauten an den Flussköpfen im Flussdelta, sondern durch Stauung und Wehrbau am Oberlauf im Quellgebiet bewältigt. Metaphorisch ist das sein Sieg über die vielköpfige Hydra.) Sturluson hebt durch diese Anspielung seinen nordischen Helden auf eine Ebene mit den Kulturheroen Prometheus, Herakles, Odysseus. Thor und Loki sind es, die das Stahl-Schmieden, das Gegen-den-Wind-Segeln und andere „Listen" in den europäischen Norden bringen. Der schwedische Althistoriker Oxenstierna meint, das sei frühestens im 6. Jh. n. Chr. geschehen – wer weiß?

„Da nun der Strom abschwillt, ziehen Thor und Loki am Wasser-
lauf entlang über die **Mühlenanlage** *in das umzäunte Gelände*
(„Gardr") des Riesen. Dort werden sie in ein **Gästehaus** *gewiesen,*
in welchem nur **e i n** *Stuhl steht. Thor nimmt ihn sofort „in Besitz".*
Da merkt er, wie er gegen die Decke gehoben wird. Um dort nicht
zerquetscht zu werden, stemmt er Grids Stahlstab gegen das **Spar-**
renwerk. *Und als er unter sich die beiden Riesentöchter als Antrei-*
berinnen erkennt, bricht er ihnen die Nacken ...

Ich lese das so: Thor sitzt auf dem Hammer, wird hochgehoben
und zerbricht dann die **Nocken** der antreibenden Wasserradwelle.

Dies ist der zweite von Thors Siegen auf seiner Fahrt nach Geir-
rödsgardr. Als der Riese davon hörte, ließ er die Asen in die Halle zu
den Spielen (!) rufen. Da waren **große Feuer** *der* **ganzen Länge** *der*
Halle nach. Und als Thor in der Halle dem Geirröd direkt gegenüber
stand, fasste dieser mit seiner Zange einen glühenden Eisenkeil und
warf ihn auf Thor zu. Der fängt ihn mit Grids Eisenhandschuhen in
der Luft auf und wirft ihn zurück. Geirröd springt hinter eine **Eisen-**
säule, *um sich zu wahren. Aber Thor schleudert den Keil so stark,*
dass er **durch die Säule hindurch** *fährt,* **durch** *Geirröd,* **durch die**
Außenwand *und außerhalb noch* **tief in die Erde.** *Das ist der dritte*
Sieg Thors auf der Fahrt nach Geirröds-gard, auf der Thor den Rie-
sen bezwang – mit dessen eigener Waffe – ohne seine eigenen Waffen.

12. Gegenübergestellt: Ein Eisenhammer ums Jahr 1890

Wie viel Poesie steckt in dieser Erzählung aus der Zeit um 1200 n.
Chr. ? Und was davon beruht auf Fakten ? Was ist n u r Metapher ?
Zur Aufhellung des vielleicht unverständlichsten Teiles des vorste-
henden Textes möge ein Augenzeugenbericht aus dem letzten Jahr

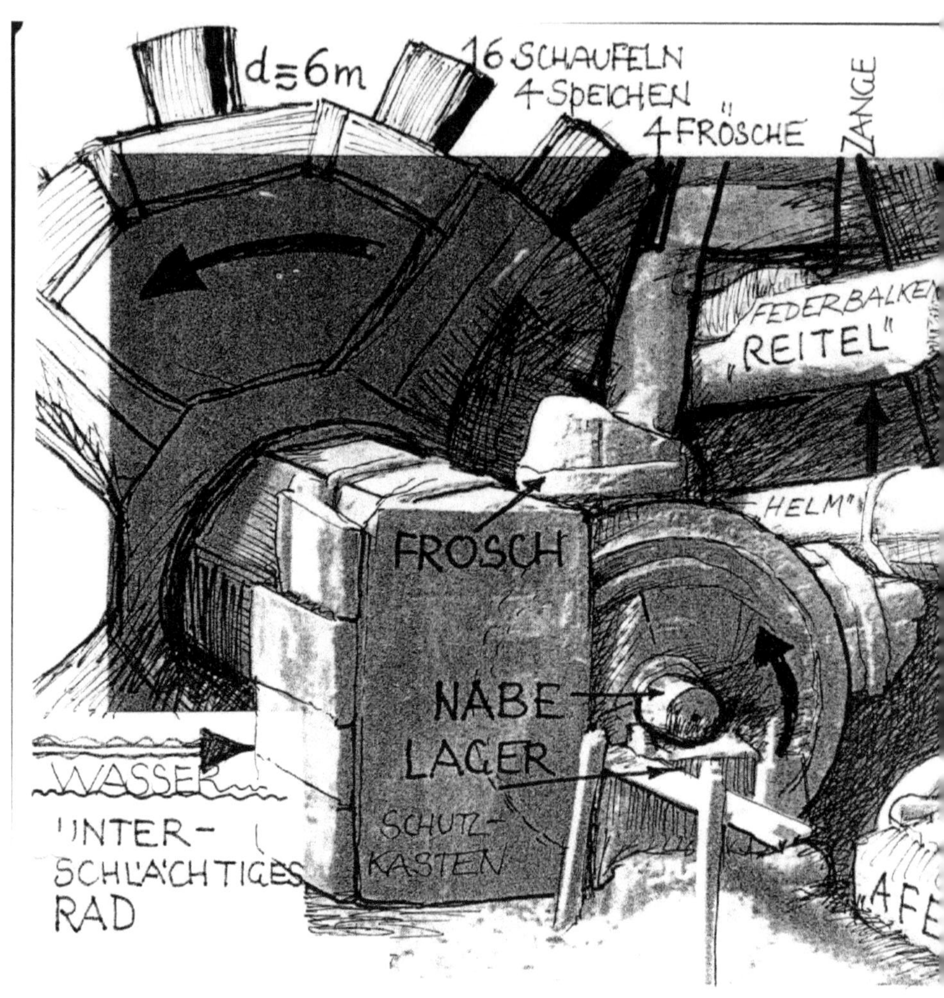

Auf dem letzten Foto vom "Haardter Hammer"
(Carl·Loos·Photo·1890·Weidenau/Sieg) posieren

Großer Brockhaus: Zur Belegschaft eines Aufw[e]

Die Edda erzählt von 3 Königssöhnen: von

STEUERSTANGE FÜR DAS "SCHÜTZ"
HÄNGESITZ f.d. SCHMIED D. "ESSEL"
TRANSPORT d. LUPPE ZWISCHEN HERD UND AMBOSS
FRISCH-FEUER-HERD
"BÄR"
"AMBOSS und SCHABOTTE
ELS"
ein SCHÜTZEN-JUNGE (steuert den Wasserzufluss)
der HAMMER-SCHMIED im Hängesitz
der FRISCHFEUER-SCHMIED mit Setzeisen
verfhammers gehören der Mann am Schütz, der Hammerschmied u.d. Feuerschmied
EGIL dem Schützen — von SCHLAGFIDR und WIELAND-WÖLUNDR
dem "berühmtesten Schmied"

zehnt des 19. Jahrhunderts dienen. Der damals etwa 10-jährige Friedrich Oehler beobachtete in der Schmiede seines Großvaters einen dem „Fangspiel" vergleichbaren Vorgang (hier zitiert nach „Eisenhammer", im Siegerländer Heimatkalender auf das Jahr 1951). Die mundartlichen Fachausdrücke hat Fritz Oehler in seinem (hier *kursiv gedruckten*) Text in Anführungszeichen gesetzt, in Klammern stehen Erläuterungen von mir (K.M.) :in normaler Schrift.

„Der Schmied ergriff die Luppe mit der „Zäng-Zang" (Zahn-Zange, eine überdimensionale Beiß-Zange), *die neben dem Hammer im* „Lösche-troch" (ein Wasserkasten zum Löschen) *stand. Dann zog der* „Schetzejong" *die Schütze auf* (Verschluss der Wasserzufuhr für das Wasserrad) *und der Hammer setzte sich in zunächst langsame Bewegung, wobei er die Luppe* (Klumpen von glühendem Eisenerz aus dem Schmiedefeuer) *wie einen Schwamm zusammendrückte. An den Seiten quollen jetzt Bäche von Schlacke hervor* (siehe Schneiderleins „garer Käse"). *Die Luppe musste nach jedem Schlag gewendet werden, damit sie immer eine quaderförmige Gestalt behielt. Mit dem Festerwerden der Luppe wurden die Schläge härter, und nun spritzte bei jedem Schlag ein ganzer Funkenregen ... um den Hammerschmied. Jedesmal nickte er leicht mit dem Kopf, um mit dem* „Fonkefänger" (ein breitrandiger Filzhut, wie er auch zu Odins Kleidung gehört ! War der Hammerschmied ?) *die Funken vor seinem Gesicht abzufangen.*

Während des Schmiedens musste jede Luppe zweimal „gestaucht" *werden* (im Beowulf wird „Grendels Faust" von Hube mit „Stauche" übersetzt !) . *Dabei wurde sie zwischen zwei Schlägen* (d.h. in weniger als einer Sekunde) *auf das Horn am Amboss gezogen und aufgestellt. Dazu* „zängte" (ergriff mit der Zange) *der Schmied die Luppe von der Seite, und ein oder zwei Mann stellten sie mit besonders geformten Schaufeln zwischen den nächsten beiden Schlägen aufrecht, um sie in der senkrechten Stellung festzuhalten. Nach vier bis sechs Hammerschlägen griff der Hammerschmied die Luppe am unteren Ende und zog sie dort ruckartig nach vorne, während gleichzeitig die Helfer* (ein solcher könnte m.E. der Asa-Thor bei Geirröd gewesen sein) *das Oberteil der Luppe nach hinten stießen. Beim folgenden Schlag lag sie schon wieder flach unterm Hammer, als ob*

74

*das Stauchen eine Selbstverständlichkeit gewesen wäre. Dabei setzte
der Hammer keinen Schlag aus.*

*Das „Zängen" einer Luppe war ein nicht minder großartiges
Schauspiel wie der Abstich eines Hochofens ... Die Arbeit ging voll-
kommen wortlos vonstatten, weil jeder wusste, was er zu tun hatte –
bis auf wenige Kommandos: Das Ankündigungskommando meines
Großvaters hieß „hopphopp" oder später nur noch „hopp". Die
Tätigkeit des Hammers wurde mit „dur"* (vgl. lat. durus = hart, fest)
angefordert, Später beim Schlichten (Ausschmieden, Blankmachen)
hieß es noch „sachde" (leise, langsam, sanft, soft).

*Durch Kopfheben gab der Schmied das wortlose „Halt". Wehe
dem Schützenjungen, der dieses Zeichen übersah. Die Schmiede waren ein raues Geschlecht, ihre Ausdrucksweise kurz und derb und
der Griff ihrer Hand eisern..."*

Vergleichen wir diesen Augenzeugenbericht Oehlers aus der Zeit
vor nicht mehr als 120 Jahren mit dem zuvor zitierten Edda-Text:
*„Als Thor dem Geirröd gegenüber stand, fasste dieser mit der Zange
einen glühenden Eisenkeil und warf ihn auf Thor zu. Der fängt ihn
mit den Eisenhandschuhen in der Luft auf* (d.h. ohne dass er vom
Amboss herunterfällt) *und wirft ihn zurück ..."*

Hier ist m. E. unbezweifelbar der gleiche Vorgang beschrieben:
das gemeinsame Stauchen einer Luppe – (in Oehlers Text) als Ko-
operation, (in der Edda) als Konkurrenzkampf bzw. Totschlag-
Versuch. Trotz des neuzeitlichen Vergleichstexts verwirrt das bizarre
Ende der eddischen Version. Der Satz *„Geirröd wirft den Keil auf
Thor zu und der wirft zurück"* kann noch als Beschreibung eines
„Fangspiels", als Kooperation von zwei Schmieden gelesen werden.
Dann aber wird's mörderisch. Geirröd muss sich hinter einer Eisensäule in Sicherheit bringen. Thor wird zum Angreifer. Sein Wurf
geht **durch** (und hier wird's absurd !) die Säule hindurch , dann
durch Geirröd (das ist Totschlag, wenn nicht Mord !) , dann **durch
die Wand nach draußen** und dort tief in die Erde, wie ein Blitz
oder Blitzableiter.

RIESEN-WERKSTATT MIT ANBAUTEN
"RIESENHANDSCHUH MIT DÄUMLING"?   DIE HALLE HEREOT? HIRSCHHALLE?

Gesamtbreite ~ 26 m

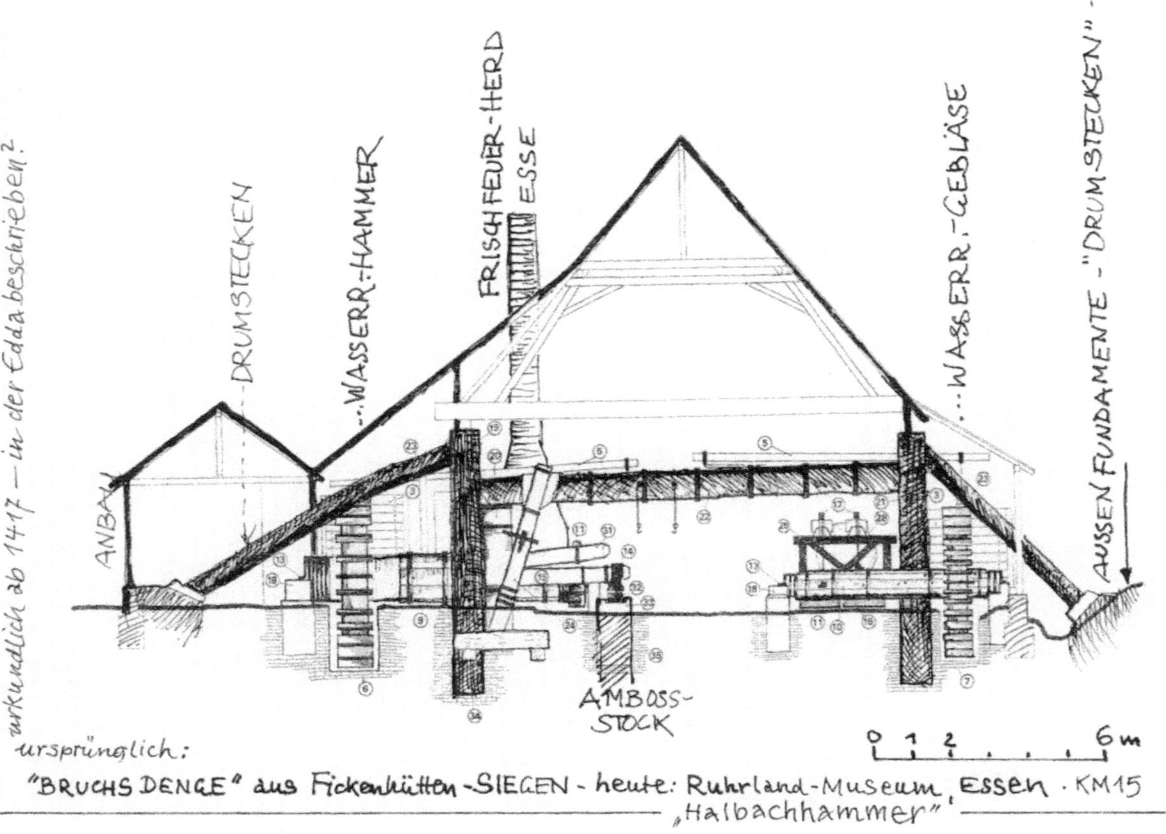

urkundlich ab 1417 — in der Edda beschrieben?
...DRUMSTECKEN
...WASSERR.-HAMMER
FRISCHFEUER-HERD
ESSE
...WASSERR.-GEBLÄSE
AUSSEN FUNDAMENTE -"DRUMSTECKEN".-
ANBAU
AMBOSS-STOCK
0 1 2 6 m
ursprünglich:
"BRUCHS DENGE" aus Fickenhütten -SIEGEN- heute: Ruhrland-Museum, Essen · KM15
„Halbachhammer"

13. Bautechnische Auffälligkeiten in Geirröds Schmiede

Bevor ich für derartige Rabulistik einen rationalen Deutungsvorschlag mache, zurück zu den bautechnischen Besonderheiten des „Tatorts".

- Große Halle / Fenster / hohe Hallenwand / Sparrenwerk / Gästehaus / Spielhalle : das spricht für mehrere geräumige Fachwerkbauten innerhalb einer umzäunten Anlage.

- Bergkluft / Kanal / Strudel / Grotte / Wehr : sprechen für ein komplexes Wasser-Bauwerk , u.U. mit Wasserrädern.

- Ein Haus für **einen** Stuhl (womit m. E. der Amboss gemeint ist) / Feuer in einer großen Halle / Eisenkeil und Eisensäule: sprechen für eine Hammerschmiede mit Frischfeueröfen.

- Hinzukommt der hilfreiche **federnde Baumstamm,** der sowohl auf den Federbalken des Hammers, als auch auf die Mechanik einer Windmaschine hinweisen könnte. In mittelalterlichen Darstellungen (Agricola) ist ablesbar, wie große B l a s e b ä l - g e   von Wasserradnocken heruntergedrückt werden, um zu blasen, und dann von sich zurück biegenden Baumstämmen wieder hochgezogen und mit Luft gefüllt werden. Sowohl im Märchen vom Schneiderlein als auch im Bericht über Thors Reise zum Riesen Skrymir liegt *„im tiefen Wald ein gewaltig schnarchender Riese, der ungeheuer laut schnarcht und pustet, dass sich die **Bäume biegen**."* Ist am Ende der schnaufende Riese ein riesiger Blasebalg, eine Metallschmelze mit wasserrad-getriebenem Gebläse ? Eine „Blashütte" ?

Das ist bis jetzt eine gewagte Vermutung. Fest steht aber m. E. zweifelsfrei in der Zusammenschau der vorne stehenden vier Punkte Folgendes: In der Geirröd-Erzählung begegnet ein Ase einem „Riesen" **auf dessen weitläufigen, am Wasser gelegenen und mit vielerlei technischen Anlagen bestückten Werksgelände.** Ist das

Ganze ein Topos nordischer Sagen, also auch nur Mythos – oder gibt es noch weitere Splitter einer Sachinformation ? .

Mich bremsen zweierlei Bedenken: Erstens traue ich vielen der verwendeten Wörter und Sprachbilder nicht. Nicht jeder ungeklärte Begriff ist Metapher oder Kenning. Leicht können in der Übersetzung durch technikferne Kleriker oder Philologen Begriffe wie Eisenschlacke, Eisenband, Eisenriegel, Eisenring etc. vertauscht werden, und erst recht für Eisenhandschuh.

Zweitens wird in der Sage ein komplizierter und schwer zu beschreibender Tatbestand oder Vorgang (Schwerkraft z.B.) oft personalisiert und als Wettkampf zwischen Personen dargestellt. So gilt Herakles als Erfinder des Hebels, weil er in der Sage einen viel schwereren Riesen im Ringkampf aushebelt.

Das Ende der Geirröd-Thor-Konfontation bleibt irritierend. Wie kann es in einer „wahren Lügengeschichte", also einer zwar metaphorischen, aber mit Realitäten gespickten Erzählung, Partien und Pointen geben, die eigentlich dunkel und inhaltslos bleiben ? Das ist m. E. (bisher unverstandene) Metaphorik, also Blendwerk – oder aber es ist **Splitterwerk** !

Dieser Spur folgend stelle ich zur Diskussion: Am Ende des Geirröd-Abenteuers verbindet der Erzähler (Snorri Sturluson) **Splitter eines zertrümmerten und (bereits für ihn) verlorenenen Sinnzusammenhangs** zu einer monströsen Heldengeschichte. Jeder Splitter enthält Reste eine ursprünglichen Realität bzw. Information.

Mein Deutungsvorschlag: der Text spiegelt nicht heldisches Handeln, sondern (bereits vom Erzähler nicht verstandene) **bautechnische** Wirklichkeit.

Mich erinnert das wiederholte „ d u r c h " (**durch** die Säule, **durch** den Riesen Geirröd hindurch, **durch** die Außenwand) an die zimmermannsmäßige Durchdringung des schweren Gebälks von „Zange und Schere" der Anlage eines „Aufwerf-Hammers". Zange und Schere bilden gemeinsam das „Achsel- oder Schultergelenk" für die Helmhülse, d.h. für den Hammerstiel. Exakt behauene, fest stehende Vierkantbalken sind großräumig so **durch**brochen, dass die beweglichen Hölzer hindurchgeführt werden können. Die mit Eisenbändern beschlagenen Säulen („Hoffsul" und „Wassersul"), welche den schwersten Balken des Hammerbaus, einen kompletten Baumstamm namens „Drumm", tragen, werden nach seitwärts außen durch „Drummstecken" abgestützt. Diese Stützen durchdringen die Wände der den Hammer umgebenden Halle und werden in außen liegenden Fundamentstöcken verankert. *(siehe die Zeichnung von Karl Mebold auf der Seite 77, ohne die man die komplizierte Konstruktion schlecht verstehen kann. Derartige „Aufwurfhämmer" wurden in Schmieden im Sauerland bis fast zum Ende des 19. Jahrhunderts benutzt.)*

Das klingt nun nicht mehr absurd, sondern wie die ingenieurmäßige Verbindung zweier widerstreitender Prinzipien innerhalb einer Konstruktion, in welcher gewaltige Drehmomente und große statische Kräfte gleichzeitig wirken: Beweglichkeit u n d Stabilität, Dynamik u n d Statik.

Ich denke, es ist nicht zu weit gegriffen, wenn wir diese beschriebene Konstruktion der Lastableitung vergleichen mit den etwa gleichzeitig entwickelten Strebesystemen, welche Dachlast und Gewölbeschub im gotischen K i r c h e n bau durch die Hallenwände hindurch auf Außenstreben ableiten.

Nehmen wir an, dass in dieser für einen ruralen Zweckbau ungewöhnlichen Besonderheit die überlegene Leistungsfähigkeit des Aufwurf-Hammers begründet ist, dann wurden hier Baumerkmale in Verkennung ihres konstruktiven Sinnes für die Beschreibung eines heroischen Sieges über den Konkurrenten benutzt. Oder anders gesagt: Der Konflikt zwischen Stabilität und Beweglichkeit wird als Wettkampf zweier Giganten geschildert. Sehr spekulativ – ich weiß !

Snorri Sturluson, der als Kleriker gut lesen und schreiben konnte, aber vorrangig ein D i c h t e r war (auch Politiker, Sammler und Forscher), konnte solche architektonischen Feinheiten nicht verstehen, zumal er sie selbst wahrscheinlich nie zu Gesicht bekommen hat. Im Island seiner Zeit gab es solche Anlagen gewiss nicht. Er kann nur in mündlichen (und daher dichterisch-metaphorisch veränderten) Berichten davon g e h ö r t haben. Dennoch hat er sich bemüht, die

80

Splitter dieses Wissens, soweit er davon gehört und sie behalten hat, in seiner Geschichte von „Thors Fahrt nach Geirröds-gardr", einem Lehrbuch für „Dichter-Aspiranten", weiterzugeben.

Logisches Nachdenken führt hier unweigerlich zu einer weiteren Frage: Wie geriet die (zwar völlig deformierte und verballhornte, aber doch f a k t e n r e i c h e Beschreibung einer „Riesen-Werkstatt" vom europäischen Festland nach Island in die eddische Textsammlung ?

Denkbar ist, dass Snorri selbst, wahrscheinlicher aber einer seiner Gehilfen bzw. Redakteure, anlässlich einer Reise von Island z. B. nach Rom, auch durch das Rheinische Schiefergebirge gekommen sind und dabei Anlagen wie „Geirröds-Gardr" in vollem Betrieb als Augenzeugen erlebt haben können.

Der Bericht eines Rom-Reisenden, der zudem Snorris Zeitgenosse war, ist überliefert. Allerdings fehlt darin die h i e r besonders interessierende Beschreibung einer großen Schmiedewerkstatt mit wasserrad-getriebenem Aufwurfhammer und Frischfeuerherd. Abt Nikulas Bergson war Vorsteher eines Klosters im äußersten Westen Islands. Das Tagebuch seiner Pilgerreise nach Rom ist in zwei Abschriften erhalten. Er erwähnt z. B. als Reisestationen auf dem Kontinent Paderborn (Pödabrunna) und vier Reisetage später Mainz (Meginzo-borg). Ausweislich seiner Notizen interessierten ihn nicht nur die Heiligenviten und Patrozinien der unterwegs besuchten Kirchen, sondern auch Kirchenarchitektur, außerdem Sprachen und Mundarten sowie die „Geschichten" der durchwanderten Regionen.

Zwischen Paderborn und Mainz erwähnt er keine Kirche, aber er notiert „hier wechselt die Sprache". Sein ortskundiger Fremdenführer nennt ihm unverständliche und unübersetzbare Ortsnamen (z. B. Kiliandr und Horus) und erzählt: „dort liegt der Ort, wo Sigurd den Drachen erschlug". Ob das im Rothaar- (Roterz-?)Gebirge, im Westerwald oder im Taunus liegt, ist bisher ungeklärt.

Ich halte aber für diese Untersuchung hier fest: Sturluson bzw. wahrscheinlicher sein Augenzeuge, vielleicht eben dieser Abt Nikulas, müssen dort wasserrad-getriebene Industrieanlagen in der Nähe des Rheins in Betrieb gesehen haben. Das schließe ich aus den „Realitätsscherben" in den Thor-Geschichten, aus den bautechnischen Auffälligkeiten und aus der sinnenhaften Beschreibung der Arbeitsprozesse, die mich auf Augen- und Ohren-Zeugenschaft schließen lässt.

14. Zwischenbilanz mit offenen Fragen

Trotz letztlich fehlender „sicherer Beweise" stehe ich zu folgender Zwischenbilanz: Der um das Jahr 1200 von Sturluson beschriebene Aufwurfhammer, der dem Schwanzhammer an Kopfgewicht und Schlagkraft weit überlegen war, hat als weiter entwickelter Bautyp bis ca. zum Jahr 1900 in Südwestfalen und in der Eifel noch an vielen Standorten gearbeitet. Ob das Konstruktionsprinzip von den Kelten, den nachfolgenden Römern, den Riesen (oder von Lokis Zwergen) entwickelt worden ist, kann vermutlich weder die Archäologie noch die Sagenforschung a l l e i n klären. Hier ist komparatistische Forschung gefragt.

Nehmen wir z.B. die Bezeichnung „Asen" als Metapher oder **Kenning** für eine überlegene Herrscherschicht, dann heißt eine Frage: W e r waren denn die neuen Landesherren, die w a n n und w o die Verfügungsgewalt über die noch vorhandenen „riesenzeitlichen" Infrastrukturen für sich beanspruchten ? Das sind mindestens drei Fragen (Wer, Wann , Wo) an Genealogen, Althistoriker, Landeskundler und Sagenforscher. Dabei kommt wohl – was die Schmiedetechnik betrifft – den Museumsspezialisten in den Heimat- und Technik-Museen besondere Kompetenz zu. Noch größer wird der Kreis der Sachkundigen, sobald wir zu den von den Römern geerbten nützlichen Infrastrukturen (Metallverarbeitung, Steinbrüche, Ziegeleien, Mühlen) auch die Fernstraßen und Brücken als mögliche „Tatorte" zählen.

„Geirröds" Hammer war sicher noch nicht so ausgereift wie der in Gotthard Boschs Hütte an der Ferndorf , den Fritz Oehler beschrieben hat *(siehe oben S. 71 ff.)* oder wie der Riesenhammer der „Fickenhütte" (einer ursprünglichen „Fege-Hütte" bzw. „Fegge-Hutt" ,

82

das Wort kommt von fegen = putzen = blankmachen, siehe Kaminfeger, Schwertfeger, Harnischfeger; auch das Wort „Fegefeuer" kommt davon !).

Oder wie der in dieser Untersuchung als dritter Zeuge aufgerufene „Haardter Hammer" (Abbildung auf S. 72/73). Ein Foto von Carl Loos, Weidenau, zeigt die letzte Belegschaft kurz vor dem Abriss des Hammerbaus am Ende des 19. Jahrhunderts. Nach Auskunft des Malers und Heimatforschers Georg Bechtel (geb. 1900, der Vater war Schmied vor der Haardt) posieren der Hammerschmied Karl Fries, ein Mann namens Tofaute und als Dritter ein ihm unbekannter „Schetzejong". *(Anm. d. Red.: Die Nachzeichnung von Karl Mebold auf S. 72/73 erklärt besser als das originale Foto das Funktionieren eines solchen Hammerwerks, die uralten Bezeichnungen seiner einzelnen Bestandteile und ihr Zusammenspiel beim Schmieden.)*

Der Fickenhütter Hammer wurde 1913 demontiert. Dabei war der dreizehnjährige Georg Bechtel Augenzeuge – und tief beeindruckt, was er bis ins hohe Alter in mehreren Gemälden dokumentiert hat. Der Hammer war vorgesehen für die „Große Industrieausstellung" im Jahr 1914 in Düsseldorf. Da kam der 1. Weltkrieg dazwischen. Schließlich erwarb Krupp (von Bohlen und Halbach) die 8500 Bauteile der zerlegten Schmiedemaschine und ließ sie im Nachtigallental als Museumsanlage wieder aufbauen. Thors Hammer, das „kostbarste Kleinod der Asen", ist also noch immer nicht völlig aus der wahrnehmbaren Wirklichkeit verschwunden. Letzter „Tatort": Ruhrtal-Museum Essen.

15. Die Antwort eines Sachverständigen

Wenige Tage nach der Veröffentlichung des BERNER 63 mit dem Hauptteil der Geirröd-Erzählung schickte ein ausgewiesener Fachmann in Sachen Stahl-Technologie die folgenden in vielerlei Hinsicht weiterführenden Ergänzungen an ein Mitglied unseres Dietrich von Bern-Forums, der ihm den BERNER zugeschickt hatte. Der Autor ist Sohn des Friedrich Oehler, dessen Bericht auf den S. 74 und 75 abgedruckt wurde, und heute Berater der „Stiftunh Ruhr-Museum" in Sachen „Eisenhammer".

Er schreibt:

„Betrifft: **Die Wahrheit hinter den Lügengeschichten**.

Lieber Herr G. , zunächst vielen Dank für die Zusendung Ihrer Informationen. Ich muss gestehen, dass ich mich bisher mit diesen Themen nicht beschäftigt habe, da für mich damit zu viele Spekulationen verbunden waren.

Gleichwohl hat mich die Sage von **Wieland dem Schmied** aus naheliegenden Gründen immer interessiert. …

Ich habe mich bei Betrachtungen dieser Art bisher zurückgehalten, weil einfach mein Wissen nicht ausreicht, um mich an solchen Spekulationen (über den Ort, wo Wieland gesucht werden muss) zu beteiligen *(siehe dazu in diesem Buch Teil III, S. 239)*. Dass im Siegerland fast seit zweieinhalb Jahrtausenden Eisen und Stahl hergestellt worden ist, ist immerhin eine Tatsache, die bemerkenswert genug ist.

Am vergangenen Sonntag war ich in Essen am Halbachhammer, wo der diesjährige „Abschlag" begangen worden ist. Das Echo in der Öffentlichkeit ist immer bemerkenswert, obwohl die meisten Besucher die wirkliche historische Bedeutung des Hammers nicht verstehen. Natürlich ist der Hammer der spektakulärste Teil der Gesamtanlage, noch laufen die restaurierten Blasebälge mittlerweile einwandfrei mit einem eigenen Wasserrad. Für mich war der Besuch insofern von Bedeutung, als man mir einen Untersuchungsbericht übergab mit einer Dokumentation der Versuche, die seit einigen Monaten im Zusammenhang von Hammer und Frischherd unternommen wurden, um aus Roheisen Stahl herzustellen.

Dazu müssen Sie wissen, dass der Halbachhammer, der ja der alte Wasserhammer aus Fickenhütten ist (1417 zum ersten Mal erwähnt), in den 1990er Jahren restauriert worden ist und in schlechtem Zustand war. Etwa um das Jahr 2000 bin ich vom Ruhrlandmuseum, das fachlich für den Hammer zuständig war, angesprochen worden, ob ich aus dem Besitz meines Vaters noch Unterlagen zum Aufbau des Hammers besitze. Seit Beginn meiner Zusammenarbeit mit dem Ruhrlandmuseum versuche ich, den Beteiligten klarzumachen, dass die schweren Siegerländer „Aufwerfhämmer" immer dazu eingesetzt wurden, um mit Hilfe von **Frischherden (Frischfeuern)** aus Roheisen S t a h l herzustellen. *(Einschub von K.M: genau das ist das Thema der Sage von den „Kleinoden der Asen".)*

Die Entkohlung des Roheisens geschieht bei der Stahlherstellung durch den Sauerstoff der eingeblasenen Luft unter Mitwirkung von Schlacke. Die dabei entstehende **Luppe** ist stark porös und mit Schlackenresten durchsetzt. Sie muss durch kräftiges Ausschmieden verdichtet und von Schlacke gesäubert werden. Nur so erhält man ein Produkt, aus dem durch weiteres Umformen ein brauchbares Endprodukt hergestellt werden kann. Es ist die **„indirekte"** Erzeugung von Stahl in zwei Stufen, wie sie auch heute noch geschieht: Herstellung von **Roheisen** mit hohem Kohlenstoffgehalt – und im zweiten Schritt **Herstellung von Stahl durch Frischen** nach verschiedenen Verfahren (heute Frischen mit reinem Sauerstoff)

Historisch gesehen ist also immer die Kombination von Wasserhammer (Aufwerfhammer) und Frischherd im Zusammenhang mit einer offenen Esse wichtig. Hammer und Frischherd bilden sozusagen eine **„metallurgische Einheit"**. Daher habe ich seit Jahren angeregt, in die Esse am Halbachhammer einen Frischherd einzubauen, um den historischen Zusammenhang herzustellen. Umso erfreuter bin ich jetzt, dass die Versuche, Stahl auf die historisch richtige Art herzustellen, Erfolg gehabt haben. Es ist vor kurzem gelungen, kleine Luppen im Frischherd zu „be-reiten", die einen Kohlenstoffgehalt von 0,49 % aufweisen. Das ist der Bereich, in dem sich gebrauchsfähige Kohlenstoffstähle aufhalten.

Für die Mitarbeiter am Halbachhammer ist das ein großer Erfolg. Die Versuche gehen weiter zwecks Optimierung des Verfahrens. Die Weiterverarbeitung von Stabstahl, wie er historisch mit schweren Aufwerfhämmern hergestellt wurde, geschah mit leichteren **„Schwanzhämmern"**. Sie sind wesentlich einfacher im Aufbau. Vor allem im Bergischen Land wurden solche Schwanzhämmer eingesetzt, wobei ein großer Teil des Vormaterials aus dem Siegerland bezogen wurde.

In vorchristlicher Zeit waren es keltische Hüttenleute, die *(auch im Siegerland)* die Bedeutung der oberflächlich vorhandenen „schweren Steine" **(Eisenerze)** zu deuten wussten und in den bekannten bauchigen Lehmöfen Stahlluppen in kleinen Mengen nach der „direkten Methode" hergestellt haben.

Die Kelten waren einst das bedeutendste Volk in ganz Mitteleuropa. Leider haben sie uns nichts Schriftliches hinterlassen. Sie waren hervorragende Handwerker und haben überall in Europa Eisen hergestellt, da es an vielen Stellen Eisenerze in Oberflächennähe gibt, und gerade im Siegerland verwitterter **Brauneisenstein** im „Ausgehenden" an den Berghängen zu finden ist....

In den letzten Jahren sind vom Deutschen Bergbaumuseum Bochum umfangreiche Grabungen unternommen worden, um alte Verhüttungsstätten aus **vorchristlicher** Zeit und aus dem Mittelalter zu untersuchen und zu deuten. Es ist vor allem die Umgebung von Siegen und Niederschelten (Giebelwald u.a.) ... In **Waldgirmes** bei Wetzlar hat man vor Jahren ein römisches Lager ausgegraben. Bis hierher sind die Römer von Mainz aus gekommen. Hier müssen sie auf (eisenverarbeitende) Kelten getroffen sein. Unter dem Römerlager liegen die Reste der Keltenzeit. Der Dünsberg ist nicht weit von Waldgirmes entfernt. Er war, genau wie der Glauberg und wie die „Alte Burg" und der Kindelsberg im Siegerland, ein keltisches Oppidum mit Ringwällen...

In meiner Arbeit über die Geschichte der Siegerländer Hammerschmiede habe ich angedeutet, dass es einen längeren Übergangszeitraum gegeben hat, in der die Zunft der Stahlschmiede i n n e r h a l b der Stadtmauern Stahl bereitet hat, während ... in den Tälern bereits die Wasserhämmer betrieben wurden. Da es innerhalb der Stadtmauern kein Wasser gab, müssen die Stahlschmiede in dieser Übergangsphase ... nach der „direkten Methode" (wie seit Beginn der vorchristlichen Stahlerzeugung in den Lehmöfen der Latène-Zeit) gearbeitet haben. D. h., sie haben die Blasebälge von Hand betrieben *(Einschub K. M.: wie in der Sage die Zwerge „Brock und Sintri" bzw. „Niff und Neifel")*. ... In der historischen Literatur wird diese Übergangszeit meist nicht genannt. Da heißt es einfach, dass am Beginn des 13. Jahrhunderts *(K.M.: genau das ist die Reisezeit Sturlusons oder seiner Gewährsleute !)* die Hammerschmiede in die Täler gezogen sind und dass seitdem die Stahl- bzw. Schmiedeeisenherstellung **mit Hilfe von Wasserkraft** erfolgte.

Als Techniker verstehe ich natürlich, dass die Umstellung beim Einsatz der Wasserkraft nicht so einfach gewesen ist und bedeutete, dass man die Metallurgie der Prozesse kennenlernen musste … Vermutlich hat es vieler Versuche bedurft, um den Bau der Frischherde und deren Betrieb abzusichern. Abgesehen davon war ein Wasserhammer eine komplizierte Anlage, bei deren Bau Geschwindigkeiten und Massen aufeinander abgestimmt und mit den auftretenden Kräften in Einklang gebracht werden mussten.

Im Siegerland sind die Wasserräder wahrscheinlich gegen Ende des 13. Jahrhundert eingeführt worden. Wann genau, ist nicht bekannt. Die erste Siegerländer Hütte am Wasser war … ein Blashütte an der Weiß, die 1311 erstmals urkundlich erwähnt worden ist. Wie deren technische Ausstattung gewesen ist, ist unbekannt. Vielleicht hat man zuerst die Blasebälge mit Wasserrädern betrieben, …noch mit der Hand geschmiedet und noch keinen Stahl hergestellt.

Erstmals hat man Hämmer im Siegerland 1417 in einer Renteirechnung genannt. Dazu gehörte auch der Hammer in Fickenhütten, den Krupp dann nach dem 1. Weltkrieg nach Essen holte. Er ist heute in gutem Zustand und wird regelmäßig vorgeführt.

Lieber Herr G. , ich habe die Gelegenheit wahrgenommen, um auf einige Zusammenhänge hinzuweisen, die dem **Techniker** wichtig erscheinen. Die meisten historischen Arbeiten werden von hauptamtlichen Historikern veröffentlicht. Häufig kommen die Techniker zu kurz, die gern nach Details fragen. Deshalb habe ich mir angewöhnt, manche historischen Beiträge vergleichend und vorsichtig zu betrachten, mit dem Versuch, auch Details herauszulesen.

Herzlich und Glückauf

Ihr Hans Hermann Oehler"

Mit Dank an den Sachverständigen Oehler halte ich für den Fortgang dieser Untersuchung fest:

1. Die in uralten Sagen schon erwähnte, z. T. heute noch praktizierte Stahlherstellung nach der „direkten Methode" ist vermutlich k e l t i s c h e n Ursprungs, nicht römisch, schon gar nicht merowingisch-fränkisch, auch nicht skandinavisch, obwohl sie uns nur durch n o r d i s c h e Texte überliefert ist. Der Ur-Stoff der Erzählungen ist also keltisch – woher auch immer die keltischen Schmiede ihre Kenntnisse hatten *(siehe den Aufsatz von F. Muller über das Eisenschmiede-Volk der Kalyben (in diesem Band auf S. 141 ff.)*

2. Der technische Trick, um Eisen mit Karbon zu Stahl zu legieren, ist die „metallurgische Einheit" von **Schmieden und Frischen** (d.h. im Frischfeuerherd den Kohlenstoff durch gesteuerte Sauerstoffzufuhr heraus zu brennen bzw. zu „frischen". In der Sage gibt der schmiedende Brock (in anderen Fassungen der Zwergenkönig Niff) seinem Bruder an den Blasebälgen den strikten Auftrag, auf keinen Fall die Luftzufuhr zu unterbrechen, weil sonst das Werk misslingt.

3. Auch der Beginn der eddischen Wieland-Erzählung *(„Ein Finnkönig hat drei Söhne Schlagfieder, Wieland und Egil")* weist auf Oehlers „metallurgische Einheit" hin, die in der Sage (und auch nach dem Großen Brockhaus) eine „Drei-Männer-Einheit" ist: der **Hammerschmied**, der die Luppe „zängt" (Schlagfider), der **Frischfeuerschmied**, der den Karbongehalt kontrolliert (Wieland) und der **Schützenmann**, der die Wasserräder und damit das Tempo und die Wucht der Hammerschläge sowie die Leistung der Blasebälge steuert (Egil) - *(siehe die Abbildung S. 73.*

88

Reise 4:   Mühlenspuk

Hier wird erzählt vom Geschenk eines Riesen,
von einem gierigen König und von wütenden
Riesen-Töchtern

16. Das alt-isländische Mühlenlied
(Grottasongr aus dem Skaldskarpamal der Lieder-Edda)

Über dem „Grottengesang" (nordisch: Grottasongr) in der Edda
stehen allein in den mir vorliegenden Ausgaben fünf unterschiedliche
Überschriften; an den Kommentaren dazu haben fünf Lehrstuhl-
inhaber mitgeschrieben (Simrock, Lehner, Genzmer, Schier, Stange),
mit wenigstens drei divergierenden Auslegungen, darunter eine „ro-
mantisch-poetisierende" und zwei aufdringlich moralisierende. Eine
technik-geschichtliche Betrachtung ist nicht darunter.

Der Herausgeber der Edda, Snorri Sturluson benutzte das Lied, um
im Dichterlehrbuch seinen Dichter-Lehrlingen am lebendigen Stoff
zu zeigen, **wie Landesgeschichte spannend erzählt wird,** indem er
personalisiert und dialogisiert. Sturluson verstand das (ihm) oral
überlieferte Lied als Geschichtsquelle; seine Deutungsmethode ist
die historische. Die sagenhafte Dynastie des Königs Frodi (vermutlich eine familiäre Kurzform für Friedleif/Fridlof/Fridjof) lässt er im
nebligen Mythos der Vorzeit entspringen und dann präzise im au-
gustäischen Zeitalter einmünden (… *„zu der Zeit als Kaiser Augustus
Frieden in der ganzen Welt stiftete und Christus geboren ward…").*
So bekommt die Geschichte des Nordens Anschluss an die mediter-
rane Antike und an die christliche Heilsgeschichte. Mutig ! Aus Sage
und Lied wird Geschichts-Erzählung.

Andere Bearbeiter – in Nachfolge des deutschen Erst-Übersetzers
Simrock – verfallen den „tiefen Mythen" der nordischen Metaphorik.
Genzmer z.B. übersetzt das Wort Wunschmühle mit „märchen-
typische Wünschel(!)-mühle" und nennt ihre Antriebskräfte „zaube-
risch". Konsequent endet er mit einer moralisierenden Ausdeutung

und mahnt zum respektvollen Umgang mit den Geistern der Natur, etwa á la „Besen, Besen, sei's gewesen".

Je nach der interesse-leitenden Ideologie der jeweiligen Bearbeiter sind entweder die unersättliche Goldgier des Königs oder die gnadenlose Ausbeutung der Mädchen durch den Mühlenbesitzer ins Erzählzentrum gerückt; beides führt aber zum finalen Feuertod als gerechte Strafe. Alle diese Assoziationen lässt der alte poetisch schillernde Text zu.

Nun aber ist das Lied hier unter Technikverdacht geraten – des Wasserrads wegen. Ich versuche, den Stoff von keiner Deutung gefärbt und möglichst moralin- und ideologiefrei (falls das überhaupt geht) zu rekapitulieren. D.h. ich zitiere nicht wortgetreu die Übersetzung aus dem Altisländischen, sondern fasse den Text in zeitgemäßer Sprache zusammen (in *kursiver* Schrift). Die Kommentare oder Erklärungen dazu sind in normaler Schrift gedruckt.

„In einem Land (das bei Sturluson „Dänemark" heißt, aber, wie wir sehen werden, nicht Dänemark sein kann)) *lag eine Mühle, deren Steine so groß waren, dass kein Mensch sie bewegen konnte. Ein Mann aus Riesengeschlecht, der Hengikiöptr* (in etwa: Pferdehalter, -züchter, -treiber), , *hatte sie dem König Frodi geschenkt, verbunden mit der Weissagung, dass die Mühle ihm ALLES mahlen könne: Mehl, Gold, Glück, Zufriedenheit, was immer er wünsche - falls es ihm gelänge, sie zu bewegen. Aber keiner seiner Männer und nicht der König selbst vermochten das. So lag die Mühle ungenutzt im Lande.*

Eines Tages sieht Frodi (bei Sturluson auf einem Sklavenmarkt im Ostland Swithiöd = Schweden) *zwei groß gewachsene Mädchen, herrlich von Wuchs und Kraft, Töchter von Bergriesen. Er kauft sie und gibt ihnen Sklavennamen* (Im Lied heißen sie „Fenja" = Moorbewohnerin oder „Sumpflandschlange"; „Menja" = mit Eisen gebundene Halsbandträgerin, ein Gewässername der erste, ein Synonym für Sklavin der zweite). *Frodi führt die beiden zur Mühle und befiehlt, ihm Gold zu mahlen* (Gold ist hier Kenning für Reichtum und Glück) *und dabei zu singen, sodass er auch im Schlaf ihren Gesang, das Schnauben und Knirschen der Mühle nicht missen muss.* (Dies ist der Moment, in dem innerhalb des Sturlusonschen Erzählrahmens das eigentliche alte LIED einsetzt, der Mühlengrottengesang. Es ist

90

eine Art Streitgesang zwischen den ununterbrochen schuftenden Riesentöchtern und dem meist schlafenden = abwesenden, aber stets fordernden Müller Frodi).

„Auf, mahlt Reichtum mir und gutes Gelingen ! Immer will den Gesang der Steine ich hören!" Da greifen die Mägde mit starken Händen die Mahlstange, und tatsächlich rührt sich der Stein. Sie drehen die Mühle und singen: „Macht und Heil, Öl und Mehl für Frodi. Er ruhe auf Daunen, erwache des Morgens in Freude !" So geschieht es. Nur Gutes wird Frodi zuteil, und immerfort will den Gang der Mühle er hören: „Mahlt weiter" ruft er, sobald die Mägde sich ruhen. „Mahlt goldene Ringe mir !" Sofort greifen die Mägde wieder zur Stange und ächzend mahlen sie Gold. Nie war ein Land so reich; güldene Ringe liegen tagelang auf offener Straße, und niemand hebt sie auf (Eine Redensart, die Sturluson aus der ägyptischen Beschreibung des Landes Punt kennt !) „Mahlt weiter ! Mahlt Ruhm mir und Ehre ! Mahlt am Tag und mahlt bei Nacht !" Und nach dem Willen des Königs geschieht es. Selbst wenn alle andere Arbeit ruht, ächzen die Balken, singen die Steine nächtelang, ununterbrochener Knirschgesang.

Da seufzt Fenja: „Still jetzt !" Und Menja flüstert: „Stehe jetzt, Stein !" Doch Frodi befiehlt: „Weiter ! Frieden sollt ihr mir mahlen, ewigen Frieden für mich und mein Land." Und sie mahlen und drehen und singen, dass Frieden sei, dass kein Feind der Grenze des Reichs sich nahe, dass Krieg unbekannt sei in Frodis Reich. Es ruht in „Frodis Frieden" lange das Land. Das nennen die Leute die Goldene Zeit (kommentiert Sturluson).

Es herrscht nun Überfluss im Nordland. Frodis Kämpen liegen zechend im Saal. Das Gesinde schläft in der Küche. Nur die Mägde schuften und schaffen ohne Pause und Rast; kaum noch können sie ihre Glieder bewegen. Da stöhnen beide: „STEIN STEHE STILL !" Die Mühle knirscht und steht. Frodi ruft: „Macht weiter", da sagt Menja: „Frodi, du achtest nicht die, die du kauftest, achtest unsere Herkunft nicht. Mächtige Riesen sind unsere Väter, Bergriesentöchter sind wir, haben neun (-hundert, -tausend) Jahre unter der Erde gelebt und Felsen gerückt, bevor ins Menschenland wir sind entsprungen.“   Und Fenja sagt: „Als Walküren sind wir geritten, haben Helden gerettet oder getötet, haben auf Schlachtfeldern über Leben und Tod entschieden. Jetzt bist du dran, Frodi. Du hast uns versklavt, wir fronen dir, gabst Sklavennamen den Eisriesentöchtern. Wir fronen dir frierend, mit eisklammen Gliedern, doch du gönnst keine Rast uns.“

„Gut, gut“, spricht der König, „ihr mögt ruhen, solange der Kuckuck schweigt. Dann mahlt ihr weiter, mahlt Überfluss für mich und mein Reich.“ Und wieder greifen die beiden kraftvoll den Balken, kaum vermögen die Knie sie zu strecken. Wieder knirscht der Stein und steht. „Mahlt weiter ! Zum Kuckuck! Mahlt weiter !“

*Da erwacht in den Mägden der Bergriesenzorn. „Du achtest nicht unsere Abkunft, noch achtest du unsere Notdurft !“ ruft Menja. „Du achtest die Regeln nicht, jetzt stehen die Steine, beendet ist unsere Pein!“ – Aber Fenja zischt: „Nein, Schwester, noch nicht. Lass uns ihn sattmachen, den Nimmersatten !“ Und ins Drehen der Steine singt Fenja: **„Eisriesenwut weckt Sturmriesenflut, Felsriesenkind facht Lohfeuerwind !“** – und Menja stimmt ein: „ Mahle, Mühle, mahle, spitze Speere, scharfe Schwerter, Feuer lodert, Funkenflug sprüht; Feindheer, Frodi, wird kommen über dich und dein Reich !“*

*Fester fassen die Jungfrauen das Mahlholz. Kampfruf hallt von fern her. Heerschar zieht heran. Feindheer, Frodi, über dich und dein Land ! Noch härter treiben die Mägde den Balken und singen den Tod vieler Helden. **„Sturmriesenwut treibt Eisriesenflut !“** Es zittert die Mühle, der Mahlstein stürzt. Es bersten die Balken. „Frodi, wach auf, wir singen dir Tod !“*

Schon hat der Feind Burg und Mühle umstellt. Ringsum flammt Lohe, In seinem Saal verbrennt Frodi mit all seinen Mannen. Das nennen die Leute das Ende der Goldenen Zeit.“ .

17. Deutungsvorschläge

Dreimal stutzt der „Technik-Radar" bei der Überprüfung dieses Textes: beim Begriff „WUNSCH-Mühle"; bei den GEWÄSSER-Namen der Mägde und bei den Betriebs-REGELN.

Zur „Wunsch-Mühle": Der Skop, der wohl einst das „Ur-Lied" gedichtet hatte, kannte wie seine Zeitgenossen nur zwei Typen von Mühlen (*siehe die Zeichnungen dieser Mühlen auf S. 94*):

- Die kleinen mobilen Handmühlen, die zur Selbstversorgung mit Mehl etwa jeder römischen Soldateneinheit gehörten.

- Bekannt waren auch die sogenannten „Kraftmühlen", deren Mahlstein an einer starken Stange durch Menschen- oder Tierkraft (Hengikiöptr ?) bewegt werden musste. Sie dienten allein der Nahrungsbeschaffung.

Eine von Wasserkraft angetriebene Mühle mit riesig großen Steinen jedoch, ein „Motor" (Vitruv nennt sie „Molina machinaria"), muss den Menschen, bei denen das „Ur-Lied" gedichtet wurde (tausend Jahre v o r Sturluson ?) , unbekannt gewesen und ihre Existenz nur durch Gerüchte zugetragen worden sein. Sie konnten vermutlich das technische Prinzip nicht begreifen und haben diesen Mühlentyp dämonisiert, z.B. als „Grendels Mutter" oder „schnarchender Riese". Auch im „Grottengesang" sind Wortbilder und Geräusche noch mit der alten, vertrauten „Kraftmühle" verbunden: der knirschende Mahlstein, die im Kreis stampfenden Mägde, die mit starken Händen die Drehstange umfassen, bis sie ächzend die Knie nicht mehr strecken können.

Von der alten Kraftmühle wird erzählt, g e m e i n t ist aber die WASSERMÜHLE ! *(siehe die Zeichnungen verschiedener Typen von Wassermühlen auf Seite 95)*

Eine W a s s e r m ü h l e konnte „auf Wunsch" auch Erzpochwerke, Schmiedehämmer oder Blasebälge antreiben, war aber abhängig von den unberechenbaren Riesenkräften der Natur. Es wird also nichts „Zauberisches" besungen, sondern eine technische Inno-

vation, ein vom Wasser bewegter M o t o r , kein Märchenmotiv,
sondern Technologie.

Handmühle:

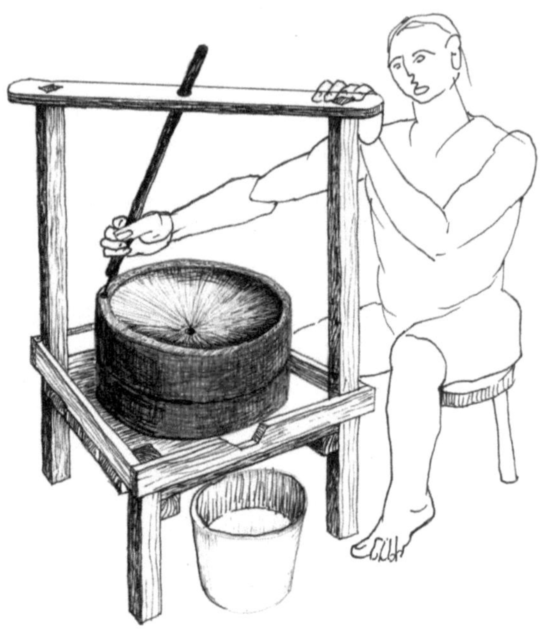

„Kraftmühle" (Zeichnung nach einem alten Sagenbuch)

Seit 2000 Jahren Wasserkraft als Maschinen-Antrieb

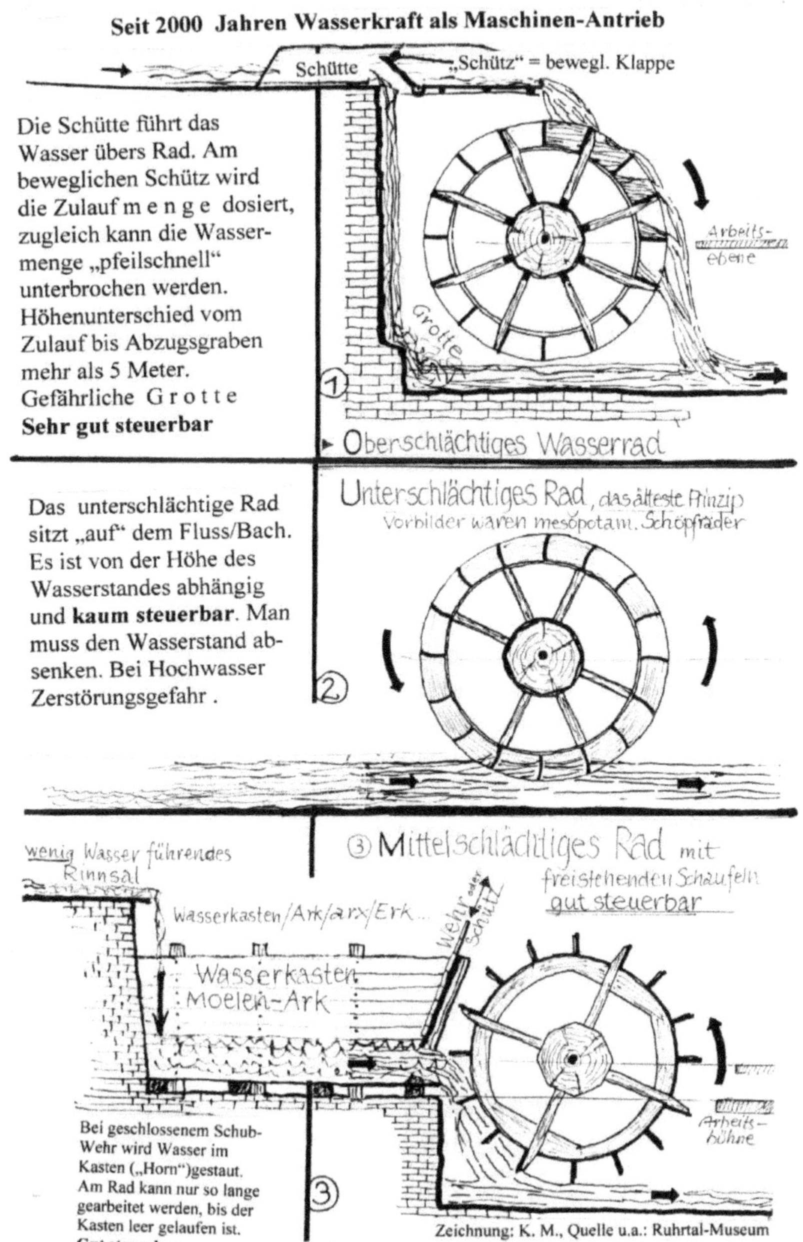

Die Schütte führt das Wasser übers Rad. Am beweglichen Schütz wird die Zulauf m e n g e dosiert, zugleich kann die Wassermenge „pfeilschnell" unterbrochen werden. Höhenunterschied vom Zulauf bis Abzugsgraben mehr als 5 Meter. Gefährliche G r o t t e
Sehr gut steuerbar

Das unterschlächtige Rad sitzt „auf" dem Fluss/Bach. Es ist von der Höhe des Wasserstandes abhängig und **kaum steuerbar**. Man muss den Wasserstand absenken. Bei Hochwasser Zerstörungsgefahr .

Bei geschlossenem Schub-Wehr wird Wasser im Kasten („Horn")gestaut. Am Rad kann nur so lange gearbeitet werden, bis der Kasten leer gelaufen ist.
Gut steuerbar

Zu den Gewässernamen:

Die versklavten Bergriesentöchter sind den Felsen entsprungene WILD-GEWÄSSER. Der Landesherr zwingt mäandernde Bäche („Sumpflandschlange") durch Stauwehre und Schütze (schnell verschließbare Schleusen) in eng geführte Gräben und Kanäle („Halsbandträgerin") und „führt sie zur Mühle". Dort sollen sie ihm dienen („fronen").

Auch die Abfolge der in den Liedstrophen besungenen Arbeit offenbart technikgeschichtlichen Sinn: zuerst wird natürlich Mehl oder Öl gemahlen (Versorgungssicherheit als Basis einer erfolgreichen Regentschaft). Der Sicherheit folgt Reichtum *(„mahlt Gold mir")*. Überfluss resultiert schließlich aus der Metallgewinnung. Zuletzt sichern „spitze Speere und scharfe Schwerter" zwar das Reich, steigern aber zugleich das Kriegsrisiko. Dann folgt das Ende der goldenen Zeit.

Zu den Betriebs-Regeln

Diesem verknappten zivilisationsgeschichtlichen Abriss folgen im Lied die REGELN, die beim Mühlenbetrieb zu beachten sind. Nun ist auch zu ahnen, wozu und für wen das Lied – oder vielmehr dessen vom dichtenden Skop nicht verstandene Q u e l l e ! - ursprünglich erdacht wurde: ein Lehrgedicht, ein rhythmischer „Stampfgesang", um den Müllerburschen REGELN einzuhämmern, vermute ich:

Erstens: **kein Mahlbetrieb bei Eisgang !** Eisbrocken an Wehren und Schleusen, Eiszapfen an der Schütte und in der Grotte zerstören Schaufeln und Räder: *„Eisriesenwut weckt Sturmriesenflut"* !

Zweitens: **Kein Mahlbetrieb bei Hochwasser:** Wir erinnern die Katastrophe, die Grendels Mutter verursacht: *„Bergriesenwut treibt Felswasserflut"* !

Drittens: **Kein Mühlenbetrieb bei Nacht:** Feuergefahr durch Funkenflug beim Blasen und Schmieden: *„Felsriesenwut facht Lohfeuerglut"* !

96

Viertens: **Ruhephasen beachten und Pausen einhalten !** Der „Kuckuck" scheint eine Art Zeitangabe zu sein, ein Kenning. Die Geschichte dahinter heißt vielleicht: Erst wenn der Kuckuck ruft, sind Winter und Schmelzeis vorbei. (Georg Bechtel, studierter Wasserbauer, gelernter Schmied und passionierter Heimatmaler, erzählt, dass die Hüttentaler Schmiede im Siegerland am 1. Mai gemeinsam übern Rabenhain nach Breitenbach zogen, um „den Kuckuck zu holen", dass sie dann abends „mit einem Affen" (Kenning !) zurück kamen. Am anderen Morgen um fünf Uhr in der Frühe hat dann die Sommer-Hammer-REISE begonnen).

Soweit meine Assoziationen zum alten Lied. Die „Quelle" des „Grottengesangs" könnte ein realitätsnaher Sachtext (z.B. eine Betriebsanleitung von vitruvscher Genauigkeit) gewesen sein. Staunende Reisende, die die riesenhafte Wasserkunst erlebt haben, bringen die Geschichte nach Skandinavien. Dort wird sie von einem Skop als „Nordlandsaga" und schließlich vom Edda-Sammler als Teil der „dänischen Landesgeschichte" erzählt. Ich vermute, dass *„dänisch"* hier eher ein Hinweis auf den **Erzähl-Ort und auf die Zuhörerschaft** ist (eine dänisch-schwedische Königshochzeit ?), als auf die Standorte der beschriebenen Anlagen.

Mein Titel- und Lokalisierungsvorschlag für den „Grottengesang": **Zweitausend Jahre Wassermühlenbetrieb im Rheinischen Schiefergebirge.** Letzteres ist m. E. die „Quell-Landschaft" für einen Großteil des Sturlusonschen Erzählstoffes, wie auch die folgende Reise zeigen wird.

Reise 5: Spionage-Abwehr

Hier wird erzählt, wie Thor eine Stahlschmiede ausspionieren will – aber auf metaphorisches Blendwerk
hereinfällt.

18. Metaphorik u n d technische Realität

Die Edda, die Urgroßmutter aller Märchenerzähler(innen) , berichtet im „Gylfaginning" (zu deutsch: „König Gylfas Verblendung",
Kap. 45) , dass Thor mit Loki und den Gesellen Thialfi und Röskwa
(Arbeiter und Magd) *„ostwärts wanderte, elf Tage über die tiefe See
fuhr, an Land stieg und danach tagelang reiste, bis sie auf einen sehr
großen Wald trafen. Ihr gemeinsames Ziel waren Burg und Mühle
des Königs Uitgard-Loki* (etwa: Auslands-Loki; fremdländischer
Loki) *Nun wird erzählt, dass sie den ganzen Tag durch den Dunkel-
wald gingen, bis es Abend ward. Thialfi, aller Männer fußrüstigster,
trug Thors Tasche mit dem Speisevorrat; der war in dem menschen-
leeren Wald nicht leicht zu erlangen.*

Die Struktur dieses Reiseweges ähnelt auffällig den Reisenotizen
des Abtes Nikulas, welcher mit seinen Begleitern vom Kloster Mun-
katvera im Westen Islands „ostwärts wandert, tagelang über die tiefe
See fährt, in Norwegen an Land steigt und danach nach Süden reist,
bis sie auf einen großen Wald treffen".

Thor und seine Leute fanden ein Nachtlager in einer **ziemlich ge-
räumigen Hütte** (die stutzig machenden Stellen, die z. B. auf auffäl-
lige Baumerkmale hinweisen, sind wieder **fett** gedruckt). ***Die Torsei-
te der Hütte war weit offen. , das Tor so breit wie der ganze Saal.
Sie legten sich schlafen. Um Mitternacht entstand ein großes Erdbe-
ben, der*** **Boden zitterte** *unter ihnen und das Gebälk schwankte wie
ein Schiff im Sturm.* (Dieser Vergleich zeigt uns, dass die Zuhörerschaft des Berichterstatters mit der Seefahrt vertraut gewesen sein
muss.) *Die Asen ängstigten sich und verkrochen sich in der Mitte der
Hütte zur rechten Hand in einem* **Anbau.** *Thor setzte sich auf die
Türschwelle und hielt den Hammerschaft in der Hand, um sich zu*

*wehren. Da hörten sie wieder **groß Geräusch und Getöse.** Der Bau schien zu schwanken, als läge er in der Brandung, und sie waren sehr bange.*

*Als der Tag anbricht, sieht Thor einen schwarzbärtigen Mann, der sein Gesicht unter einem Schlapphut versteckt, nicht weit von ihnen im Wald liegen. Der Mann war wahrhaftig nicht klein. Er schlief noch. Er schnarcht und **schnaubt so gewaltig, dass die Bäume sich biegen.** Da versteht Thor, was in der Nacht geschehen war* (sie waren unerwartet Zeuge des Schichtbeginns geworden). *Thor umspannt sich mit seinen Stärkegürteln, da erwächst ihm Asenstärke. Indes erwacht der Schwarzbart und steht auf. Nun sieht Thor seine ganze Größe* (Sturluson beruft sich jetzt, da das Geschehen so unglaublich wird, auf einen externen Berichterstatter als Quelle und schreibt: *„Da wird nun erzählt, dass dieses eine Mal Thor nicht gewagt habe, mit dem Hammer zuzuschlagen. Stattdessen fragt er ihn nach seinem Namen;* er nennt sich Skrymir (manche sagen: Sikrymir = Geheimnisträger oder Irreführer oder Blender). *„Nicht brauche ich um deinen Namen zu fragen; ich weiß, dass du Asathor bist. Was hast du mit meinem **Handschuh** gemacht?" Dabei streckt Skrymir den Arm aus und schüttelte den Handschuh. Nun fallen Loki und die Gesellen heraus; der **Anbau,** den sie in der Nacht als Herberge genommen hatten* (in dem sie sich vor Schichtbeginn versteckt hatten), *ist der Däumling des Riesenhandschuhs gewesen.*

Aber: Wofür steht das Wort „Riesenhandschuh"? (Anmerkung der Redaktion: Auf den Seiten 72/73 dieses Bandes findet der Leser zwei Abbildungen eines wasserrad-getriebenen Schmiedehammers (Außen- und Innen-Ansicht), der in der Erzählung Sturlusons zu einem „Handschuh" geworden sein dürfte. Als „Däumling" hat Sturluson wohl den kleinen Anbau links gemeint.)

*Einmal fragt Skrymir, ob sie nicht gemeinsam weiterreisen wollten, und Thor wagt nicht, das zu verneinen. Da löst Skrymir die Riemen an seinem Speisesack und begann das Frühstück zu verzehren, Thor und seine Gefährten tun das Gleiche. Jetzt schlägt Skrymir vor, ihre **Speisevorräte** zusammenzulegen. Wieder wagt Thor nicht zu widersprechen Da knüpft der Schwarzbart all ihr **Essen** in ein Bündel, nimmt es auf seinen Rücken und geht voran, den ganzen Tag über.*

100

(Der Leser, ständig auf der Suche nach Informationssplittern über Technisches, registriert, dass Speise = Brennstoff, Essen/Verzehren = Verbrennen und Speisevorräte = Kohlenvorräte gelesen werden kann.)

Als es dunkelt, fragt Thor, wie weit es denn noch sei bis zur Burgmühle, und Skrymir erwidert : „Falls ihr nicht zu weit geht, könnt ihr es noch sehr weit bringen." Thor kribbelts in den Fäusten. Der Riese schlägt sich seitwärts ins Gebüsch und legt sich unter einer großen Eiche zum Schlafen nieder. Thor juckt es, dem Schwätzer seinen Hammer nachzuwerfen. Thialfi übernimmt nun den **Vorratssack,** *aber es gelingt ihm nicht, ihn zu öffnen.*

Und nun ist hier zu berichten, wie unglaublich es euch auch dünken mag, (formuliert Sturluson, genauer seine Übersetzer Simrock/Genzmer) *, dass selbst Thor keine der Verschnürungen des Skrymir losbrachte. Nicht einer der* **miteinander verbundenen Riemen** *wurde loser. Als Thor erkannte, dass er auch mit* **seiner Arbeit** *nichts bewirkte, ward er zornig, fasste seinen Hammer mit beiden Händen, machte drei Schritte in die Richtung, wo Skrymir auf dem Rücken lag, und schlug ihn platt auf die Stirn. Dieser erwacht, wischt sich durchs Gesicht und spricht: „Scheißen mir schon die Meisen aufs Dach?" Dann fragt er, ob sie denn schon zu Abend gegessen hätten. Thor wagt nicht, die Wahrheit zu sagen und legt sich, den Hammerschaft in der Armbeuge, schlafen.*

Um Mitternacht hört Thor den Skrymir **laut schnarchen,** *dass es im Wald widerhallt. Er steht auf, geht hin, schwingt den Hammer hastig und heftig und donnert ihn voll auf Skrymirs Schläfe, sodass er sieht, wie der Hammerkopf tief in den Schädel sinkt. Skrymir erwacht, schüttelt sich und sagt: „Da muss mir doch gerade eine Eichel direkt auf den Kopf gefallen sein. Eichen sollst du weichen, Buchen musst du suchen." Thor denkt bei sich: „Wenn ich es zuwege brächte, dem Sprücheklopfer einen dritten Schlag zu verpassen, müsste ich ihm danach nie wieder zuhören. Er legt sich und wartet darauf, dass Skrymir wieder schnarcht. Kurz vor Tag vermutet er ihn im Tiefschlaf. Da steht er auf, geht hin, schwingt den Hammer mit Asenmacht und trifft ihn voll auf die Schläfenfläche, welche nach oben gekehrt ist. Und der Hammer dringt ein bis an den*

Schaft. ...(Daher soll die Redensart der Schmiedegesellen kommen:
„man muss den Eisenbart (Synonym für Luppe) **eckig** schlagen wie
Skrymirs Kopf." (Siehe die Abbildung vor dem Titelblatt !)

*Ohne ortskundige Begleiter ziehen die Asen nun weiter. Ganz un-
vermittelt stehen sie vor einer steil aufragenden Burg. Um die Turm-
spitze zu sehen, müssen sie sie ihre Nasen so hoch nehmen, dass der
Kopf den Nacken berührt. Am Burgfuß finden sie ein **Tor mit eiser-
nem Gitter.** Das ist verschlossen. Sie schmiegen sich durch die Stäbe
und sehen eine große **Halle.** Die Hofseite ist **offen.** Sie treten hinzu.
Auf den Bänken sitzen mächtige Kerle mit Hauern wie Eber und
Pranken wie Bären. Das sind Uitgards Gesellen, sie nehmen die
Asen kaum zur Kenntnis, als seien sie Fliegen.*

*Nun treten sie vor Uitgards Stuhl und erkennen den Schwarzbart
unterm Schlapphut. Er estimiert ihren Gruß nicht, bleckt die Zähne
und nuschelt: „Selten hört man von weiter Reise viel Wahres berichten !" Mit einer herrischen Geste weist er ihnen Plätze zu. Loki flüstert: „Klugscheißer !" Der König sagt: „Niemand sitzt hier unter
uns, der sich nicht durch irgendeine **Kunst** vor anderen auszeich-
net." Loki sagt, da ihn der Hunger plagt, in sehr höflicher Sprechweise: „Auf eine Kunstfertigkeit verstehe ich mich besonders, die bin
ich bereit zu zeigen. Ich wette, dass keiner hier innen ist, der seine
Speise hurtiger aufessen möchte als ich."*

*„Eine Fresswette !" lacht der König, „das ist ein Wort !" Er ruft
nach der hinteren Bank hin, dass einer, der ebenfalls Logi oder Loki
geheißen wurde, nach vorn kommen soll, um sich gegen Asaloki zu
versuchen. Ein Trog wird gebracht, berghoch mit Fleisch gefüllt.
Loki setzt sich an das eine Ende und Logi an das andere. Bei
„Los !" schlingt jeder vom **Speisevorrat,** bis sie sich in der Mitte
begegnen. Asaloki hat alles Fleisch vertilgt und alle Knochen abge-
nagt, - Log hat alles Fleisch mitsamt den Knochen **verzehrt** und den
halben Trog gleich mit. Da geht der erste Punkt klar an die Burg-
müller.*

*Nun zeigt Uitgardloki auf Thialfi: „Auf welche Kunst versteht der
junge Mann sich denn ?" „Ich bin sehr flink und laufe mit jedem hier
um die Wette !" König Uitgardloki sagt, dass das eine gute Kunst sei;
er müsse allerdings sehr geübt sein in der Flinkheit, wenn er hier in*

*der Mühlenburg in dieser Kunstfertigkeit zu siegen hoffe. Sie gehen zum Saaltor, und Uitgardloki ruft einen jungen Burschen herbei, den er Hugi nennt. Der König gebietet ihnen, um die Halle zum **Wehr** zu laufen, dort anzuschlagen und dann umzukehren. Thialfi schießt los wie ein Pfeil. Als er aber die Wendemarke vor sich hat, kommt Hugi ihm schon wieder entgegen gelaufen. Da steht es Zwei zu Null für die Mühle.*

*„Nun zu dir, Asathor. Die Leute erzählen ja wahre Lügengeschichten über dich und deine Taten. Mal sehen, was dran ist!“ Thor, der den ganzen Tag nichts zu sich genommen hat, weil ihr Proviantsack nicht zu öffnen war, sagt: „Am liebsten messe ich mich im Trinken!“ „Eine Sauf-Wette!“ johlt Uitgardloki. „Schön, schön, das ist mal ein Angebot!“ Dabei zeigt er auf ein riesiges Trinkhorn. „Daraus pflegen meine Hofleute hier den Schlaftrunk zu nehmen. Die besten unserer Zecher leeren es **ohne abzusetzen in einem Zug,** die Mäßigeren in zweien. Schwächlinge, die zweimal absetzen, sitzen hier nicht mal auf der Reservebank.“ Thor unterdrückt seinen Zorn und knurrt: „Na gut!“ Mit gewaltigem Asendurst leert er das Horn – beim ersten Zug - bis auf einen kleinen Rest. Beim zweiten Versuch läuft er blau an, bevor er absetzt; doch der nasse Rest ist im Horn geblieben. Beim dritten ist er völlig atemlos, aber immer noch steht das Nass im Horn.*

König Uitgardloki schmunzelt: „Wahrlich, gut durchgezogen, fürwahr, kein Kinderspiel, nicht für jeden. Aber sicher liegt deine wahre Stärke ganz woanders, nicht wahr!“ Loki hört dieses, denkt „Lug, Trug, Spuk“ und sagt zu Thor: „Komm, wir gehen. Wir haben hier nichts verloren.“ – „Doch“, murrt Thor, „Drei zu Null!“

Sie hatten genug von Wettspielen, Wortspielen, Fangspielen und vom Mühlenspuk. Darauf Uitgardloki hinter ihnen her: „Ich lade euch zu einem Nachspiel ein: Großes Abendessen!“ Thor, dem seit langem der Duft von Bratenfleisch in der Nase steht, hält an: „Gut, wir bleiben!“ Und so wird aus der Pleite noch eine große Gasterei. Davon wird erzählt, dass dabei alleine Thor zwei ganze Ochsen verschlungen habe“ (kommentiert Sturluson).

19. Die Wahrheit hinter den Metaphern

An dieser Stelle halte ich Snorri Sturlusons Erzählfluss wieder an, um auf die Realitäten hinter dem Blendwerk des Mühlenspuks zu zeigen.

G e s a g t wird: *„Thor hat alleine zwei Ochsen verschlungen"*. G e m e i n t ist, dass bei der Anfertigung oder Reparatur der ledernen Blasebälge am Großen Hammer zwei Ochsen ihr Fell hergeben mussten.

Vom *„nicht zu lösenden Riemen beim Speisevorrat"* wird e r - z ä h l t ; g e m e i n t ist aber, dass es kunstfertigen Schmieden und Riemenschneidern gelungen ist, lederne **Treibriemen** , z. B. zum Antrieb einer Dreschmaschine oder zum Gebläsebetrieb in einer Getreide- oder Schmiedemühle so durch Eisenhaken miteinander zu verklammern, dass sich die Verbindungsstellen auch bei starker Arbeitsbelastung nicht mehr auflösten. Den Riesen, den Anderen, den fremdländischen Ingenieuren, war dieses Kunststück gelungen. Die Asen kannten noch keinen eisernen flexiblen und trotzdem unzerreißbaren Rödeldraht. Sie hielten die Riemenverbindungen des Riesen für Magie oder Zauberei.

Es gibt noch ein weiteres reales Detail, das in einem scheinbar belanglosen Nebensatz mitgeteilt wird, dass sich nämlich sogar bei **Thors Arbeit** die Riemen nicht lösten. Gemeint könnte sein, dass sogar Schmiedehämmer und die schweren Schleifsteine der Fegehütten mit Hilfe dieser kunstfertig verklammerten und vernieteten Riemen angetrieben werden konnten, ohne dass sich die Verbindungsstellen lösten (Deutungsansatz 1).

Denkbar ist aber auch (Deutungsansatz 2), dass der nicht zu öffnende **Vorratsbehälter** auf einen überlieferten Brauch am von den Gewerken gemeinsam benutzten Wasserhammer hinweist. Jeder der beteiligten Mitinhaber (Gewerke) hatte nämlich seine Kohlenvorräte im eigenen Kohlenbunker (das sind kleine Anbauten am Hammerbau) zu verschließen, um Streit zu vermeiden und um sicher zu sein, dass für Holzkohle und Erz gesorgt war, bevor die Hammerreise begonnen wurde.

20 . Metaphern, die Thor nicht versteht

Wie auch immer: ursprüngliche Sachinformationen tauchen zertrümmert als scheinbar absurdes Beiwerk in den Episoden der Erzählung wieder auf. Nicht jedes Mal steckt METALLUM dahinter – wie z. B. im Folgenden:

Uitgardloki, der König der metaphorischen Verblendungen, zeigt auf sein Haustier, das vorm Feuer buckelt. Es ist ein mausblaues Vieh mit Pfoten wie Ruderboote, einem breiten Schweif und prächtig gewelltem Fell. Er sagt: „Zuerst braucht es einen, der das da hochhebt, und zwar so hoch, dass alle vier Pfoten und der Schweif vom Estrich weg sind. Einer von euch sollte das schon stemmen." Thor, vom Braten und Bier wieder bei Kräften, fühlt sich angesprochen und sagt: „Gut, die Katze ist mein Teil." Breitbeinig geht er auf das vermeintliche Haustier zu, fasst den schweren Leib und hebt ihn an. Aber wie hoch er auch stemmt, eine der Pfoten bleibt immer auf dem Boden. Da fasst er neu zu – beidhändig, breitfüßig – und drückt die Last so hoch, dass alle viere in der Luft hängen. Der pelzige Schwanz aber liegt immer noch locker gewellt auf dem Boden der Halle. Da gibt Thor auch dieses Spiel verloren.

Loki fragt den König: „Gibt's keine Übung, die ich mit Verstand lösen kann?" „Du meinst Denksport? Hoho!" röhrt Uitgardloki. Er ruft in seine lärmende Schar: „Brengens ohs Ahl her!" Da wird ein Weiblein hereingeführt, es kommt mehr gekrochen als gegangen. „Os Ahl folgt mir vom ersten Tag meines Lebens, als Amme, Magd und Begleiterin. Sie ist so stark, dass keiner hier sich je an ihr vergreifen konnte. Und wer versucht hat, sie niederzuringen, hatte sich wahrhaft vergriffen. Begreifst du das?" Loki schaut Thor an, der meint, verstanden zu haben, es gebe was niederzuringen. Sofort versucht er die Alte zu packen, aber dieses Nichts dehnt sich und biegt sich und bietet dem Kraftprotz keinen Packan. Stattdessen umklam-

mert ein Irgendetwas Thors Nacken, seinen Rücken, sein Becken, so dass er steif wird und schlussendlich aufs Knie sinkt. Danach wirft Thor sich erschöpft und entmutigt auf das ihm zugewiesene Lager.

Anderentags – die Asen sitzen wortlos beim Frühstück – kommt der Gastgeber und sagt: „Bevor ihr fragt, will ich euch Folgendes sagen: Nie hatten wir stärkere Männer in unserer Mühle als ihr es seid. Und nie wieder werden so mächtige Recken, wie ihr es seid, in meine Burg gelangen, solange ich hier das Sagen habe. Mit allem Respekt!" Jetzt wendet er sich direkt an Thor: „Hätte ich gewusst, wie gefährlich ihr seid, hätte ich euch wahrlich nicht hergeführt. Ihr habt mich nach dem Weg gefragt. Dreimal hast du mich erschlagen wollen, und hätte ich nicht jedes Mal blitzschnell einen Felsstock dazwischen gezogen, hätte ich deine Schläge nicht überlebt. Im Gelände draußen sind die Spuren deines Hammers rechts und links vom Wege noch zu sehen." (Einschub: das ist in bestimmten Landstrichen noch heute so: es sind die „Pingen" = bergmännischer Ausdruck für Löcher im Boden, wo einstmals Erze, Kohle o.a. gefördert worden sind) *„Meine Leute konnten gegen euch nur gewinnen, weil ihr euch habt täuschen lassen." „Wie das?" murrt Thor. Da sagt der König: „Ich begleite euch jetzt vor Tor. Draußen dann sage ich euch mehr von der Wahrheit."*

Loki fragt: „Wo war denn der Denksport?" König Uitgardloki sagt: „Du bist mir in eine Wortfalle gefallen. Os Ahl ist unser Alter, es begleitet uns von der Wiege bis zur Bahre – und gegen das Altern kämpfen selbst Asen vergeblich" grinst der König.

*Thor kribbelt es wieder. Inzwischen stehen sie vor dem Mühlentor: „Nichts für ungut, Thor, ihr konntet keines dieser Spiele gewinnen." „Zur Sache! Was war mit den Spielen? Mich juckt's in den Fäusten!" „Also, da ihr's genau wissen wollt: Lokis Gegner war das Feuer selbst: niemand verzehrt seine Speise schneller und gründlicher als ein **gut geschichtetes Feuer.** Da gab es für Loki nichts zu gewinnen. Und du, junger Mann, so pfeilschnell du auch handelst, gegen meine **Gedankenschnelle** (Geistesgegenwart) musstest du verlieren. Schneller als ich denke, kann niemand zu den Wehren laufen. Dos große Horn, Thor, das du leertest, ist nicht trocken zu legen, denn es ist angeschlossen an die fließende See (manche* sagen hier auch „an de Seeij") . *Unser Wasserkasten läuft immer wieder voll, wie lang du auch durchziehst. Und was ihr für meine Hauskatze haltet, ist nichts anderes als die Midgardschlange selbst. Ihr Buckel umspannt das Land und ihr Schweif umringt das Meer. Niemandem gelingt es, sie zu fassen. Du konntest sie nicht greifen. Sie ist eine Metapher. Begreifst du das ?"*

„Du hast uns beschissen, das ist Sache !" blitzt Thor und donnert seinen Hammer dahin, wo Uitgardloki gerade noch gestanden hat. Der sagt: „Gute Heimfahrt !" – diesmal von der anderen Seite – und auch dort saust Mjölnir in die Erde. Uitgardloki aber ist verschwunden, als sei er selbst nur eine Metapher oder Täuschung gewesen. Thor dreht sich um, um die Burg zu zertrümmern, aber auch Burg und Mühle sind verschwunden.

21. Was Sturlusons Metaphern lehren

So beendet Sturluson seine Erzählung vom grotesk erfolglosen Spionagebesuch der Asen in der Mühlenburg des Königs Uitgardloki. Am Ende bleibt ihnen – und uns – nichts Greifbares. Was aber bleibt, sind Erkenntnisse über „Blendung, Ein-Bildung und Metaphorik". Am Ende der Geschichte offenbart der König der Täuschungen selbst die Mittel seiner Erzählkunst und das Geheimnis der suggestiven Macht des Erzählers. Er beeinflusst und beherrscht durch Wortbilder, die „Einbildungen", seine Besucher und Zuhörer. Das ist ein Lieblingsthema des Literaturlehrers und großen Erzählers Snorri Sturluson. Unser METALUM ist für ihn ein Nebenthema, sein Zentralthema heißt METAPHORIK.

Für Sturluson ist die Fachsprache der frühen Metallurgen ein wunderbar geeignetes Untersuchungsfeld. Die Eisenleute haben – in sicher vieltausendjähriger Entwicklung – eine berufsspezifische Sprache entwickelt, vergleichbar der Jägersprache, die ebenfalls frühe, sogar totemistische oder schamanische Vorstellungen in ihrem Wortmaterial bewahrt hat.

In der Sprache der E i s e n l e u t e haben einige Begriffe eine „breitere", frühere oder andere Bedeutung behalten, als in der Allgemeinsprache. Das gilt z.B. für das Verb **ESSEN** (essen – äsen – ahsen – ätzen = verzehren, verbrennen; siehe auch: die Esse, die Asche, das Aas). Dasselbe gilt für das Wort **SPEISE** = Brennvorrat = das, was verzehrt bzw. verbrannt wird. Genauso gilt das für das Wort **REITEN.** Für die E i s e n l e u t e ist reiten, reiden, reuthen = Eisen herstellen; siehe auch: roden, die Rodung, und engl. road = Reiseweg = **REISE.**

Für frühe Zuhörer – vielleicht noch zu Sturlusons Zeiten – sind die Spezialsprachen (der Jäger, Bergleute und Hüttenleute) noch kein Verständnishindernis. Auch mit den drei körpernahen Wortbildern **Fressen/Saufen/Laufen** kommen die Zuhörer in der Kultur der Mündlichkeit (also in Zeiten ausschließlich oralen Erzählens) gut klar. Es ist ein Wesensmerkmal mündlicher Erzählkultur, dass jeder, der zuhört, die tatsächlichen Vorgänge und konkreten Inhalte der Erzählungen auswendig (besser inwendig, von Kindesohren an !) kannte, und mit jedem Kenning das dazu gehörende – bzw. zu erlernende ! – Geschehen verbinden konnte. Ich schlage vor, die Sagen von Thors Riesenabenteuern als A u s b i l d u n g s literatur zu betrachten, hier als Lernstoff für Metallarbeiter.

Damit sind wir zurück beim Hauptthema METALLUM. Die Auflösung der Auflösung, dass nämlich mit Fressen/Saufen/Laufen drei **prozessentscheidende Technologien** zur Herstellung von Stahl gemeint sind, ist für Snorris Leser bzw. Zuhörer fraglos klar, muss aber für uns Kinder der gehobenen Schriftkultur noch erklärt werden:

1. Das Kenning **Feuer/Fressen** steht für die Fähigkeit, bei sinnvollem Brennstoffeinsatz die notwendige Temperatur im Schmelz-Schmiede-Prozess erzeugen zu können – steht also für **Brennstofftechnologie.**

2. Das Kenning **Wasser/Saufen** steht für die Fähigkeit, den Wasservorrat so auszunutzen, dass der Hammer nicht abgesetzt werden darf, solange das Wasser und damit das Rad läuft. „Trinkhorn" steht also für **Wasservorratswirtschaft,** für Rad-, Wehr- und Wiesenbau.

108

3. Das Kenning **pfeilschneller Schütze** steht für die Fähigkeit, die Wasserklappen so gedankenschnell zu bedienen, dass der Hammer punktgenau anhält, sobald der Schmied es durch Kopfnicken anzeigt – steht also für **Steuerungstechnik** beim Wasserradantrieb.

So weit, so klar, dem Fachmann schon seit langem ! Doch noch immer sind m. E. nicht alle Informationssplitter aus dem alten Text geborgen. Im Detail betrachtet, erzählt die Sage sogar, w i e der erfolgreiche Feuerschmied seinen Ofen packen muss, damit A l l e s (Fleisch, Knochen und Trog) verzehrt wird. **Gemeint** ist damit, dass Holzkohle, geröstetes Bohnerz (das sind Eisenkonkretionen in Bohnen- bis Kartoffelgröße), und weiteres Packmaterial **sorgsam geschichtet** in den Feuerraum gepackt werden, um die jeweils geforderten Temperaturen zu erreichen.

Auch das Prinzip der fortschrittlicheren Wasserbewirtschaftung ist genau benannt. Das Rad wird nicht aus einem in seinem Volumen begrenzten Wasserkasten heraus beschickt, sondern durch Anschluss ans **Fließwasser** eines Baches oder Flusses betrieben. Das setzt weitläufigen Deichbau, Schleusen usw. voraus.

Sogar der schnelle Hugi, so kurz sein Auftritt in Snorris Erzählung auch ist, vermittelt uns ein Detail technischer Wahrheit: In Uitgardlokis Schmiedemühle muss der „junge Mann" (Schützenjunge !) nicht rennen, um die Wasserklappen zu bedienen. Die Wasserzufuhr und damit das Arbeitstempo wird über eine klug erdachte Hebel-Stangen-Mechanik gesteuert. „Denksport" bedeutet Gedankenschnelle, nicht Wettlaufen !

Nun klingt mir beim Nachlesen auch das letzte Herauslösen der „technologischen Scherben" aus der Sprache der Erzählung immer noch nach „Literatur", nach trockner Literaturanalyse. Da hilft nur eigene Anschauung. Ich rate auf Grund eigener Erfahrung (ich habe jahrelang in einer Wassermühle gelebt) dazu, jede Gelegenheit, vor allem für Kinder, zu suchen, um vom Wasserfall angetriebene Räder in eigener Anschauung zu erleben.

22.   Wo gab es zur Edda-Zeit solche „Motoren" ?

In vielen Tälern und Seitentälern der Landschaften östlich wie
westlich des Mittelrheins lagen und liegen seit Jahrhunderten unge-
zählter solcher Wasserkraftanlagen. Sie waren die Motoren des wirtschaftlichen Fortschritts, sei es in der Nahrungsmittelherstellung, in
der Forstwirtschaft oder in der Metallindustrie. Sturluson – oder seine Berichterstatter – müssen solche Mühlen in Aktion gesehen und
gehört haben. Das ist m. E. sowohl durch die Wahrnehmungsgenau-
igkeit wie auch durch die Sinnenhaftigkeit im „Mühlenlied" und in
den Erzählungen aus Uitgardlokis „Burgmühle" bezeugt. In Dänemark waren solche Anlagen wohl nicht zu finden. „Dänemark" ist
hier E r z ä h l ort, nicht E r e i g n i s ort.

Das Wasserrad bekommt seine Riesenkraft (Drehmoment) aus
dem Gewicht, d.h. der Menge des Wassers, und aus seiner Fallhöhe.
Das **Wasserrecht,** d.h. die Berechtigung, einen Bach/Fluss aufzu-
stauen, Wasser zum Betrieb eines Rades abzuzweigen, und es zur
Mühle zu führen (wie im Lied die Riesentöchter Fenja und Menja)
war seit Zeiten der Merowingerkönige Landesherrenrecht, d.h. „Kö-
nigsgut" vergleichbar dem **Bergrecht** und dem **Jagdrecht.**

Die rheinische Müller-Dynastie „von Möllenarken" war ein Zweig
des einstigen Hengebacher-Jülicher Herrscherhauses; die mit ihnen
verbundenen Adelsfamilien haben Wurzeln bis in die vor-
karolingische Zeit. Aber das ist eine andere Geschichte, zu der in
Teil II dieses Buches (S. 207 ff.) viel Interessantes nachzulesen ist:

Zu dieser Erzählung gehört allerdings noch, darüber zu berichten,
dass im Wappen der Hengebacher Müllerfamilie als heraldisches
Zeichen ein „Mühleneisen" geführt wird (Hengebach = später Heimbach an der Rur, südlich von Düren). Damit betreten wir wieder
„Thors Revier". Das **Mühleneisen** ist eine geschmiedete zentner-
schwere Klammer, die im Auge des Mahlsteins sitzt, also im oberen
Stein, im „Läufer" oder „Malmer". Dieser Malmer heißt im Altnordischen übrigens auch „Mjölnir", genau wie Thors Hammer. Die
robuste Klammermechanik verbindet die rotierende Welle des Antriebs mit dem schweren Mahlstein, der von Menschenhand nicht zu

drehen ist. Die Verbindung musste aber lösbar sein, damit der Stein angehoben, gereinigt und geschärft werden konnte. Sie hatte, besonders beim Anlaufen des Malmers, erhebliche Belastungen auszuhalten. Im Beowulf-Kapitel ist diese Mühlsteinklaue – auf der Suche nach Beowulfs waffenloser Profession – schon einmal im Visier dieser Untersuchung gewesen *(siehe S. 65 in diesem Band)*

Reise 6: Zu den Gjukungen oder „in districtum metallum"

Hier wird erzählt von Sigurd, dem Fafnirstöter, und von den Gjunkungen, die auch Niflungen genannt werden.

23. Reise(vorbe)REITUNG

1. Erster Vor-Satz: Eisenesser und Reiter ohne Pferde

Zu den verblüffendsten Aha-Erlebnissen auf den b i s h e r beschriebenen Reisen gehören zwei Worterklärungen:

- Peter Neu schreibt in „Alte Eisenindustrie" sinngemäß: „In der Eifel hieß REIDEN, REUTHEN, REITEN immer schon Eisen zube-REITEN, also Eisen schmelzen. Der REIDEMEISTER ist ein Hüttenmann, und die Arbeit in der Hütte heißt Hütten-REISE, so wie die Arbeit am Wasserhammer im Siegenschen Hammer-REISE heißt."

- In seinem Etymologischen Wörterbuch schreibt Friedrich Kluge (wieder sinngemäß) dass die deutschen „Sprachmeister" schon im Mittelalter die Unterscheidung von ESSEN und ÄSSEN gefordert haben, damit das Verzehren von Nahrung (essen) nicht mit dem Brennen, Rösten, Braten, Fritten bzw. Frischen in der Schmiede-Esse, bzw. mit dem „ätzenden" Säurebad der Metallurgie verwechselt wird.

Da war das Malheur aber schon passiert: denn Sigurd „aß" bereits vom Drachen-Erz und badete in dessen Blut. Die Linguisten rekonstruieren ein alteuropäisches Wurzelwort as – ass – äss – ess – ätz, dem angeblich alle heutigen Verben *essen, atzen, ähsen, ahsen, ätzen* sowie die Nomina *Esse, Atzung, Ahs, Ass, und Asche* entstammen.

Die Wahrheit der hier betrachteten Lügengeschichten, die in dieser Reise beschriebene Gjukungen-Erzählung eingeschlossen, steckt also auch in doppeldeutigen, nicht nur missverstandenen Wörtern. So kann also aus *„Regin aß vom Drachenherz"* in unserer Montan-Übersetzung *„Regin ässte das Eisenerz in der Esse"* werden.

2. Vor-Satz: Dies ist mehr Erzählung als Forschung

Ganz am Anfang dieser Wahrheitssuche (die ich nur ungerne Forschung nenne) stand das Ziel, auch im Gjukungen/Niflungen-Stoff **versteckte Realität** aufzudecken. Dies zu denken, schien mir allerdings selbst vermessen und blieb deshalb lange unausgesprochen. Es zu verschriften, war nie geplant, bevor Reinhard Schmoeckel, der Bearbeiter dieses Bandes, mich dazu überredet hat. Also: Dies ist Erzählung, nicht Forschung !

3. Vor-Satz: Spielerisch, nicht analytisch

Ich bin Lehrer, ich will wissen, wie LERNEN funktioniert, bei mir selbst und bei anderen. „Sagen" sind meines Erachtens „LERN-Geschichten". Als Kunstlehrer liegt mir das mündliche performative Vortragen und die bildsprachliche Inhaltsvermittlung näher als jede schriftliche Berichterstattung. Auch verletzt der ganzheitliche Zugriff die Poesie der alten Erzählungen weniger als ätzende Literaturanalyse das tut.

4. Vor-Satz: Bildhaft denken

Für mich war von Anfang an unbestreitbar und bedurfte keines Beweises, dass die Drachenkampf-Metapher für einen Schmelzofen-Abstich steht, dass das giftspeiende Schmelzfeuer „DRACHE" genannt wird. Das ist ein Name, der weltweit und seit Jahrtausenden für ungeheuerliche und daher gefahrbringende Energien verwendet wurde und wird und sich jeder simplen Deutung entzieht.

Unbestreitbar auch, dass Fafnir – gleich ob er Zwerg, Riese, Drache oder Zauberer genannt wird – die Feuerlohe verkörpert, dass also Sigurds „heldenhafter Kampf" eine Metapher, bzw. ein Kenning für die Arbeit der Schmelzer und Schmiede ist. Dies ist der Intitialgedanke meiner Beiträge zur Sache TECHNIK in alten Erzählungen. Zu Ende gedacht bedeutet das: auch die Sigurd-Gjuki-Niflungar-

114

Erzählungen in der Edda behandeln die Herstellung von (Sieg bringenden) STAHLWAFFEN:

5. Vor-Satz: Die Sagensprache vermenschlicht bzw. personalisiert

In den hier betrachteten Erzählungen werden komplexe Vorgänge (Technologien, metallurgische Prozesse wie „Steinerweichen", Erzschmelzen, Eisenzubereiten, Stahlschmieden und andere Zaubereien) nie abstrakt, nie aus objektiver Sicht beschrieben, sondern personalisiert (vermenschlicht). Neben technischen Abläufen wie der Steuerung des Feuers, seiner Zähmung zum Garen der Nahrung, Brennen von Keramik oder Schnaps, sowie zum Schmelzen und Frischen von Eisen , kommen auch seelische oder mentale Themen (Überwindung von Angst und Schmerz, Standfestigkeit vor der Feuerlohe, und Kooperationsfähigkeit, aber auch transpersonale Rausch-Erfahrungen zur Sprache.

Personalisierung (oder vielleicht besser Personifizierung) in der Sagensprache bedeutet also, dass auch innere Prozesse von alchemistischer Komplexität und archetypischem Tiefgang (Fluchen und Verfluchtwerden, Staunen über Zauberei, Bann durch Magie, Kampf gegen Urängste) genau wie unverstandene äußere (technische) Abläufe oder auch technologisches Geheimwissen am Lebensbeispiel von (erfundenen) Personen = Helden abgehandelt werden. So kommt es, dass in der Sage der Schmelzer mit dem Fafnir-Feuer reden kann und ein Riesen-Hochofen sich vor Angst nass macht.

6. Vor-Satz: Sagenhelden sind literarische Figuren

Eine weitere Anfangs-Einsicht gilt dem Primat der Poesie in der Geschichtsschreibung: Sagenhelden sind l i t e r a r i s c h e Figuren. Wir finden sie weder in Königslisten noch in Heiligenviten, nicht in Kirchenbüchern oder Handelsregistern – sie sind Geschöpfe der Poesie.

Trotzdem versuchen viele Sagenforscher immer wieder, zwischen den literarischen Figuren der Gjukungen-Tragödie und historischem Personal aus der wirklichen Geschichte kurz zu schließen !

Folgender innerer Widerspruch ist auszuhalten: Sigurds Drachenkampf ist k e i n Mythos, sondern die Metapher beschreibt TECHNISCHE REALITÄT: die Erzählung berichtet von r e a l e r lebensgefährlicher Arbeit an realen, nachweisbaren frühgeschichtlichen Schmelzöfen. **Und trotzdem** wird kein Linguist „Sigurds Hütte" lokalisieren und kein Archäologe sie ausgraben können, auch kein Heimatforscher wird sie finden.

Das Gleiche gilt für Beowulf, Thor, für das tapfere Harnisch-Schneiderlein und für alle Drachentöter, die in der unpoetischen Wirklichkeit schlicht METALLER sind. Der Sagenforscher hält diesen Widerspruch nicht nur aus; ich arbeite mit einer Spannung zwischen fehlenden Beweisen oder Belegen und der kollektiven Erinnerung. Der Historiker oder Archäologe zuckt die Schultern und sagt: Solange wir keine Belege haben, können wir nicht weiter denken.

7. Vor-Satz: Verdichtet, vermenschlicht, vereinfacht

Die Quellen für die hier betrachteten Ereignisse und Erzählungen finde ich in Sturlusons E d d a . Snorri Sturluson verdichtet (in doppeltem Sinne) alte Erzählstoffe kunstvoll; ihm geht es aber zu allererst um die ERZÄHLKUNST oder DICHTKUNST, nicht um Geschichtsschreibung, und schon gar nicht um Geschichtsforschung . Als Chefredakteur der eddischen Sammlung erzählt er höchst kunstvoll und bilderreich; zugleich reflektiert er die gestalterischen Mittel (z.B. der metaphorischen Sprache) und thematisiert geradezu die Diskrepanz zwischen Sprache / Wortbild / Metapher und der zu beschreibenden S a c h e .

Einerseits vergeheimnisst die Sagensprache Sturlusons das erzählte Geschehen mittels einer Unmenge von mehrdeutigen Wortbildern und raffinierten Kenningar, gleichzeitig wird aber die Komplexität der Ereignisse reduziert durch Vermenschlichung, durch Personalisierung oder Personizifierung. Selbst technische Geräte werden personifiziert. Ein Hochofen aus Lehm heißt Riese und ist „über der Brust" bzw. „unter den Armen" vier Ellen breit. Im entscheidenden Moment (des Fließens der flüssig gewordenen Schlacke) „nässt er sich ein". Spezialwerkzeuge erhalten Namen , z.B. Refil, auch Redil, ein sogenanntes Schwert, mit dem der Riese Regin das Drachenherz herausschneidet (wie erzählt wird !).

Genau genommen personalisiert natürlich nicht die Sage, sondern der Erzähler, und zwar weil der Hörer es verlangt. Mein zuhörendes und dabei Bilder produzierendes Gehirn ist nur dann bereit, komplexe Sachverhalte anzuschauen und im Gedächtnis zu behalten, wenn ich mich in den Erzählfiguren spiegeln kann, d.h. empathisch einfühlen kann, möglichst mit mehreren Sinnen-Kanälen (Sehen, Hören, Tasten, Riechen...). Eine derart beschaffene Sagensprache dient der gehirngerechten Informationsweitergabe (und der Reduktion von Komplexität).

Durch das partielle Einfühlen werden wir beim Zuhören / Lesen Partei, d. h. Teil des Geschehens. So nehme ich Teil am Leiden des ausblutenden Fafnir, d. h. der Schmiede-Lehrling begreift, was es bedeutet, wenn die glühende Schlacken-Gischt abfließt. Ich halte auch zum Abstecher und sogar zum Totschläger Sigurd, da er ja dem mordgierigen Regin zuvorkommen muss. Und ich werde all das nie vergessen ! G e n a u   d a s   ist Sturlusons Erzähl-Strategie: unvergessliche Lehr-Geschichten zu erzählen. Auch die Geschichte von der Selbst-Vernichtung der Gjukungen halte ich für eine solche.

8. Sigurd, der STAHL-Experte

Ich verdichte hier den Sigurd-Gjukungen-Stoff der Edda zu einer „gehirn-gerechten“ (d. h. begreifbaren) auf „Lindenblatt-Straßen-Niveau“ (oder „Linden-Straßen-Blatt-Niveau“), im Folgenden in *kursiver Schrift* wiedergegeben:

Der hunische (d. h. westfälische oder sächsische, jedenfalls nicht fränkisch-linksrheinische) Königssohn SIGURD SIGMUNDSON ist nach Abschluss seiner Berufsausbildung (bei Riesen, Zwergen und anderen) in der Lage, Kohle zu meilern oder zu graben (!), Erz zu schmelzen und zu scheiden, sowie Stahl zu legieren. In der deutschen Sagensprache heißt er Sigfrid / Siegfried und er reist als Stahlfachmann von Hunaland (wo immer das genau liegt) ins Rheinland, wo ein König namens Gjuki herrscht. Sigurd /Sigfrid heiratet die (erbberechtigte) Tochter Gjukis, Gudrun (im Deutschen Kriemhild).

Bald bekommt Sigurd / Sigfrid Stress (warum auch immer) mit den anderen Gjuki-Kindern, den Gjukungen, als da sind: die vier Schwäger Gunnar/Gunther, Gernot, Giselher und deren Halbbruder Hagen, sowie Schwägerin Brynhild, Gunnars Gattin. Diese ist selbst eine Eisenbaronin und wartete einst auf einer Burg, die von Schmelz-Feuern umgeben war, auf einen Mann, der Eisen zubeREITEN kann. Am Ende dieser Geschichte ermorden die Gjukungen gemeinsam den eingeheirateten Sigurd / Sigfrid heimtückisch und schlagen sich dann, des Erbes wegen, alle gegenseitig tot.

Das ist ein bei allen europäischen Erzählern unvergessener Familienstreit, der zum Erbfolgekrieg ausartet. Diese Familienkatastrophe, die meines Erachtens zu Sturlusons Lebzeit noch eine (verheimlichte) Familienerinnerung gewesen ist, könnte auch so erzählt werden:

Von Eisenbaronen als Stahlexperte ins Land gerufen, heiratet Sigurd eine Tochter des Landesherren. Dessen Familie ist (durch Heirat oder Erbe ?) an erzreichen Grundbesitz gekommen. Da der Zugang zu den wirtschaftlichen Ressourcen (u.a. Wald, Wasser, Bodenschätze) schon immer die Basis für politischen Einfluss und Macht war, müssen die Erzreviere bewirtschaftet werden. Die Prinzen (Gunnar, Gernot, Giselher, Hagen) haben wenig Ahnung von METALLUM (oder möchten sich die Hände nicht schwielig machen). Sie brauchen den Experten Sigurd. Snorri Sturluson erzählt Details aus der Familien-Erinnerung: dass z. B. Gunnar-König nicht imstande war, für (oder zu) Brynhild durchs Feuer zu REITEN. (Die schonungsvolle Familien-Erinnerung schiebt dieses Unvermögen aufs untaugliche Pferd !). Held Sigurd tut es an Gunnars Stelle.

Gemeint ist mit dieser Episode: König Gunnar hat das Eisen-ZubeREITEN nicht gelernt. Brynhild, selbst Erbin eines Hofes, auf dem die Schmelz- und Schmiedefeuer lodern, sucht aber einen Fach-Mann: als Geschäftsführer, Chefingenieur oder als Mann. In der Sprache der Metaller: die Chefin sucht einen REIDEMEISTER, einen Hüttenmann, der Ofen-REISEN und Hammer-REISEN anleiten kann , also die Arbeit der Schmelzer und Schmiede.

118

Es wird deutlich: ich betrachte den handlungsreichen Stoff nicht wie ein Historiker, sondern als Dramaturg, der zeigen will, wie eine Erbengemeinschaft scheitert. Sturluson, der Autor des Textes, verdichtet das Material (= alle ihm bekannten Informationen zum Fall) zu einer meisterhaften Novelle. Er veröffentlicht sie als Musterbeispiel der Dichtkunst, nicht um historische Fakten zu referieren. Er schreibt einen psychologisch stimmigen lebensnahen Wirtschaftskrimi über die GIER. Anders aber als der Autor des Beowulf-Epos, ein seelsorgerisch moralisierender Prediger, verteufelt Sturluson nicht die Kraft der Gier, die seine Story antreibt. Gier wird in der Erzählung von der Selbstvernichtung der Gjukungen als kaum kontrollierbare, aber menschliche Energie gesehen, als Antriebsmotor für das Geschehen von Erzählanfang an. Aber das Ganze ist moralinfrei; das macht Snorris Texte lesbarer im Sinne von genießbar. Snorri ist Realist, kein Moralist. Seine Sprache ist zwar symbolisch, poetisch, blumenreich, doch im Menschenbild ist er Realist.

Bevor wir jetzt Snorris Sigurd-Gjukungen-Fassung selbst (in Auszügen, nahe am Urtext) lesen, noch ein paar „Vor-Sätze" zum WANN und WO.

9. WANN ?

Die E r e i g n i s z e i t für Schmelzer- und Schmiede-Erzählungen ist dehnbar:

- Wenn es um das METALLUM im Allgemeinen geht, kann die Erinnerung bis ins **5. Jahrtausend v o r der Zeitenwende** zurückreichen, d.h. bis in die früheste Zeit, da Menschen lernten, die auf der Erde vorhandenen Metalle für sich zu verwenden (Kupfer, später Bronze, und erst lange danach Eisen). Übrigens gelang dies den Nachkommen des „Homo sapiens" zuerst nur in Europa und Asien sowie in Nordafrika (Ägypten), während die Kontinente Amerika und Australien erst mit der Eroberung durch Europäer in der Neuzeit ins „Metall-Zeitalter" gerieten.

- Wenn es um STAHL geht, kann das sich frühestens in den letzten **Jahrhunderten vor der Zeitwende** abgespielt haben, eher später.

Die E r z ä h l z e i t – nur die ist bei der Untersuchung der Kurzschlüsse zwischen Sage und gesellschaftlicher Realität von Bedeutung ! – ist die Phase , in der die isländische Edda-Redaktion alle die Informationen – geschrieben und ungeschriebene – zusammenträgt, die der Meister-Erzähler dann zu seiner Muster-Prosa verdichtet. Das dürfte **kurz v o r 1 2 0 0   n a c h   Chr.** geschehen sein, in Mitteleuropa ist das die S t a u f e r z e i t .

10. W O ?

Unterscheiden wir auch hier E r z ä h l -Orte von E r e i g n i s - Orten, dann werden Texte aus aller Herren Länder M i t t e l e u r o - p a s   i n   I s l a n d gesammelt und aufgeschrieben, und zwar für **literarisch gebildete** Isländer, vor allem für dort auszubildende Barden (Skalden, Skops). Diese bringen die Erzählungen in Vers- oder Prosa-Form zurück auf den Kontinent an die Königshöfe zwischen Atlantik und Ural. Die Forschung geht heute davon aus, dass Stoffe, die möglicherweise im Schwarzmeer-Bereich, im Kaukasus oder am Ural entstanden sind, nach Westen gewandert sind, in Island mit nordischen Metaphern und Kenningar überformt und von dort wieder in alle Welt verstreut wurden (Haarmann, Donauzivilisation, 2012).

Sturluson aber konkretisiert vor allem den Sigurd-Stoff, sowohl in den grundlegenden frühesten Lied-Resten wie auch in seiner (staufer-zeitlichen) Prosa wiederholt **„im Rheinland"** , „am Rhein", „an des Rheines Rotgebirge".

Das Bedeutungsfeld für das Wort ROT ist weit: Rott, Rodung, Roden (übrigens wurzelverwandt mit reiden, reiten, reuthen,), Rot-Erz, Rot-Haar-Gebirge, Rotbäche, Rost, Roedelsberg, Rossberg usw. Auch dass das Pferde ROSS genannt wird, macht mich nachdenklich !

In diesem Wortfeld sind offenbar alle kupfer-/blei-/eisen-haltigen „roten Erden" rechts und links des Rheins angesprochen. Das ist ein

120

sehr weites Feld, Alle rheinischen Schiefergebirge nördlich von Nahe und Main bis zur Nidda, der Eder, der Lippe im Osten und der im Westen bis zur Maas stehen im Verdacht

Schwerpunkte von Erz-Funden liegen z. B. im Taunus-/Lahn/-Dill-Gebiet (Waldgirmes !), im Siegerland (von Eiserfeld bis Müsen), aber auch linksrheinisch im Schleidener Tal in der Nordeifel, am Aremberg, bei Stolberg und in den buchstäblich „sagenumwobenen" Metall-Distrikten GRESSION (heute Gressenich nahe Aachen) und BADUA (heute Badewald zwischen Nideggen und Vlatten), (Siehe dazu den Beitrag in diesem Buch Teil III, S. 229 ff.)

In Karl Simrocks Übersetzung der Gjukungen-Erzählung der Edda ins poetische Gelehrten-Deutsch um 1850 heißt der Handlungs o r t allerdings schlicht DIE WELT: *„Es wird erzählt, dass die Asen ausfuhren, DIE WELT kennen zu lernen ...".*

24. „Die Erzählung von den Gjukungen, die auch Niflungen hießen"

So formulieren jedenfalls die Übersetzer ins Deutsche, Simrock, Genzmer und Stange (letzterer im Jahr 2004, Marix-Verlag), in der Geschichte aus der Prosa- Edda des Snorri Sturluson (Skalds karpamal = Lehrbuch der Dichtkunst), die hier leicht gekürzt und zwecks detailgenauer Betrachtung in Verse gegliedert wiedergegeben wird *(in kursiver Schrift).*

Vorspiel: Otters Tod

(1) Es wird erzählt, dass drei Asen ausfuhren, die Welt kennenzulernen : Odin, Loki und Hönir (Hönir gilt als Gott des Schweigens und der kultischen Feste. Ich verstehe ihn als spirituelle Komplementierung zum rationalen technik-orientierten Loki). *(2) Sie gingen einen Fluss entlang bis zu einem Wasserfall. Darin war ein Otter, der hatte einen Lachs gefangen und aß in der Sonne blinzelnd. (3) Loki hob da einen Stein auf und traf den Otter am Kopf.*

(4) Nun rühmt Loki sein Geschick, dass er auf einen Streich Otter und Lachs erbeutet hatte.

Diese ersten Verse erzählen von einem **Jagdfrevel,** der – wie Vers 8 zeigt – in fremdem Territorium verübt wird und sich bald als **Bergfrevel** erweist, mit dem der Übeltäter Loki auch noch prahlt.

*(5) Nun zogen die Asen weiter und nahmen Lachs und Otter (Ottr, Ottar) mit sich. Sie kamen zu **jenem** Gehöft und gingen hinein. (6) Der Bauer, der es bewohnte, hieß Hreitmar und war ein gewaltiger Mann und sehr zauberkundig. (7) Die Asen baten um Nachtherberge. Sie sagten, dass sie eigene Mundvorräte hätten und zeigten dem Hreitmar ihre Beute. (8) Als Hreitmar den Otterpelz sah, rief er seine Söhne, die Riesen Fafnir und Regin, und sagte ihnen, dass die Asen ihren Bruder Ottr erschlagen hätten. (9) Da gingen die Söhne und der Vater auf die Asen los, nahmen ihre Waffen und Schuhe, ergriffen sie und banden sie. Sie forderten Lösegeld, die Söhne Bruderbuße, der Vater Sohnesbuße. (10) Sogleich boten die Asen Lösung, soviel Hreitmar selbst verlangen würde. Das wurde zwischen ihnen so vertragt und beeidet.*

Stutzig macht im Vers 5 die Worte „*sie kamen zu **jenem** Gehöft*". Das lässt an ein Kenning denken, das der Hörer kennen sollte, dessen komplette Bedeutung sicher einst jeder (literarisch gebildete) Isländer kannte, uns Ahnungslosen aber noch verschlossen ist. Vermutlich war es ein spezielles Gehöft. Der Eigentümer ist *ein gewaltiger Mann* (politisch einflussreich oder körperlich ein Riese ?), er ist *sehr zauberkundig*. Letzteres steht sagensprachlich für metallurgische Kenntnisse und Fertigkeiten, für Zaubereien wie etwa **Vergolden** (mit Hilfe des Teufelszeugs Quecksilber), oder **Legieren** von Kupfer und Zinn zu Bronze oder von Ferrum mit Carbon zu Stahl ?

Bisher sind das noch kaum begründete Mutmaßungen und unbeantwortete Fragen. Sobald ich aber neben dem Zauberer Hreitmar seine Söhne Fafnir und Regin sehe (die in anderen Kontexten auch Drachen, Riesen oder sogar Zwerge genannt werden), die aber, wie das Folgende zeigt, zweifellos Schmelzer und Schmiede sind, wird klar: „jenes" Gehöft ist eine Eisenverhüttungsanlage („Hreitmar & Söhne GmbH und Co KG") . Jetzt bietet auch der Name Hreitmar eine Deutung an: REIDEMEISTER = HREIDMAR.

Sein dritter Sohn Ottr war im Außendienst, als Prospektor auf Erzsuche oder bei der Erzwäsche am Wasserfall. (Was blinzelt in der
Sonne ? Bleiglanz, Galmei, Zinkspat, Eisenerz, Silberadern ?). Vielleicht hieß es ursprünglich nicht *„er a ß den Lachs“*, sondern er
„ässte“ das rosa Glühende in seiner E s s e ?? Mit Absicht setze ich
hier zwei Fragezeichen.

Jedenfalls schmilzt Fafnir Erze aus dem Gestein und Regin leitet
die Stahlschmiede. Deute ich diesen Verständnisansatz für die märchenhafte Erzählung an den Anfang zurück, dann sind die Asen nicht
so einfach unterwegs, um die WELT zu erkunden. Sondern sie sind
auf Erzsuche. Loki hebt einen schweren Stein auf (um seinen Eisen-
gehalt zu prüfen), jedenfalls auf fremdem Territorium. Der „Jagdunfall“ ist ein Mord am Junior-Chef des Eisen-Gehöfts.

*(11). Da stellte Hreidmar den Balg des Otters auf und sagte, sie
sollten ihn mit rotem Gold* (d.h. k e i n Silber !) *füllen und ebenso
von außen ganz umhüllen. Dann hätten sie Frieden zwischen ihnen
gekauft. (12) Nun sandte Odin den Loki nach Schwarzalfenheim*
(d.h. unter die Erde, wo die Dunkelelfen oder Schwarzalfen nach Erz
graben) *zu dem Zwerge, der Andwari, der Vorsichtige, hieß und wie
ein Fisch im Wasser war.* (Manche sagen, dass dieser Zwerg
Niflung hieß, wie ein Hecht unter Wasser lebte und von Loki kaum
zu greifen war.) . *(13) . Da packte Loki ihn mit beiden Fäusten und
heischte als Lösung alles Gold, das er in seinem Felsen hatte.
(14) Da sie nun in den Felsen hineingingen, trug der Zwerg alle
Schätze hervor, die er hatte, und war das ein großes Gut.*

*(15) Unter seiner Hand aber verbarg der Zwerg einen kleinen
Ring. Loki sah das und gebot, auch diesen Ring herzugeben.(16) Der
Zwerg bat, ihm den Ring zu lassen, weil er durch ihn sein Gold wie-
der mehren könne.*

Von hier an ist der RING als Leitmotiv in dieser Geschichte, un-
verzichtbar zum Verständnis der **Gjukungen-Tragödie**.

*(17). Loki sagte, er solle keinen Pfennig behalten und nahm den
Ring mit Gewalt. (18). Nun fluchte der Zwerg dreimal, der Ring
solle jedem, der ihn besitzt, das Leben kosten, weil er ihm unter To-*

*desnot genommen wurde. Loki rief zurück: Genauso sollte es sein !
Er werde es dem zu wissen tun, der ihn künftig besitze.*

*(19). Dann ging Loki zurück zu Hreitmars Haus und zeigte alles
Gold dem Odin. Als dieser jenen Ring sah,* **schien er ihm schön.** *Er
nahm ihn vom Haufen und gab das Übrige dem Hreitmar. (20) Der
füllte nun den Otterbalg, so dicht er konnte, und als er voll war, rich-
tete er ihn auf. Odin sollte ihn nun mit Gold ganz umhüllen. (21) Der
tat das. Da ging Hreitmar hinzu und fand noch ein einziges Barthaar
seines Sohnes sichtbar. Er gebot, auch das zu umhüllen, sonst sei ihr
Vertrag gebrochen. (22) Nun zog Odin jenen Ring hervor, verhüllte
das Barthaar und sagte, hiermit habe er sich selbst und alle Asen
endgültig der Otterbuße entledigt* (d.h. die Asen hätten jetzt alle be-
eideten Verträge erfüllt.)

*(23) Sobald Odin seinen Speer wieder genommen hatte und Loki
seine Schuhe – sodass sie sich nicht mehr fürchten mussten -, sprach
Loki, es solle auch bei dem Fluch des Zwerges bleiben, dass der Ring
jedem Besitzer das Leben kosten werde. Und so geschah es seitdem.*

*(24) Hier endet die Erzählung von Ottars Tod.. Darum heißt das
Gold auch Asen-Notgeld oder Otterbuße. Und der Ring heißt Andwarinaut, das ist ‚Andwaris Not’, weil Andwari ihn in Todesnot hergeben musste.*

Ganz am Ende der Gjukungen-/Niflungen-Geschichte – wie jeder
weiß, der das Nibelungenlied kennt – wird aus Andwaris Not „der
Nibelungen Not“, weil auch diese ihr Leben des Ringes wegen hergeben (müssen ?).   Das Vorspiel scheint noch ganz im Mythischen
zu wurzeln, aber es werden mit Sturlusonscher Klarheit sehr reale
Vorgänge behandelt: Totschlag am Sohn eines Reidemeisters, Buß-
geld-Vereinbarungen, Beraubung eines Bergwerksbetreibers, Kampf
und Tricksereien eines kleinen Dinges wegen, das wahrscheinlich
(wie wir aus der Sagen-Metaphorik wissen) gar kein Ring ist: Andwaris Not oder in anderer Fassung RING des Zwerges NIBELUNG.

25. Die Erzählung von Hreitmars Tod

Für das Folgende ist es zweckmäßig, das Untersuchungsinteresse nicht nur auf Fakten und auf die technischen Inhalte zu richten, sondern auch auf Formales und Gestalterisches. Denn Sturlusons Text ist kein wild wucherndes Volks-Gerede, sondern ein Sprachkunstwerk. Er hat die uralten Stoffe zu einer Muster-Komposition komprimiert, zu einer „Master-Meister-Erzählung". Der Text ist ein an Literaturstudenten adressiertes Mach-Werk (im Sinn von meisterlich **gemachtes** Werk), an dem sowohl die Sprechweise des Meisters, seine sprachlichen Gestaltungsmittel wie auch formale Kompositions-Entscheidungen **für uns ablesbar** sind.

Konkret: ich höre in der folgenden Sequenz außer auf die Story auch auf Wortarten (Metapher, Vergleich oder Beispiel oder Gleichnis, Symbol, Analogie, Kenning usw.) u n d achte gleichzeitig auf TEXTSTRUKTUREN:

In Analogie zur Bildbetrachtung, wo neben der Gesamtkomposition weitere visuelle Bildordnungen wahrnehmbar sind, kann ich auch in einem durch-konstruierten Text solche formalen Bauordnungen identifizieren, z.B. die konsequent durchgehaltene GRUND-STRUKTUR; die die Formeinheit des Ganzen schafft, und eine in allen Teilen detailgenaue FEINSTRUKTUR. Am Beispiel der Gjukungen-Erzählung unterscheide ich drei „Bauordnungen", die den Sinn der Erzählung verdichten.

- An der **zwingenden Szenenfolge** von Ottars **Tod** im Eisenwald über Hreitmars, Fafnirs, Regins **Tod** – bis zum Gjukungen/Niflungen-**Tod** in Atlis brennender Halle erkenne ich die GESAMTSTRUKTUR und den inhaltlichen Schwerpunkt.

- Im durchgehenden Trommelschlag (Beat) „Fordern/Ablehnen/Totschlagen - Fordern/Ablehnen/Totschlagen" erkenne ich die GRUNDSTRUKTUR.

- Die Detail-Genauigkeit (am Beispiel von Hreitmars „Haar-Genauigkeit") nennen wir FEINSTRUKTUR: Sie verbirgt den Schlüssel zum letzten Rätsel der Erzählung.

Hören wir das Folgende analytisch, auf drei Ebenen gleichzeitig;
die STORY, die WORTARTEN, die TEXTSTRUKTUREN:

*(25) Als Hreitmar das Gold zur Sohnesbuße genommen hatte,
forderten seine Söhne ihren Anteil als Bruderbuße für Ottar. Hreitmar verneinte das und sagte, sie erhielten keinen Pfennig vom Not-
geld der Asen. (26) Da ging Fafnir nächtens zu Hreitmar und forderte Bruderbuße für sich allein. Hreitmar verneinte auch das. Da
erstach Fafnir den Vater in seinem Bett mit seinem eigenen Schwert,
des Goldes und des Ringes wegen.*

*(27) Nun verlangte Regin von Fafnir die Hälfte des Goldes als
Vaterbuße. Fafnir verneinte das und sagte, es sei wenig Hoffnung,
dass er das Gold mit ihm teilen würde, da er den Vater alleine erschlagen habe; er solle sich fortmachen, sonst würde es ihm gehen
wie dem Vater.*

Hier wir die Grundstruktur deutlich: der durchgehende Beat „ Fordern, ablehnen, totschlagen, fordern ablehnen, totschlagen".

*(28) Fafnir nimmt nun des Vaters Schwert, das Hrotti heißt, dazu
den Helm, den Hreitmar besessen hatte. Dieser Helm heißt Oegirshelm und ist allem Lebendigen ein Schrecken.*

In diesen Worten wird der Inhalt der Erzählung wieder sehr tech-
nologisch , geradezu werkzeug-kundlich.

*(29) Regin nimmt das Schwert, das Refil heißt. Damit entflieht
er an den Hof von König Hialprek. (30) Fafnir aber fährt auf die
Gnitaheide, macht sich da ein Sandbett und nimmt Schlangengestalt
an. Dort liegt er nun auf dem Golde. - So endet die Erzählung von
Hreitmars Tod.*

Die derbe Schönheit der letzten Sätze bleibt unkommentiert, obwohl mit „Hialprek" und „Gnitaheide" Namen ins Rätselspiel kommen, die zur Deutung reizen., und obwohl jedem Eisen-Fachmann
die Augen aufgehen, wenn Fafnir sich ein Sandbett macht und
Schlangengestalt annimmt (da wird Gusseisen ins schlangenförmige
Sandbett gegossen - oder ?)

Hier gilt nun das Interesse Hreitmars Werkstattausrüstung, den
Werkzeugen, die die Söhne übernehmen: *Regin nimmt das Schwert*

126

Refil. An anderer Textstelle wird gesagt, dass mit Refils Hilfe (nach dem Abstich) das Drachenherz herausgeschnitten wird. Spätestens, nachdem wir Beowulfs Arbeit als solche verstanden haben, weiß jeder, dass diese Arbeit nicht mit den kostbaren Stahl-Schwertern verrichtet werden kann. Alles spricht bei „Refil" (auch „Redil" und „Roedil") für die große Zäng-Zang (Zahn-Zange) der Hüttenleute, die Riesen-Beißzange. Der „Hüttenmann" auf dem Vorblatt des Titels dieses Buches hat sie in den Händen !

Fafnir nimmt das Schwert des Vaters, das Hrotti genannt wird, und dazu des Vaters Helm, den Oegis (auch Oegirs-)Helm, der allem Lebendigen ein Schrecken ist.

Auch das Schwert Hrotti ist m. E. kein S c h w e r t, sondern Werkzeug. „Hrotti" klingt nach Schrott und schroten, auch roden; ein „Rodungs-Beil" ? Jedenfalls keine Waffe, sondern Werkzeug.

Da ich Hreit-mar = REIDE-MEISTER setze, verfügte er über Schmelzöfen mit „Helmen", den Rennfeuerherden aufgesetzte „Hüte", frühe Formen des Hochofens. Das waren Giftschleudern, die Arsen, Phosphor und Schwefel ausspieen – *allem Lebendigen ein Schrecken.* Die Edda nennt den Helmofen „Schreckenshelm".

Zwei Handlungsschritte weiter geht die gesamte Werkstattausrüstung (Refil, Hrotti, Oegirshelm) von Hreitmar über Fafnir und Regin an Sigurd. Er beerbt die Brüder – nach der „merowingischen Methode" – durch Totschlagen, doch auch er überlebt nicht.

Hier stellen sich mir Fragen (in den Weg): Welche Textredaktion, welche Bearbeiter/Übersetzer haben die Wortbedeutungen so verwischt und damit den Sinn des Erzählten verdunkelt ? Wer hat zwischen Werkzeug und Waffe nicht (mehr) unterschieden ? Sturluson ? Oder Simrock, der nur an Heldisches denken konnte, selbst wenn Arbeitswelt beschrieben wurde ? Wer verschleiert (oder versteht nicht mehr), dass Oegirshelm ein helmgedeckter Schmelzofen ist (oder sein könnte) ? Gab es im alt-isändischen Idiom nur wenige Wörter für technisches Gerät ? Oder konnte der Geisteswissenschaftler Simrock überhaupt nicht technik- oder wirtschaftsgeschichtlich denken ?

Ich vermute, dass schon die Erst-Erzähler die schwer begreiflichen metallurgischen Prozesse nur metaphorisch, gleichnishaft, d.h. „poetisch" fassen konnten, und dass seitdem die POESIE die Oberhand behielt.

26. Die Erzählung von Fafnirs und Regins Tod

31. Hialprek war König in Thiodi und Regin wurde sein Schmied. Dessen Ziehsohn war Sigurd Sigmundson. Er lehrte ihn alles: das Schmelzen des Eisens und das Schmieden von Stahl. Auch erzählte er ihm, dass er ein Königssohn sei – und dass das Gold, auf dem Fafnir lag, in Wahrheit ihm, dem Sigurd, gehöre. Regin reizte ihn auf, sich des Goldes zu bemächtigen. Aber Sigurd sah, dass Regin voller Gier war.

32. Als Sigurd alles gelernt hatte, schmiedeten sie ein Schwert, das seitdem Gram genannt wird. Es war so scharf ...

Jetzt kommen die Wollflocken in fließendem Wasser und Regins Amboss, den Sigurd bis auf den Untersatz entzwei klobt ! Es erscheint mir selbstverständlich und logisch, dass Sigurd das nicht mit dem außerordentlichen Schwert Gram tut. Wieder geht's um **Werkzeug,** ein großer Spalthammer z. B. oder ein Spaltbeil. Ich lese das so: Regin und Sigurd stellten Stähle her für Werkzeuge (oder Waffen), die hart waren und trotzdem federten, die rasiermesserscharf geschliffen werden konnten, die stechen, hauen und sogar s c h n e i - d e n konnten.

(33) Dann fuhr Regin mit Sigurd zur Gnitaheide, um Fafnirs Gold zu holen. Dabei dachte der Gierige, sich zugleich des aufmüpfigen Ziehsohns wie auch des gierigen Bruders zu entledigen. (34). Sigurd grub eine Grube auf dem Weg, den Fafnir zum Wasser kroch und setzte sich hinein. Als nun Fafnir über die Grube kam...

Halt ! Bevor wir jetzt zum Kern vom Kern der eddischen Kern-Erzählung vorstoßen, liste ich ein paar Stichwörter auf, denen wir an dieser Stelle n i c h t nachgehen:

Personennamen

- Z. B. **König Hialprek.** Anhänger der Sound-Translation hören hier Hialprek = Hjalparek = Chialparix = Chilperich. Das führt ins 5./6. Jahrhundert n. Chr. : Childerich (Chlodwigs Vater stirbt 480), Childebert (Chlodwigs Sohn, 511 – 558), Chilperich I. (Chlodwigs Enkel, König in Neustrien 561 – 584) Bruder von Sigibert I. König in Austrien 561 – 575. Dieser Spur müssen Kundigere nachgehen.

- **König Gjuki und die Gjukungen.** Hierzu siehe den Beitrag im Teil II C dieses Buches, S. 207 ff.

Ortsnamen

- **Thiodi:** Heinz Ritter lokalisiert es an der Nordseeküste Dänemarks, heute ein kleiner Hafen namens Thysted. Andere favorisieren Theux an der belgischen Weser (Vesdre) zwischen Maas und Hohem Venn. Dort haben schon die Römer Gold und anderes Erz geschürft. Dort ist immerhin auch ein merowinger-zeitlicher Königshof bezeugt.

- **Gnitaheide:** In der Laut-Übersetzung ist auf die Heide der Häufigkeit wegen ganz zu verzichten. Für GNITA habe ich folgende Vorschläge gehört: gnita = nitacka = Nideggen (in der Eifel) oder gnita = Kindaberg = Kindelsberg oder auch Ginsburg, beides Grenzburgen des Siegerländer Erzreviers. Das sind Musterbeispiele für Projektionen von Heimat-Euphorikern oder Anregung zum Nachforschen ?

Jetzt zurück zur Kern-Szene:

(34 Als nun Fafnir zum Wasser kroch und übeer die Grube kam , durchbohrte ihn Sigurd von unten, und das war sein Tod. (Siehe die Abbildung in diesem Buch S. 26). (35) Da kam Regin , der sich hinter Bäumen und Steinen geschützt hatte, daher und sagte zu Sigurd, er habe ihm den Bruder getötet, und er forderte Sühne. (36) Er verlangte von Sigurd, ihm nun auch Fafnirs Herz herauszuschneiden und es am Feuer zu rösten. Das tat Sigurd. (37) Dann kniete Regin nieder, biss in das Herz, trank vom Drachenblut und tat,

als ob er schliefe. Sigurd aber er machte das alles genau so wie Regin es ihm gelehrt hatte.

(38) Als er das Herz gebraten hatte und probieren wollte, ob es gar wäre, und mit dem Finger seine Festigkeit prüfte, verbrannte er sich am Fett, das aus dem Herzen quoll. (Hier zeigt die märchenhafte Erzählung die Präzision einer verbindlichen Arbeitsanleitung aus der Schmiede-Ausbildung.) *Als er aber den verbrannten Finger in den Mund steckte, kam ihm Fafnirs Herzblut auf die Zunge, und plötzlich verstand er, was die Adlerinnen sagten, die auf den Bäumen saßen.*

Vers 38 in der Sprache der Metallarbeiter: Als Sigurd die Luppe aus dem Frischfeuerherd nahm und ihre Beschaffenheit prüfte, verbrannte er sich an der glühenden Schlacke und „hörte die Engelchen singen". Oder noch direkter: Er frischte die Luppe in der „Äsze" (er äszt sie, statt sie zu essen.) Dabei verbrannte er sich – und glaubte plötzlich zu verstehen, was die Spatzen vom Hüttendach pfeifen: dass Regin ihn erschlagen wird, aus Gier und Bruderrache, sobald die Drachenarbeit getan ist.

(41) Da ging Sigurd zu Regin und erschlug ihn, dann zu seinem Rosse, das Grani hieß, und er ritt bis er zu Fafnirs Lagerstatt kam.

(42) Dort nimmt er alles Gold heraus, bindet es auf Granis Rücken und reitet zu König Gjuki an den Rhein. Daher kommt die Redensart, dass das Gold auch Fafnirs Lagerstatt sowie Heidestaub und Granis Bürde genannt wird.

So endet die Erzählung von Fafnirs und Regins Tod.

Diesem Kapitel ist noch Dreierlei anzufügen:

- **Mit der Montanbrille gelesen:** Fafnir hat Vaters Eisenwerk übernommen: Die Schmelzfeuer sind helmgedeckte Öfen, keine Rennfeuergruben. Regin stellt Stahl her, der zugleich hochelastisch und messertauglich ist. Das „Schwert Refil" ist eine große Hüttenzange. Das „Gold" unter dem Drachen ist schmiedbares Eisen, eine Luppe, die zu Stahl geschmiedet werden kann,; das ist das „Kostbarste". GOLD ist hier Kenning für Waffenstahl.

- **Was die Vögel singen:** Hier folgen die eben bewusst ausgelassenen Verse 39 und 40 der Sturluson-Erzählung: *(39) Die erste Stimme singt, da liegt nun der falsche Riese und geht zu Rate, wie er betrüge den tapferen Mann. In Bosheit sinnt er falsche Anschuldigung. Der Unheilsschmied brütet Brudermord. (40) Und die andere Stimme sagt: Dort hockt er nun, der Glutbespritzte, und leckt sich seine Wunden. Am Feuer brät er Fafnirs Fleisch. Klug dünkte mir der Ringerwerber, wenn er das Glutherz - äh – ätzte – äsze – äße – ässte – oder esste.*   Hier stottert die Adlerin: ässte oder ähße ! Die „Esse" in seit alters her in vielen Sprachen der Herd der Schmiede: Ässen ist n i c h t gleich essen ! Ich räume ein, die „Stotterzeile" der zweiten Vogelstimme habe ich „neu übersetzt". Die Adlerinnen sind in anderen Quellen Meisen. Immer aber sind es – da ist sich die Forschung einig – weibliche Vögel, „Nestbehüter", Muttergottheiten, die dem Mutigen raten. Ich erinnere daran, dass ganz am Anfang dieser Geschichte als Dritter neben dem Anführer Odin und seinem Chefingenieur Loki auch der schweigsame Hönir, Gott der Kulte, mit unterwegs ist.

- **Was darüber hinaus noch stutzig macht:** Hier noch einmal der Vers 41: *Da ging Sigurd zu Regin und erschlug ihn, danach zu seinem Rosse, das Grani hieß, und ritt, bis er zu Fafnirs Lagerstatt.* Dass Sigurd von Regins Esse zum Schmelzofen, dem „Drachenbett" nebenan, *„mit seinem Rosse reitet"*, macht stutzig und bestätigt, dass REITEN hier REUTHEN, RODEN und Eisen-Zube-REITEN bedeutet, und nicht „auf dem Pferd reiten". Sobald der Hörer/Leser das Wort REUTHEN missversteht, sieht er im Geiste Sigurd auf einem Ross. Nach m e i n e m Verständnis schmilzt Sigurd Eisenerz, nimmt die Luppe aus der Schmelze, frischt sie zu Stahl, lädt das Kostbarste „auf Granis Rücken" und begibt sich zu König Gjuki im Rheinland. Vielleicht heißt der Schlusssatz auch einfach nur: „danach schmilzt er Eisen im Rheinland".

27. Des Rätsels Lösung

Kurz vor dem Ziel halte ich die Sage – sprich die REISE, gemeint ist die ARBEIT - noch einmal an. Währenddessen reitet Sigurd, wie Sturluson lakonisch mitteilt, *„weiter seines Weges"*

(43) Nachdem Sigurd den Regin erschlagen hatte, ritt er, bis er ein Haus fand auf einem Berge. Darin schlief ein Weib in Brünne und Helm. Er schnitt die Brünne von ihr, da erwachte sie und nannte sich Hilde. Sie war aber Walküre und hieß Bryn-Hilde. Nun ritt Sigurd weiter seines Weges und kam zu Gjuki. Der war König am Rhein.

(44) Sigurd freite um Gudrun, Gjukis Tochter und schwor Bruderschaft mit seinen Schwägern Gunnar, Gernot, Giselher und Högni. (45) Dann fuhr Sigurd mit Gjukis Söhnen zu Atli, Budlis Sohn, um dessen Schwester Brynhild für Gunnar zu werben. Sie lebte auf dem Hindaberg, und ihre Burg war von Wafurlogi (wabernden Feuern) *umgeben. ..... (Sturluson erzählt noch viel mehr .....bis zum Ende in „Atlis brennender Halle"... .)*

Sturlusons präzisen und weiterführende Informationen über die verwickelten Verwandtschaftsbeziehungen zwischen den Königshäusern von Budli (Brynhildens und Atlis Vater) einerseits und den rheinischen Gjukungen andererseits, sowie auch über Brynhildes Vorleben und über Sigurds Abstammung , über seine Großväter Eilimi und Waels (Wolf ?) sowie deren Gegner, kann hier nicht mehr nachgegangen werden.

Hier interessiert allein die Geschichte von METALLUM. Wir folgen allein der Spur des Stoffes, aus dem Könner STAHL schmieden.

Am Ziel der Reise 6 sind folgende Fragen beantwortet:

- **Was (genau) ist das Erbe,** dessentwegen sich die Eliten mehrerer Königsfamilien totschlagen ?

- **Was bedeutet „unermesslich"** ? Generationen von Sagendeutern haben danach gefragt: Drei Schiffe voll ? 120 Wagenladungen voll Gold ?

- **Um welche „Schätze" geht es ?**

- **Was bedeutet der RING des Zwerges Niflung ?**

Die zwingende Handlungslogik verrät: Das Ganze beginnt mit einem scheinbaren Jagdfrevel, der sich dann als gezielter Bergfrevel erweist. Die Asen töten Ottar, der als Prospektor die Erzwäsche (am Wasserfall) betreibt. Dem folgen (beinahe zwingend) die Otterbuße, die Beraubung des Bergmanns Andwari/Niflung mit Lokis Ringraub und Niflungs Todesfluch, nun folgerichtig die Ermordung Hreitmars, der „Abstich" Fafnirs, und der Totschlag des Regin. Auf dem Höhepunkt dieser Mordgeschichte ist Sigurd alleiniger Besitzer aller Schätze und Träger des verfluchten Rings.

Schon jetzt wissen viele von den Lesern – und in der mündlichen Erzählkultur weiß es jedes Kind – spätestens nach der verkorksten Brautnacht, wenn der jugendliche Depp Sigurd (Siegfried) den Ring als Morgengabe an Brynhild weitergibt, dass beide das nicht überleben werden, und auch alle anderen an der gier-getriebenen Intrige Beteiligten nicht. Sigurd bringen sie gemeinsam um; nun beherrschen Gunnar und Högni das L a n d : Darum geht es , um die **Landesherrschaft** im DISTRICTUM METALLUM ! Danach fordert Schwager Atli Beteiligung, sie lehnen ab … usw. usw.

Im Saal des Geschichten-Erzählers Snorri Sturluson im Island des frühen 13. Jahrhunderts wusste jeder Zuhörer (von „Kindesohren an"): Der RING – das waren die **Schürfrechte,** deretwegen sich die Gjukungen am Ende selbst vernichten. Es waren die **alleinigen** Schürfrechte, die die Asen unbedingt haben wollten, das „Königs-Recht auf Bergbau". Andwarinaut, Andwaris Not, der Ring des Zwerges Nibelung, symbolisiert die Berechtigung, Bodenschätze abzubauen. Sturluson hat es genau erzählt: *(Vers 15) Unter seiner Hand verbarg der Zwerg einen kleinen Ring. Loki sah das und gebot, auch diesen Ring herzugeben. (16) Der Zwerg bat, ihm den Ring zu lassen,* **weil er durch ihn sein Gold wieder mehren könne.**

Es handelt sich nicht um einen Zauberring, - überhaupt kein „Ding" -, sondern um das R e c h t auf Abbau der Bodenschätze

D a f ü r erschlägt Sigurd die Riesen Fafnir und Regin, deshalb wird Sigurd erschlagen, und deshalb verbrennen am Ende die Gjukungen in Atlis herrlicher Halle. - So weit die Sage !

Unermessliche Schätze stecken im Boden des DISTRICTUM METALLUM, dessen Herren (ein paar Jahre oder Jahrzehnte lang) vielleicht die GJUKUNGEN waren.

Zwei herausfordernde Forschungsaufgaben sind noch zu lösen:

1. Gibt es in der Frühgeschichte einen Sippenverband, der den sagenhaften Gjukungen entsprechen könnte ? *(Hierzu versuchen die Aufsätze in diesem Band Teil II C , S. 195 und 207 vorläufige Antworten zu geben)*

2. Ist die „Landesherrschaft im Districtum Metallum" genauer zu v e r o r t e n , als es die Sagenanalyse ermöglicht ? *(Siehe hierzu die Aufsätze in Teil III A, S. 215 ff.)*

Für mich bleibt zu allerletzt noch die Frage offen: Welche Informationen hatte Sturluson, der das alles in (sehr gezielte) Poesie gekleidet und erfreulicherweise auch noch aufgeschrieben hat (oder aufschreiben ließ), so dass wir es noch nach mehr als acht Jahrhunderten lesen und – vielleicht – enträtseln können ? Und w o h e r hatte er sie ? Hatte er Zugang zu (für uns noch) verlorenen Familien-Überlieferungen der Edelherren van Cuijk ? (Siehe hierzu in diesem Buch Teil II C, S. 207 ff.)

Kleines Schmiede-Lexikon

Spezielle Ausdrücke aus der z. T. Jahrtausende alten Fachsprache der Schmiede

Abstich: Öffnen der Rennfeueröfen, später auch der Hochöfen, um das geschmolzene Eisen abfließen zu lassen

Affels: siehe Amboss (Ausdruck im Siegerländer Dialekt).

Amboss: Eiserne Werkbank für das Zurechtschmieden glühender Eisenteile.

Ass: siehe Luppe

Aufwerfen: Das Anheben des Hammerstiels (samt Kopf) durch die Nocken einer Wasserrad-Welle

Aufwerfhammer: ein wasserrad-getriebener „Hammer", dessen Stiel durch Nocken (s.d.) in regelmäßigen Abständen hochgehoben und wieder fallen gelassen wird.

Ausgehendes: An der Erdoberfläche sichtbare Erzgänge

Bär: Der Hammerkopf (bis zu acht Zentner schwer)

Bart: siehe Luppe

Beißen: Glühendes Erzstück mit einer Spezialzange anfassen

Blasebalg: Vorrichtung zum Einblasen von Luft (Sauerstoff) in ein Schmiedefeuer, zur Erhöhung der Temperatur sowie zur Erzeugung von Stahl, hergestellt aus Leder oder Stoff, muss von Hand oder Wasserkraft ständig bewegt werden (in der Edda „schnarchender Riese").

Blashütte: Schmiedeanlage, bei der die Blasebälge durch Wasserkraft in Bewegung gehalten werden.

Bohnerz: kleine Roheisenknollen (Bohnen- bis Kartoffel-Größe), als Füllgut für frühe Schmelzöfen, zusammen mit Brennmaterial.

Brauneisenstein: Eine der verschiedenen Formen, in denen man Eisen auf der Erdoberfläche finden kann: in Knollen verschiedener Größe, eingebettet im Gestein (im Siegerland „Schwerer Stein").

Drumstecken: Schräge Balken in einer mittelalterlichen Schmiedeanlage, zum Ableiten des Drucks des Gebälks und zur Stabilisierung der beweglichen Maschinenteile (Hammerstiel und Reitel)

Düse: Öffnung zum Eintritt von Zugluft in den Schmelzraum

Esse: Schornstein, Rauchabzug in einer Schmiede

Federbaum: siehe „Reitel" = Teil der wasserrad-getriebenen Schmiedeanlage.

Fegen: ursprüngliche Bedeutung: säubern, von Unrat befreien, daher „Schwertfeger" = Hersteller eines stählernen Schwertes, das von allen ursprüngliche Verunreinigungen des Eisens befreit ist.

Fliegen, Auffliegen: Die Aufwärtsbewegung des „Aufwurfhammers".

Fließen: Das Ergebnis, wenn man Gestein (Erzknollen o.ä.) durch Erhitzen verflüssigt, um die Schlacke vom Erz zu trennen.

Frischen: Vorgang bei der Stahlherstellung: Entkohlung des erhitzten Roheisens durch gesteuertes Einblasen von Luft = Sauerstoff (mit Blasebälgen) , oder durch oxidierende Flammengase.

Frischherd, Frischfeuer: Anlage zur Herstellung von S t a h l aus R o h e i s e n durch „Entkohlung" (Entfernung des Kohlenstoffs durch eingeblasenen Sauerstoff während des flüssig-glühenden Zustandes des Roheisens, sowie anschließende Entfernung der dabei entstehenden Schlacke durch Hämmern.

Frosch: siehe Nocken

Hammer: Schmiedeanlage mit einem mechanisch (z.B. durch ein Wasserrad) bewegten schweren Hammerkopf (Bär).

Harnisch: mittelalterliches Wort für „eiserne Rüstung", Herkunft umstritten.

Harnisch-Schneider :   Stahlschmied, Hersteller von stählernen Rüstungen.

Herzstück: siehe Luppe

Hütte: Werkstatt früher Schmiede, zugleich deren Wohnstätte (aus Holz), beide Begriffe werden nicht nur im Deutschen, sondern bereits im klassischen Griechisch mit dem gleichen Wort bezeichnet; heute noch Synonym für Eisenwerk !

Hüttenrauch: schädliche Abgase in einer Schmiedeanlage (Schwefel, Arsen, Ruß) .

136

Konkretion : „Zusammengewachsenes": = Stücke von Metallerzen, vor allem Eisen, die man in den umgebenden Steinen finden kann, mit bis zu 70 % Fe und 30 % Mineral).

Legieren: Das Zusammenschmelzen verschiedener Metalle, um ein neues Metall mit besonderer Eigenart zu erhalten, z. B, Bronze oder Stahl.

Lind, Lint: alter Ausdruck für (Brenn-) Holz .

Luppe: Halb flüssig gewordenes Roheisen = Klumpen von glühendem Eisenerz in einem Schmiedefeuer, Hochofen, Schmelzofen, wird durch schwere Hammerschläge von Restschlacken befreit.

Malmer: Schwerer Mühlstein, von einer Wasserrad-Welle gedreht

Nocken: Vorsprung an einer Welle (z.B. einem von Wasserkraft angetriebenen Mühlrad, u.a. zum Bewegen des Aufwurfhammers)

Ofen: Ursprünglich aus Lehm, später aus Stein gebauter Behälter für Roherz + Holz oder anderem Brennstoff zum Verflüssigen von Metallen.

Pingen: Heute noch sichtbare größere, meist runde, Vertiefungen in der Landschaft, erzeugt durch frühgeschichtlichen Abbau von Eisenerz-Konkretionen) .

Reitel: Über dem Hammerstiel „reitender" Eschenholzbalken, als federnder Bremser und „Zurück-Schleuderer" für den „aufgeworfenen" Hammer.

Reiten, „Reise":   alter Ausdruck für den Prozess der Stahl-Herstellung im Schmiede-Gewerbe (auch „reiden", „reuthen"); aber auch für „Weg" (engl. road)

Rennfeueröfen: Die Öfen für das Schmelzen von Roheisenknollen usw. in der „Eisenzeit" (= Latènezeit, ca. 500 v. Chr. – 100 v. Chr.)

Roheisen: ist n i c h t schmiedbar, es zerbricht unter dem Hammerschlag, weil es zuviel Carbon (Kohlenstoff) enthält; es muss „gefrischt" werden, um „smydisch" , d.h. zu Stahl zu werden

Sau: siehe Luppe , auch Ass, Bart, Herz, Wolf (lat. Lupus)

Schlacke: Rückstände bei der Eisen- bzw. Stahl-Herstellung, müssen durch wiederholtes Hämmern auf das glühende Eisen entfern werden.

Schlichten: Ausschmieden, blank machen

Schmieden: Metall, vor allem Eisen, in glühendem und damit ver-
formbarem Zustand mit Hämmern o.ä. die gewünschte Form
und dichtere Strukturen geben.

Schütz: Kasten, Behälter o.ä. zum Aufstauen von Wasser (aus
Bächen usw., auch Ark, Erk oder Wehr genannt);   2.   Die
Verschlussklappe (Brett o.ä.), die den Zufluss des Wassers aus
dem Schütz (1) regelt, durch Übertragungs-Gestänge zu bewegen („Ein – Aus"); 3.   Der Bediener eines solchen „Schüt-
zes" (2) = „Schützen-Junge"

Schwanzhammer: frühe Konstruktion einer wasserrad-getriebenen
Schmiedeanlage: Der Drehpunkt des Balkens mit dem
„Bär" auf der einen Seite lag in der Mitte: er wurde durch Drü-
cken auf das andere Ende („Schwanz") zum „Wippen" gebracht .

Schwertfeger: abgeleitet vom Wort „Fegen" (s.d.): . Schmied, der
stählerne Schwerter herstellt

Seichen: Ursprünglich „Wasser lassen", übertragen: wenn aus einem Schmelz-Ofen das durch Erhitzen verflüssigte Mineral als
Schlacke und Erz (Eisen) unten herausfließt.

Siepen, Siefen: Im Rheinischen Schiefergebirge und in der Eifel
kleine Seitentäler., an deren oberen Enden häufig Kohlenmeiler,
Verhüttungsplätze, frühe Schmieden lagen, begünstigt durch
den die Täler hinauf streichenden Wind.

Smydisch: die Eigenschaft von „schmiedbarem" Eisen = Stahl:
elastisch, federnd, „geschmeidig", davon das Wort „Schmiede",
„geschmeidig"; Gegensatz: Roheisen.

Speise: in einer sehr frühen Bedeutung „Brennstoff" für den Körper (Essen, Lebensmittel) , aber auch für die Schmiede (Holz,
Holzkohle).

Stauchen: Das Hämmern auf ein glühendes Stück Eisen, Stahl,
„Luppe", um die richtige Form herzustellen.

Wasserkasten: Kasten (Ark, Erk) zum Aufstauen oder Ableiten von
Wasservorrat zum Betrieb einer Mühle oder Hammeranlage.

Wolf: siehe Luppe

Zäng-Zange: Werkzeug zum „Beißen" (siehe dort). Damit kann
ein Schmied auch glühendes Eisen anfassen und zugleich viel-
fachen Druck (als mit „bloßer Hand") ausüben.

138

II.

Menschen

A. Die geheimnisvollen Schmiedevölker

Die Kalyben – ein Eisenschmiedevolk ?

Von François Muller (Pulligny, Frankreich)

Redaktionelle Vorbemerkung: Der nachfolgende Aufsatz unseres Mitglieds François Muller wurde ursprünglich veröffentlicht in einem Spezialband (bibliographische Angaben am Schluss des Aufsatzes). Mit freundlicher Genehmigung der Herausgeber dieses Werks wird der Text hier abgedruckt.

Prof. Muller ist Sprachwissenschaftler und hat an der Universität Paris Ouest Nanterre La Défense gelehrt. Heute ist er emeritiert.

Der Name des Schwertes von König Artus lautete *Excalibur*. Es wurden bereits verschiedene etymologische Herleitungen (keltische sowie lateinische) für dieses mythische Schwert unterbreitet, aber keine von ihnen scheint sich bis jetzt richtig durchgesetzt zu haben. Deshalb wollen wir hier eine neue Hypothese aufstellen, die sowohl kulturell als auch geographisch in einen der Welt der Kelten sehr entfernten Rahmen einzuordnen ist. Und zwar schlagen wir eine neue Etymologie aus dem Griechischen vor.

Manche haben diesen Namen mit dem griechischen Wort für Stahl *chalybs*, Genitivform *chalybos* (χάλυψ, -υβος) in Verbindung gebracht, und das durchaus zu Recht. Die Indoeuropäer kannten keine Eisenmetalle. Sie haben diese erst durch den Kontakt zu anderen Völkern kennengelernt. Und unter diesen Völkern haben jene aus dem Kaukasus eine ausschlaggebende Rolle gespielt. In *Romans de Scythie et d'alentour* (1978) präsentiert Dumézil mehrere Nartensagen. In einer davon wird in poetischer Sprache die Geburt des Batradz erzählt, wobei man sehr schnell versteht, dass es sich dabei um Stahl handelt:

„Wie ein Schwall Wasser, der alle Flammen überschwemmt, stürmt das Kind, das Kind brennend heißen Stahls, hinunter, wo die sieben Wasserkessel nicht ausreichen, um es aufzunehmen. Wasser, Wasser, schrie es, damit mein Stahl erhärtet." [1]

Narten sind die mythischen Helden der Osseten[2], ihrerseits Nachkommen der Alanen. Die Vorfahren der Osseten konnten die Herstellung von Stahl nur von jenem Volk gelernt haben, dem es als Erstes gelungen war, Stahl herzustellen, und zwar dem Volk der **Chalyber**, Kartweler (Proto-Georgier), die sowohl Eisen, *sidéros,* als auch Stahl, *chalubs,* schmiedeten. Bei der Ähnlichkeit zwischen *chalubs* (χάλυψ) und *Chalubes* (Χάλυβες) kann es sich nun kaum um einen Zufall handeln. Es sei übrigens darauf hingewiesen, dass der Name für Chalyber auf Georgisch *Khalyburi* ist, eine Form, die den im Namen des Artus-Schwertes vorhandenen Buchstaben „r" erklären könnte.

Die Griechen kannten die Chalyber; ihre genaue Lokalisierung stellte jedoch seit jeher ein Problem dar [3], das schließlich von Xavier de Planhol, Professor an der Universität von Nancy, sehr geschickt gelöst wurde. In einem 1963 erschienenen Artikel [4] betrachtet er die Chalyber nicht als ein Volk, sondern als eine K a s t e , eine Genossenschaft geschickter nomadischer Schmiede. Genau das gleiche Wort wurde bereits vom englischen Essayisten W. Hazlitt (1778-1830) in *The Classical Gazetteer. A Dictionary of Ancient Sites* (1851) verwendet: *„Chalyber, ein Volk, oder vielmehr eine Kaste, verstreut über die Küsten von Pontos und Paphlagonien zwischen Armenien und dem Fluss Halys. Als Eisenarbeiter bekannt."*[5] Auch bei den Hebräern gab es eine Kaste von Schmieden, und auch diese waren gleich den Chalybern Nomaden.

---

[1] G. Dumézil, S. 85

[2] Die Osseten sind heute das einzige Volk im Kaukasus, das seit der Antike eine indoeuropäische Sprache spricht.

[3] Vgl. Anhang 1: Griechische Quellen

[4] de Planhol, S. 298-309

[5] *„Chalybes, a people, or perhaps rather a caste, scattered abaout the coast of Pontus and Paphlagonia between Armenia and Halys fl. Noted as workers of iron."* (S. 105)

142

„Die Genealogien der ersten elf Kapitel der Genesis beschäftigen sich mit der Beschreibung der Völker (Gen. 5) und suchen das Auftreten der verschiedenen Aspekte des menschlichen Lebens, wie die Künste und Berufe, zu begründen. In der Genesis (4, 20-22)[6] gehen die drei Kasten der Viehzüchter, der Musikanten und der fahrenden Schmiede auf drei Vorfahren zurück, bei deren Namen – welche an die Berufe ihrer Nachfahren erinnern: Yabal (ybl: führen), Yubal (yôbel: Trompete), Tubal (Name eines Volkes aus dem Norden, dem Land der Metalle) – eine Assonanz vorliegt." [7]

Das Nomadentum der Chalyber wäre somit eine Erklärung dafür, dass sie von früheren Autoren an ganz verschiedenen Plätzen geortet wurden [8]. De Planhol schreibt dazu: *„Die Geographen werden nicht mehr wissen, wohin genau sie diese Chalyber geographisch einordnen sollen, dabei stoßen sie fast überall auf sie, auf den Märkten ihrer Städte oder gleich hinter der nächsten Wegbiegung."* [9]

Warum aber waren sie Nomaden? *„Die reisenden Gelehrten aus dem 19. Jahrhundert werden sie, mit der Anabasis in der Hand, im pontischen Gebirge suchen. Wen also wundert es, dass die Gelehrten sie [...] in den ärmlichen mobilen Hütten der Kohle- und Metallarbeiter gefunden haben, die weiterzogen, sobald die Wälder aufgebraucht waren."* [10]

---

[6] Genesis 4, 22: *„Die Zilla gebar auch, nemlich den Thubalkain, den Meyster in allerley ertz und eisenwerck."* D. Martin Luther, Die gantze heilige Schrifft Deudsch, Wittenberg 1545, Rognar & Bernhard 1972; vgl. Van der Toorn et alii, S. 180, *Kain* bedeutet im Hebräischen *Schmied.*

[7] Hervé Tremblay, OP, Collège de philosophie et de théologie, Ottawa, interBible.org.: *„Die Tubal aus der Bibel sind die Tibarener, Nachbarn der Chalyber".*

[8] Quintus Curtius ortet sie sogar am Kaspischen Meer (Alex. 6, 4, 17)

[9] *„Les géographes ne sauront plus où placer exactement des Chalybes, sans de douter qu'ils les rencontrent un peu partout sur les marchés de leurs villes, ou aux détours des chemins. (S. 305)*

[10] *„Les voyageurs érudits du XIXe siècle , l'Anabase à la main, les cheercheront dans les montagnes pontique. Comment s'étonner qu'ils les aient tro uvés [...]dans les pauvres huttes mobiles des charbonniers –*

Nachdem die Wälder in den Gebieten um den Pontus Euxeinus abgeholzt waren, verließen die Chalyber sie und zogen laut einer von F. Cumont aufgestellten Hypothese Richtung Süden. Sie könnten demnach sogar bis nach Zentralanatolien vorgedrungen sein: *„In der Nähe der Siedlung Doliche verehrte man auf dem Gipfel eines Berges eine Gottheit, aus der, nachdem sie mehrere Formen angenommen hatte, schlussendlich Jupiter, Beschützer des römischen Heeres, wurde. Ursprünglich handelte es sich dabei wahrscheinlich um eine Himmelsgottheit, welche die Bevölkerungsgruppen Anatoliens, schon kurz vor der Eroberung durch die Hethiter auf den Berggipfeln anzubeten pflegten. Man sagte ihr die Erfindung der Eisenverarbeitung nach, und angeblich wurde sie von einem aus dem Norden kommenden Stamm von Schmieden, den Chalybern, nach Kommagene gebracht. "*

Sie zogen weiter nach Süden bis Aleppo [11] dessen ursprünglicher Name *Halab* [12] dem der Chalyber nahe ist. Aleppo hieß nämlich früher Χάλυβων. Im Jahr 305 v. Chr. wurde die Stadt von den neuen Herren, den Seleukiden, in *Beroia* umbenannt, nach dem Namen einer Stadt in ihrer Heimat. Es ist sogar möglich, dass die Kalyber bis nach Damaskus vorgedrungen waren; die Stadt liegt nur 350 Kilometer südlich von Aleppo und ist ebenfalls für ihren Stahl berühmt. Man kann sich sogar die Frage stellen, ob die Schmiedetechnik des Damaszierens von den Kalybern entdeckt wurde !?

Es ist durchaus möglich, dass sich das Nomadentum der Chalyber nicht nur auf die süd-östlichen und südlichen Regionen des Schwarzen Meeres beschränkte. Schon in der Antike erwähnt Justin (zur Zeit der Adoptivkaiser, also etwa im 2. Jhd n. Chr.) die Existenz von Chalybern in Tarraconensis (heute Spanien): *„Das Eisen aus diesem*

---

métallurgistes, se deplaçant après l'épuisement des forets ». De Erschöpfung der Wälder fand ihre Ursache vor allem darin, dass große Mengen an Holzkohle nötig waren, um die für die Stahlmetallurgie notwendigen hohen Temperaturen zu erreichen.

[11]   Burney-Lang, Die Bergvölker Vorderasiens…, S. 233

[12]   Der Buchstabe h steht für das Phonem χ (= Ach-Laut) ; hinzu kommt, dass das Arabische nicht zwischen den Phonemen p und b unterscheidet.

Land ist von außergewöhnlicher Qualität; aber noch kräftiger ist das Wasser, das ihm eine neue Stärke gibt: eine Waffe, die nicht im Bilbilis oder Chalybs [13] *abgeschreckt wurde, wird dort geradezu verachtet. Daher stammt auch der Name der Chalyber, der den Bewohnern des Flussufers gegeben wurde, und was Eisenarbeiten betrifft, so sollen sie alle anderen Völker übertreffen.* " [14]

In einer Enzyklopädie aus dem 18. Jahrhundert war noch über den Fluss Chalybs gleich einem Echo von Justins Text zu lesen: „*Diese Wasser hatten den Ruf, ausgezeichnet für das Abschrecken von Eisen oder Stahl zu sein. [...]Es ist zu bemerken, dass die Lateiner keine andere Bezeichnung für Stahl hatten, als den Namen des Flusses Chalybs.*" [15]

Autran stößt ebenfalls auf den Namen der Chalyber in Italien: ein Ort in der Nähe von Pesaro an der Adria trägt den Namen *Calibano*, ein Wort, das er von *Chalyber* ableitet [16].

Obgleich *Chalyber* laut Chantraine „*der Name eines Volkes ohne Etymologie*" wäre, ist man dennoch versucht hier eine vorzuschlagen. X. de Planhol hat keinen Bezug zwischen dem Paar *Chalubes / chalubs* und *kalubê*, [17] einem griechischen Eigennamen der soviel wie

---

[13]   Heute Chabe

[14]   „*Praecipua his quidem ferri materia, sed aqua ipso ferro uiolentier; quippe temperamentum eius ferrum acrius redditur, nec ullum apud eis telum probatur, quod non aut Bibili fluuio aut Chalybe tinguatur. Unde etiam Chalybes fluuvii huius finitimi apellati feroque ceteris praestare dicuter*". Justin, Historiae , 44, 3, 8-9

[15]   „*Ses eaux avoient la réputation d'être excellentes pour domner une bonne treme au ferr ou à l'acier.* De Felice, Encyclopédie ou Dictionnaire raisonné des cnnoissances, 1771, vol. VIII, p. 600

[16]   1922: 206

[17]   Das deutsche Wort *Hütte* hat zwei Bedeutungen: 1. eine einfache Unterkunft. 2. eine Eisenhütte, bzw. ein Stahlwerk. Die zweite Bedeutung steht zwar nicht in Verbindung mit dem Namen der Chalyber, aber indirekt bestätigt es den Zusammenhang zwischen *kalube* und *chalubes*. Im „Dornröschen" von Perrault (1697) übernachtet der junge Prinz im Wald „*in der Hütte eines Köhlers*" („*dans la hutte d'un charbonnier*"). Cf. auch *Carbo-*

„die Hütte" bedeutet, hergestellt. Dabei ist dieser Bezug durchaus möglich, obwohl das Wort für *Hütte, kalubê* [καλύβη], ein Kappa (k) als Anfangsbuchstaben hat und kein Chi (χ).

Es soll hier nicht genauer auf die philologische Argumentation eingegangen werden, aber man kann zu Recht annehmen, dass die Hellenen selbst die beiden Phoneme gleichgesetzt haben, die sie einander eng verwandt befanden, wie zum Beispiel im Paar *Kronos* (Sohn des Uranos) und *chronos* (Zeit) [18].

Es lässt sich somit die Hypothese aufstellen, dass der Name der Chalyber ein pejoratives Exonym ist *(„die in den Hütten wohnen")*, das von Sprechern geschaffen worden ist, die sich des Griechischen als Sprache (Mutter- oder Fremdsprache) bedienten. Wir wissen heute nicht, welches Endonym (Wort in der eigenen Sprache) sie gebrauchten, noch welche Sprache sie sprachen, vielleicht die Sprache der Skythen, die zu der iranischen Familie gehört.

Es stellt sich also die Frage, wo, wann und unter welchen Umständen die beiden Begriffe *Chalubes/ chalubs* nach Westeuropa gekommen sind. Wir haben bereits gesehen, dass in Spanien und Italien Chalyber lebten. Die einzige Hypothese, die sich mit einer gewissen Sicherheit formulieren lässt, ist, dass die Migration der Chalyber aus den Regionen des Pontus Euxeinus bis nach Westeuropa am Ende der Antike in enger Verbindung mit anderen Völkern erfolgt ist: die

---

nari (Köhler) = Name der italienischen Verschwörer , die sich tief im Wald in Köhlerhütten versammelten.

[18] Wenn Kronos = Chronos, d.h. die Zeit, was sehr wahrscheinlich ist, da de Zervanisten und die Gnosis keinen Moment gezögert haben, avest: zrvan = Zeit durch Kronos wiederzugeben … (Autran 1938: II. 151) . In den Formen des Reduplikationsperfekts wird X durch κ ersetzt: χέώ / κέχυμαι. Vgl. auch δεχομαι/ δεκομαι (Chantraine 2009: 256). Stephanus von Byzanz Meineke 1849: I, 676, n. 9) zitiert eine Form mit einem Kappa als Anfangsbuchstaben , und in der Argonautica von Valerius Flaccus wird auf eine Form *cal-* hingewiesen (V, 141). Im Übrigen wird im hebräischen Alphabet das Kaph (כ) am Silbenanfang wie das griechische Kappa (κ) ausgesprochen, sonst wie das Chi (χ) .

146

Chalyber können sich mit iranischen und germanischen, vorwiegend gotischen Völkern vermischt haben, die ab dem 4. Jahrhundert aus den osteuropäischen Ebenen gekommen sind, um nach Westen weiterzuziehen. Man weiß heute, dass es unter diesen Völkern auch iranische und gotische Reiter gab, die Eisenpanzer trugen, die berühmten *Cataphracti*, die von den Römern in immer größerer Zahl bis in die Mitte des 3. Jahrhunderts rekrutiert worden sind, bis sie dann verschwanden und zu Beginn des 4. Jahrhunderts nach persischem Modell durch die *Clibanari,* einem ursprünglich persischen Wort, ersetzt wurden. Leider mangelt es zu diesem Punkt an genauen Informationen.

Allerdings verfügt man über Nachweise lateinischer Wörter, die seit dem Hochmittelalter bis zum 12. Jahrhundert in Verbindung mit *Chalybes / chalybs* (lateinische Rechtschreibung) verwendet wurden. Das Wort *caliba* zeugt davon, und kommt zum Beispiel im Wörterbuch von Maigne d'Arnis (1858) vor, und zwar folgendermaßen definiert: *CALIBA : Chalybs, caena ferrea, ferrum;* „Eisenkette, Eisen": das Ethnonym *Chalyber* ist somit durch Antonomasie zu Eisen geworden. Diese Antonomasie kam aber bereits schon im 8. Gesang der *Aeneis vor,* wo Vergil im Abstand von 25 Versen sowohl den Namen des Volkes (421): *Stricturae Chalybum:* „*es zischen der Chalyber Tiegel*" als auch den Namen für Stahl (446) erwähnt: „*volnificusque chalybs vasta fornace liquescit*" = *deutsch: Und der verwundende Stahl zerschmilzt im gewaltigen Ofen*" [19]

Der metonymische Gebrauch (*volnificus* bedeutet wörtlich : *Wunden schlagend*) lässt diesen Stahl zu allen möglichen Stahlgegenständen werden. So kann *chalybs* bei Valerius Flaccus sowohl eine Wehr (I, 593), als auch Eisenketten (V, 168), Waffen ohne genauere Angaben (V, 141) oder ein Geschoss (V, 342) bezeichnen. Seneca verwendet zweimal das Wort *chalybs,* um ein Schwert zu bezeichnen: in *Thyestes: chalybs strictus* : das blanke Schwert (364) und in *Hercules Oetaeus:* „*nullis uulneribus peruia membra sunt; ferrum sentit*

---

[19] A.d.Ü.: deutsche Übersetzung nach W. Hertzberg, bearbeitet von E. Gottwein

hebes, lentior est chalybs; in nudo gladius corpore frangitur" (151-153), deutsch: "Seine Körperteile sind unverwundbar; Eisen stumpft ab und Stahl verliert an Stärke, das Schwert zerbricht an seinem nackten Körper."

Seit dem Hochmittelalter bezeichnet *caliba*[20] ein Schwert von sehr guter Qualität, währenddessen *chalybs* nur irgendein beliebiges Schwert bezeichnet. Man kann sogar einige Vorkommensfälle von *caliba* zeitlich festlegen. So scheint dieses Wort in den *Gesta Karoli* von Notker (840-912) auf, wo es ein Maskulinum ist und die Bedeutung von *Schwert* hat: „*nam dextra ad invictum calibem semper erat extenta : seine rechte Hand war immer zu seinem unbesiegbaren Schwert hin ausgestreckt"*[21]. Darüber hinaus kommt das Wort auch beim Schüler von Notker, Ekkehard von Sankt Gallen, vor, dem angeblichen Autor von *Waltharius*, einem in Latein verfassten Heldenepos (gegen 930?), und zwar mit der gleichen Bedeutung: „*Impegit calibem, nec quivit viribus ullis / Elicere*; er schlug das Schwert hinein, und selbst mit all seiner Kraft, brachte er es nicht mehr heraus."* (V. 975).

Ende des 9. Jahrhunderts erwähnt Eupolemius ein „*invicta calibe"* (*Historia Sacra*, Liber II, um 700). Im 12. Jahrhundert ist das Wort immer noch gebräuchlich: man findet es bei Geoffroy von Monmouth in der *Historia Regum Britanniae (*1136-8): *Caliburnus / Caliburno* (Ablativ); es gibt insgesamt sechs Vorkommensfälle (vgl. Anhang 3). **Geoffroy von Monmouth** legt als Erster dieses Schwert in **Artus'** Hände.

Der Übergang von *calibe* zu **Excalibur** hat wahrscheinlich einen doppelten Ursprung. *Excalibur* kann sich aus dem Ethnonym *Chalubes* herausgebildet haben, oder aber aus dem Substantiv *chalubs*. Im ersten Fall hätte man es mit einem „Hisperismus" zu tun, jenem mittelalterlichen hibernischen (alt-irischem) Latein, das den irischen Mönchen eigen war. Sie machten sich ihren Spaß mit diesen etwas

---

[20] Das Chi wird nun schon wie Kappa ausgesprochen
[21] MGH Monachi Sangall Gesta Carola Lib. II, 17, p. 759

rätselhaften Neologismen. Dadurch, dass diese Vorsilbe [22] hinzugefügt und somit der Herkunftsort des Produktes anstelle des Produktes selbst hervorgehoben wurde, wird aus der Antonomasie (Ersetzung eines Eigennamens durch eine Benennung nach besonderen Kennzeichen) eine Metonymie (Namens-Vertauschung). Noch heute sagt man von Stahl, dessen Qualität betont werden soll, er sei *aus* Toledo oder *aus* Solingen.

Diese Vorgangsweise ist nicht neu: man findet sie zum Beispiel in mehreren Texten vom 8. bis zum 10. Jahrhundert im Zusammenhang mit Wieland/Völundr, dem mythischen Schmied aus der *Lieder-Edda* : der Name des Handwerkers ist eng mit dem des fertigen Produkts verbunden; so griff man, um eines seiner Werke zu benennen, auf eine Kenning zurück: *„das Werk von Wieland"* = eine Brünne (in *Beowulf* V. 455: *Welandes geweorc* [23]), ein Kettenhemd in *Waltharius* (*Wilandia fabrica*, V. 965), und das Schwert Miming im ersten Fragment des *Waldere (Welanders worc*, V. 2).

Wenn nun das Artus Schwert mit dem angesehenen Namen der Chalyber in Verbindung gebracht wurde, drückte man somit eigentlich eine Form des absoluten Superlativs aus. Aber *ex-* kann auch auf das Substantiv *chalybs* hinweisen, das heißt nicht mehr auf die Chalyber, sondern einfach auf das Metall.

Diese zweite Hypothese basiert auf drei vom Substantiv *chalybs* abgeleiteten Adjektiven, und zwar: *„chalybeius aes erat in pretio, Chalybeia massa latebat : eheu, perpetuo debuit illa tegi."* [24] (deutsch: „Erz wurde sehr geschätzt, der Metallblock Chalybs war noch nicht bekannt. Wenn der nur für immer verborgen geblieben wäre."), sowie zwei Adjektive des Wörterbuchs von Maigne d'Arnis:

---

[22]   Chrétien de Troyes benutzte in dem Roman *Perceval* (1180-90) die Form mit Vorsilbe

[23]   „Doch sink' ich im Kampf, meinem König sende die Brünne dann, die die Brust mir schützte, der Harnische besten , von Hredel ererbt, Welands Kunstwerk" (Beowulf 452-455)

[24]   Ovid, Fasti, IV, 405

calibeus (*Ex chalybe seu ferro*), und *calibosus* (*Ex chalybe, apud Muratoni*).

Die Chalyber gehören sowohl der Geschichte als auch dem Mythos [25] an: der Sage nach nahm der Lapithe Polyphemos (jener, der bei der argonautischen Expedition mitfuhr [26] und nicht der Zyklop aus der Odyssee) an einem Krieg gegen die Chalyber teil, in dem er schließlich den Tod fand. Auf halber Strecke zwischen Realität und Fiktion haben also die Chalyber gewissermaßen den gleichen Status wie Artus und sein sagenumwobenes Schwert *Excalibur.* Wie aus den Anhängen: von den Griechen bis zum Mittelalter, eindeutig hervorgeht, sind die Chalyber seit mehr als 1700 Jahren durchgehend in der westlichen Kultur präsent. Die Hypothese, die *Excalibur* einerseits mit den *Chalybes* und andererseits mit *chalybs* in Verbindung bringt scheint somit begründet, und man kann darin durchaus mit Recht die wahre Etymologie dieses Eigennamens sehen [27].

Der Aufsatz wurde ursprünglich veröffentlicht in: Sybille Große / Anja Heinemann / Kathleen Plöttner / Stefanie Wagner : Angewandte Linguistik – Linguistique appliquée . Zwischen Theorien, Konzepten und der Beschreibung sprachlicher Äußerungen / Entre théories, concepts et la description des expressions linguistiques. Peter Lang GmbH - Internationaler Verlag der Wissenschaften . Frankfurt am Main 2013, S. 162 – 169.

---

[25] Ein *halbmythisches Volk,* schreibt M. Korenjak (Pseudo-Skymnos, S. 113)

[26] Apollonius von Rhodos , Arg. I 40-44, IV, 1470

[27] Auf dem Namen der Chalyber beruht ebenfalls der Name *Caliban,* eine unschöne Koboldart, wozu auch die hässliche Figur, der Sohn einer Hexe, im *Sturm* von Shakespeare gehört. Im Englischen bedeutet das Adjektiv *chalybeate* „eisenhaltig". Als Substantiv war es in der alten Pharmakopöe eine Arznei auf Basis von eisenhaltigen Salzen, die gegen die Melancholie eingesetzt wurden. Die Deutschen haben daraus einen Rheinwein gemacht, den *Stahlwein (Vinum ferruginosum, Vinum chalybeatum.)*

„Kabouters" in Holland –
Ein verschwundenes Volk ?

Von Reinhard Schmoeckel

(Abdruck aus DER BERNER Nr. 63 (Februar2016)

__Redaktionelle Vorbemerkung:__ Der anschließende Aufsatz wurde von mir bereits im Jahr 2007 verfasst, hat es aber aus verschiedenen Gründen nie bis zum Abdruck im BERNER geschafft. Jetzt aber passt er so gut zu dem vorstehenden Aufsatz von François Muller, dass er diesem folgen soll – weil die sich so ähnlichen Namen der darin behandelten Völker doch jedem Geschichtsforscher zu denken geben: Chalyben und Kabouters. (Im Deutschen gibt es noch das Wort „Klabautermann", und das enthält nun auch noch das „l" , das dem holländischen Wort fehlt, um es mit „Chalyben" in Beziehung zu bringen.) Und das „Volk" der „Kabouters" übte genau den Beruf aus, der auch den Chalyben zugeschrieben wird. Ist das ein Zufall ?

In der Nummer 3 des Jahrgangs 2007 des „SEMafoor", der Zeitschrift unseres niederländischen Partnervereins STUDIEKRING EERSTE MILLENNIUM (SEM), fiel mir ein Aufsatz des Vorsitzenden Ad Maas auf: „Kabouters in het eerste millennium". „Kabouters" – das Lexikon übersetzt das mit „Heinzelmännchen" oder „Zwerge". Diese seltsamen Wesen sind also auch bei unseren Nachbarn bekannt, dachte ich, und beim näheren Studium des Aufsatzes stellte ich interessante Übereinstimmungen mit den ja auch in Deutschland weit verbreiteten Erzählungen über Zwerge oder Heinzelmännchen fest. Verblüffend war allerdings, wie Ad Maas recht konkret auf eine Bevölkerungsgruppe im ersten nachchristlichen Jahrtausend schloss.

Doch zunächst einige Fakten, die Ad Maas aus einer für mich überraschenden Fülle noch sehr neuer Bücher anderer niederländischer Forscher über „Kabouters" zusammengetragen hat, und die ich hier kurz zusammenfasse. Einige der von ihm herangezogenen Werke sind Sammlungen von Volkserzählungen über diese „Wichtel" - ein bezeichnender Buchtitel davon ist: „Kabouters hat es tatsächlich gegeben" - , andere sind Berichte über archäologische Untersuchungen. Die von ihm zitierten holländischen Autoren nenne ich hier nicht mit den üblichen bibliographischen Angaben, da sie bei uns in Deutschland doch schwer beschafft oder nachgeprüft werden können.

- „Kabouters" (bleiben wir einfach bei diesem holländischen Wort) sind nach Meinung eines der zitierten Autoren „früh-skandinavischen Ursprungs, sie seien bald nach der (germanischen) Völkerwanderung in den Niederen Landen aufgetaucht, „wohl im Zusammenhang mit dem Einfall von Angeln, Sachsen und Jüten nach England".

- In der Zeit des Zusammenbruchs der römischen Herrschaft an der Nordsee hätten sich — immer noch nach dem eben zitierten Autoren — diese Kabouters verbreitet und in den „Niederen Landen" (*das ist ein alter Begriff in Holland für die flachen Gebiete an der Nordsee zwischen Maas und Elbe*) „eingebürgert".

- Einige weitere Angaben über die Kabouters: sie seien verschwunden, als die Franken kamen; sie seien allesamt fortgezogen nach dem Tod ihres „Königs Kyrie"; sie sollen eine Abneigung gegen Glocken und Klingeln gehabt haben; sie seien hilfsbereit gegenüber den Menschen ihrer Umgebung gewesen, aber sie hätten sich nicht als Sklaven behandeln lassen; sie hätten gerne Milch getrunken, aber auch von einer Art Gerstenbier ist in den Volkserzählungen die Rede; und sie hätten Zipfelmützen getragen.

- Einer der von Ad Maas zitierten Volkskundler behauptet: „Kabouter-Erzählungen" seien verbreitet entlang der Nordgrenze des einstigen Römischen Reiches, von Flandern über das holländische Kempenland, Limburg und Westfalen; aber das Zentrum sei Brabant (südl. Niederlande, nördl. Belgien) gewesen.

- Nach anderen von Ad Maas zitierten Quellen, und zwar archäologischen Untersuchungen, tauchen „Kabouter-Erzählungen" vor allem dort auf, wo man Urnenfriedhöfe aus gallorömischer Zeit

152

gefunden hat. Zwischen den Orten solcher gallorömischen Urnenfriedhöfe und späteren Ansiedlungen in der Merowingerzeit
habe es keine Kontinuität gegeben, sondern einen Bruch mit äußerst geringer oder gar keiner Besiedlung dieser Gegenden.

- Ganz gehäuft findet man diese Volksüberlieferungen über Ka-
  bouter im sogenannten Kempenland, einer Region in den südlichen Niederlanden (Nord-Brabant, südwestlich von Eindhoven,
  an der Grenze zu Belgien), wo in einem kleinen Areal von etwa
  20 mal 15 Kilometer zahlreiche Orte sehr konkrete „Kabouter-
  Erinnerungen" aufweisen.

- In Hoogeloon, einem dieser Orte im Kempenland, wurde eine
  römische Villa aus dem 2. Jh. n. Chr. ausgegraben, die auf einem
  riesigen Fundament von Eisenerzschlacke stand. Dort muss eine
  umfangreiche Eisenerzproduktion über lange Zeit betrieben worden sein. In einer Schmiedewerkstatt seien zahlreiche Hämmer,
  Zangen, Messer, Beile und andere eiserne Haushaltsgeräte gefunden worden. Nach Meinung der bearbeitenden Archäologen
  müsse diese Produktion mehrere Jahrhunderte bestanden haben.

Ad Maas hat in seinem Aufsatz zweifelnd gemeint, die mündlichen Überlieferungen über die Kabouters seien vielleicht in Form
skandinavischer Erzählungen wieder zurückgekommen, nachdem
unter Ludwig dem Frommen und durch die Wikinger viel von dem
entsprechenden Wissen verloren gegangen sei. Maas meinte wohl die
Thidrekssaga, deren Inhalte ihm durch unsere Jahrestagung von 2006
in Arnheim näher gebracht worden waren (*er hatte daran teilge-
nommen*).

Doch hier ist eine klare Auskunft möglich: meines Wissens enthält
die Thidrekssaga keinerlei Andeutung von einem „Kabouter-
Volk" in den Niederlanden. Wenn die Kabouters tatsächlich vor allem (oder ausschließlich ?) aus einem kleinen Teil des Kempenlandes überliefert sind, dann lebten in der von Forschern unseres Vereins untersuchten Zeit, der späten Römerzeit und dem frühen Mittelalter, gerade dort k e i n e Volksgruppen germanischer Abstammung, weder nach Zusammenstellungen archäologischer Funde
durch Wilhelm Bleicher noch nach der Ausdeutung der Thidrekssaga
und von Ortsnamen durch mich (siehe Band 3 „Forschungen zur

Thidrekssaga – Die Wilkinensage") . Wenn man also davon ausgeht, dass die Urbilder der „Kabouter-Sagen" Menschen aus Fleisch und Blut waren – und diese Überzeugung teile ich ausdrücklich - , dann scheint festzustehen, dass es weder „Römer" noch „Germanen" waren, und sehr wahrscheinlich auch keine „Kelten". Wer oder was waren sie aber dann ?

Genau diese Frage stellt auch Ad Maas in seinem Aufsatz. Aber er kann sie nicht beantworten. Vielleicht kann der folgende Teil meines Aufsatzes ein wenig helfen, etwas mehr Licht in das Dunkel im Wissen über jene Zeit „zwischen Römern und Franken" zu bringen, das auch in unserem Nachbarland herrscht.

In unserem BERNER wurde bereits vor einigen Jahren ein Aufsatz eines Forschers veröffentlich, der „Véneter" als eine eigene frühe Bevölkerungsgruppe in einem Teil des westfälischen Sauerlandes identifiziert hat (Gert Meier, Eine Besiedlungsinsel der Véneter zwischen Bigge und Lenne im Hochsauerland ? (DER BERNER 11, 2003, S. 41 – 46, in diesem Band auf S. 158 ff. **erneut abgedruckt**). Der Autor beschreibt die Véneter als eine früh-indoeuropäische Bevölkerungsgruppe (in der Bronzezeit ?), die zwar nicht flächendeckend riesige Regionen unterworfen hat, aber in den verschiedensten Gegenden Europas ihre Spuren hinterlassen hat, vom Dnjepr bis Venedig, von der Ostsee bis in die spätere Bretagne. Eine ihrer noch zu „germanischen" Besiedlungszeiten nachweisbaren Siedlungsinseln lag, wie Meier darlegte, eben im Hochsauerland. Das Bemerkenswerte daran ist, dass diese Véneter sich auf den Abbau und die Verarbeitung des dort reichlich vorhandenen E i s e n e r z e s spezialisiert hatten.

Eine ernstzunehmende wissenschaftliche Untersuchung des Zusammenhanges von „Zwergen" mit den frühen technischen Fertigkeiten des Erzabbaus und der Eisengewinnung und –verarbeitung steht meines Wissens noch aus. Doch nicht nur in den Niederlanden, sondern erst recht in Deutschland sind die Sagen oder Volkserzählungen über „Zwerge" als Bergleute und Schmiede so zahlreich, dass sie gewiss nicht alle das Erzeugnis purer Phantasie gewesen sein können. Auch die Thidrekssaga enthält ja einige Episoden mit

„Zwergen" als Schmieden. *(Siehe hierzu in diesem Band Teil II, S.164 ff. und S. 170 ff.)*

Ob nun die Veneter allein diese „Zwerge" waren, oder ob es neben ihnen noch andere kleinwüchsige Menschengruppen in der Kupfer-, Bronze- und Eisenzeit gab, die sich damals den für ihre Zeitgenossen „zauberhaften" Künsten des Erzabbaus und der Eisenerzeugung und –verarbeitung widmeten, muss her offen bleiben. Fest steht, dass der frühe B e r g b a u wohl tatsächlich vielfach von sehr klein gewachsenen Menschen betrieben worden ist. Man kennt in der Bergbau-Geschichte sogenannte „Venetier-Stollen" von nur etwa 70 oder 80 Zentimetern Höhe. In einem Bildband über deutsche Bergbaugeschichte wird ein solcher Stollen zwar auf dem Titelbild gezeigt, aber im Text nicht mit einem Wort dessen Bedeutung behandelt !

Nehmen wir einmal an, eine Gruppe bergbaukundiger Veneter sei in die Region des damals offenbar viel Eisenerz enthaltenden Kempenlandes in den heutigen Niederlanden eingewandert und habe dort lange ihr für die Wirtschaft so wichtiges Handwerk betrieben. Das kann bestimmt nicht erst zur Zeit der (germanischen) Völkerwanderung (um 400 n. Chr.) b e g o n n e n haben, wie ein niederländischer Volkskundler vermutet hat. Sondern vermutlich lag die Zeit ihrer Niederlassung dort schon viele Jahrhunderte davor. Während der Römerherrschaft war diese Arbeit den Verwaltern des Reiches sehr willkommen, die Bergleute und Schmiede konnten unbehelligt ihre Tätigkeit ausüben, solange sie nur ihre Steuern bezahlten. Und nebenbei werden die Betreiber dieser „fabricae" auch sehr gut verdient haben. Der jeweilige Chef dieses sehr wahrscheinlich genossenschaftlich organisierten „Industriekomplexes" war der „Herr". Auf Griechisch hieß das „Kyrios" (oder im späteren Holländischen „Kyrie"). Ad Maas hat das in s e i n e r Ausdeutung der von ihm herangezogenen Forschungen sehr überzeugend erklärt. Das passt mit den Volkserzählungen vom „König Kyrie" bei den Kabouters zusammen.

Aber auch für das mögliche Ende der „Kabouter-Zeit" in den Niederlanden hat Ad Maas (oder die von ihm zitierten Autoren) eine sehr überzeugende Erklärung gefunden. Als nach dem Ende der Römerherrschaft an der Nordsee die Frankenkönige in den Niederen

Landen ihre Herrschaft errichteten – nach meiner persönlichen Überzeugung lagen mindestens 250 Jahre dazwischen ! - bedeutete das nicht nur die Unterwerfung unter die Herrschaft eines fränkischen Königs, sondern auch die Anerkennung des Christengottes. „Christianisierung und fränkischer Imperialismus waren zwei Seiten derselben Medaille", schreibt Ad Maas völlig richtig. Und die Menschen dort wurden „durch die Glocken der Kirche diszipliniert", schreibt Ad Maas weiter, zu bestimmten Tagen in die Kirche gerufen, zu bestimmten Stunden zum Gebet angehalten usw. Die strikte Einteilung des Tages durch die Kirchenglocken bläute den Menschen ein: „Zeit ist Gott" (später wurde daraus „Zeit ist Geld").

Das war etwas, was von den fleißigen, aber freiheitsbewussten Bergleuten und Schmieden im Kempenland nicht akzeptiert wurde; man denke an die in den Kabouter-Erzählungen immer wieder angesprochene Abneigung dieser Menschen gegen „Glocken und Klingeln". Ad Maas hält es sogar für möglich, dass sie arianische Christen waren, nach gewissen, mehrfach vorkommenden Ausdrücken in den Kabouter-Erzählungen.

Irgendwann zu Beginn der fränkischen Herrschaft, also wohl im frühen 8. Jahrhundert n. Chr., kam – wenn man die Volkserzählungen über „König Kyrie" ernst nimmt ,– der letzte der „Herren" des kempenländischen „Industriekomplexes", der letzte „König Kyrie", durch einen Jagdunfall um oder er wurde umgebracht. Das veranlasste die kundigen Bergleute und Schmiede und ihre Familien zur geschlossenen Auswanderung. Viele tausend Menschen werden es nicht gewesen sein, eher wenige hundert. „Wo der Wind sie hingetragen, ja, das weiß kein Mensch zu sagen." Ein paar Bewohner müssen im Kempenland geblieben sein, sonst hätte es keine Überlieferung der Volkserzählungen bis heute gegeben. Es gab ja neben den Kaboutern sicher auch einige ehemalige „Römer" dort, die übliche Mischung von Menschen aus allen möglichen Gebieten des einstigen Reiches.

So könnte es gewesen sein. B e w e i s e dafür in Form geschriebener Urkunden gibt es natürlich nicht. Aber man sollte die so vielfältigen Zeugnisse einer lebendigen Volksüberlieferung ernster nehmen als man das bisher getan hat. Vielleicht ist es auch bei uns in

156

Deutschland an der Zeit, diesem kleinen, aber vielleicht gar nicht so unwichtigen Teil unserer Vergangenheit mehr Aufmerksamkeit zu schenken.

Der „Klabautermann", den wir im Deutschen kennen, scheint ein „Ableger" der holländischen „Kabouters" zu sein, ein auf Segelschiffe gewanderter freundlicher Geist, der aber manchmal auch Ärger stiften kann. Ein s p r a c h l i c h e r Zusammenhang wird da sicher bestehen, wenn ich ihn auch nicht näher begründen kann. Aber der eindeutig in den Bereich der Mythen und Spukgeschichten gehörende „Klabautermann" dürfte erst aufgekommen sein, als die Menschen an die Existenz echter menschlicher „Kabouters" in ihrem Land keine direkte Erinnerung mehr hatten.

Anmerkung des Autors aus dem Jahr 2016 Als ich diesen Aufsatz schrieb, wusste ich noch nichts von der Existenz eines Volkes der Chalyber, das als wandernde Eisenschmiede durch den Nahen Osten und das Römische Reich zog, wie aus dem Aufsatz von F. Muller hervorgeht. Doch die Namensähnlichkeit kann kein Zufall sein !

In letzter Zeit habe ich mich intensiv mit den vielen Wanderungen der Menschen in Europa und im westlichen Asien vor der Zeitenwende beschäftigt. In meinem neuesten Buch „MORGENRÖTE DER ALTEN WELT Die Menschen zwischen Atlantik und Pamir von der Eiszeit bis zur Zeitenwende" (Bonn 2015, ISBN 978-3-738-63957-5, 24.90 €) kann man das nachlesen.

Heute, im Wissen meiner jüngeren historischen und sprachwissenschaftlichen Forschungen, nehme ich an, dass kundige Schmiede in kleinen Gruppen von der Eisenzeit an bis ins frühe Mittelalter kreuz und quer durch die „Alte Welt" gezogen sind und ihre Kunst ausgeübt haben, überall, wo sie gefragt war und wo Eisenerz und Holz (für Kohle) vorhanden waren. Genetisch müssen es (das ist jedenfalls meine Vermutung) nicht immer Menschen gleicher Abstammung gewesen sein, aber der Name „Kalyben" oder Abwandlungen davon hat sich für die meisten dieser Gruppen gehalten.

Eine Besiedlungsinsel der Véneter im Hochsauerland ?

Von Gert Meier

(Nachdruck aus DER BERNER Nr. 11, S. 41 ff. (Mai 2003)

1. Wilzen und Véneter

Die Véneter sind die Nachkommen der frühgeschichtlichen Schnurkeramiker. Die Deckungsgleichheit ihres Besiedlungsgebietes ist verblüffend. Dabei bleiben hier die von Julius Caesar erwähnten venetischen Siedlungsgebiete außer Betracht - wie Normandie und südliche Bretagne bis zur Loire-Mündung – die von den Vénetern vielleicht auf dem Schiffswege erreicht wurden.

Nach dem archäologischen Befund siedelten die Schnurkeramiker am Ende der Jungsteinzeit zwischen mittlerer Ostsee (Odermündung), östlicher Ostsee (Weichselmündung), Dnjepr, Harz und der östlichen Schweiz. Dort siedelten sie auch noch um die Zeitenwende, unbeschadet der Tatsache, dass sie sich in der Zwischenzeit bis nach Persien, zur Rheinmündung, der westlichen Ostsee und nach Nordjütland und Südwestschweden ausgedehnt hatten. Allerdings sind sie nunmehr unter einem konkreten Namen greifbar. Mit diesem Namen werden die Schnurkerameriker, die uns bisher nur als Träger eines Keramikstils bekannt waren, frühgeschichtlich bestimmbar: mit dem Namen der Véneter. Zur Zeit des byzantinischen Schriftstellers Prokop (+ 450), aber natürlich schon viel früher, zerfielen sie in drei Untervölker: die Anten, die Sclaveni und die Véneter im engeren Sinne. Aus den Vénetern sind unter anderem die Slawen hervorgegangen.

Die Wilzen (Liutizen) sind ein westslawisches Volk. Seine erste urkundliche Erwähnung – wenn man nicht die nach hethitischen Quellen um Troia siedelnden Wilusa-Leute für Wilzen hält – findet

158

sich im 6. Jahrhundert bei den byzantinischen Schriftsteller Agathias (Ultizuren) und Jordanes (Ulzinzuren). Zur Zeit des byzantinischen Kaisers Leon (+ 464) waren sie berühmt und gefürchtet. Sie gehörten im 5. Jhd. zu der Klientel des Hunnenkönigs Dintzik, eines Sohnes des Attila. Zusammen mit den Hunnen wurden sie von den Goten vernichtend auf Haupt geschlagen [28]. Erich Sinz [29] nennt auch den Namen Waleisen. Jedenfalls sind die Wilzen bis ins 5. Jhd. n. Chr. verfolgbar und waren Zeitgenossen der Hünen und Dideriks „von Bern".

2. Der Wilzenberg

Eine weitere Bevölkerungsinsel zwischen Elbe und Rhein, auf der Wenden und Wilzen gelebt haben, dürfte das Sauerland zwischen Olpe, Wenden, zwischen Bigge und Lenne sein. Im Hochsauerlandkreis östlich von Schmallenberg liegt der Wilzenberg. Er ist 658 m hoch und gilt als einer der „heiligen Berge" des Sauerlandes. Langgestreckt erhebt er sich aus dem Umland. Gegenüber liegt das alte Benediktinerkloster Grafschaft, eine Gründung des Kölner Erzbischofs Anno II. (1072), der in der Kirche des Michaelsberges in Siegburg begraben liegt. Viele Jahrhunderte vorher war Siegburg die Burg Alebrands (Hatubrands), des Sohnes Hildebrands, des Waffenmeisters Didrik von Bern, gewesen. Auch die Kirche von Wormbach, nur 4 km vom Wilzenberg entfernt, war eine Gründung der Kölner.

Als Wallfahrtsort ist der Wilzenberg weit bekannt. Energetisches Zentrum ist die Kapelle auf seinem Gipfel. Wie am Odilienberg im Elsaß ist sie – unter anderem – St. Johannis dem Täufer geweiht. Bisher nicht nachgewiesen sind Heilquellen. Die Quelle unterhalb des Spornes mit Namen „Brauers Dyeck" (Bruders Teich) ist derzeit ein Schlammloch.

---

[28]   Jordanes, Gotengeschichte LIII
[29]   Erich Sinz, Gudrun kam vom Schwarzen Meer, Herbig München-Berlin
1984, S. 67

Die Wallfahrtsstätten mit Kapelle und Brunnen liegen im Bereich zweier ineinander liegenden Wallburgen aus der Eisenzeit und dem Frühmittelalter. Auf dem Wilzenberg haben Archäologen des Landschaftsverbandes Westfalen-Lippe ein vier Meter langes Stück der auf ein Alter von 2200 Jahren geschätzten Befestigungsanlage auf der Bergkuppe freigelegt *(siehe DER BERNER 10, S. 58)*. Günther Becker [30] berichtet von einem umfassenden, aus einem runden Dutzend Wallburgen bestehenden Verteidigungssystem rings um das damals hochbedeutsame Eisengewinnungsgebiet des Siegerlandes.

3. Wormbach

Nur wenige Kilometer vom Wilzenberg entfernt liegt Wormbach. Die vorgeschichtliche Bedeutung dieses Ortes ist heute fast unbekannt. Dort, wo sich heute noch „der schönste Friedhof Deutschlands" befindet, war eine vorgeschichtliche Begräbnisstätte von überregionaler Bedeutung. Hier endete der Soester Totenweg. Von Soest, einer der ganz bedeutenden altdeutschen Städte, in der die Nibelungen ihr Ende fanden [31], wurden die Toten von Rang nach Wormsbach gebracht und dort bestattet. Die Kirche St. Peter und Paul in Wormbach mit ihrer Ausmalung der Tierkreiszeichen deutet darauf hin, dass es sich um eine Kultstätte handelt, die einen älteren Wotanskult abgelöst hat. Die Verbindung von Sternenstraße und Wotanskult gibt es auch auf der Odilien-Sternenstraße: den Voudemont in Lothringen westlich von Odilienberg [32]. In Wormbach lässt der Ortsname eine Kultstätte durchscheinen, an der die viel älteren „Mütter" verehrt wurden. „Worm" oder Borm deutet auf Borbeth hin, die zweite der drei Mütter, die Repräsentantin des Mittsommers [33], wie sie in der Nikolauskapelle in Worms abgebildet ist. Knapp 100 m neben der Kirche entspringt eine Quelle mit ganz erstaunlichen energetischen Werten. Bei Wormbach handelte es sich wie beim Odilienberg um ein astronomisches Beobachtungszentrum , um den oder

---

[30] Günter Becker, Lennestadt-Kirchveischede, oJ, oQuA., S. 9
[31] Heinz Ritter, Die Nibelungen zogen nordwärts, Herbig München 1981
[32] Kaminski , ..., S. 122
[33] Gert Meier, Die deutsche Frühzeit war ganz anders, Grabert Verlag Tübingen 1999, S. 216 ff.

160

einen vorgeschichtlichen Zentralpunkt des Sauerlandes. Ob in diesem System der Wilzenberg eine Rolle gespielt hat, und wenn ja, welche, ist bisher völlig offen. Man täte gut, das Augenmerk auch auf das Vorhandensein von Heilquellen in der Gegend zu achten. Die Quelle bei der Kirche von Wormbach ist energetisch hochaktiv [34].

4. Wilzen und Véneter im Hochsauerland

Der Wilzenberg ist eines der vielen Namenszeichen und keineswegs der einzige sprachliche Zeuge der Nachkommen der Véneter im Sauerland. Es gibt auch andere Namen. Alle gruppieren sie sich um das Land zwischen Bigge und Lenne.

Fangen wir am südlichem Gegenende des Wilzenberges an, bei dem alten Herzogssitz Wenden, dem Herkunftsort Hildebrands, und bei dem östlich davon liegenden Altenwenden. Wenden an der Wende, ab 1151 als Vinnethen – ein „Vineta" im Sauerland ! – urkundlich nachgewiesen, wird uns in der Thidrekssaga als Venedi genannt [35]. Die Namensähnlichkeit von Venedi und Venedig hatte v o r der Deutung der Thidrekssaga durch Heinz Ritter [36] zu der irrtümlichen Annahme geführt, es könne sich bei dem Ort Venedi nur um das italienischen Venedig handeln. Es wäre ein merkwürdiger Zufall, wenn in einem der Zentren frühzeitlicher Eisenverhüttung in Europa ein weiterer Vened/t-Ort nachgewiesen wäre, der n i c h t im Zusammenhang mit den übrigen Véneter-Orten stünde.

Wenden ist Mittelpunktort eines natürlich begrenzten Gebiets, das im Osten und Süden steil zum Flussgebiet der Sieg abfällt, während seine eigenen Bäche – Elbe (!), Albe, Wende und Bigge – nach Norden zur Lenne und zur Ruhr abfließen. Die Grenzen dieses Gebiets sind die Wasserscheiden, an denen uralte Wege entlang führten. Der „Römerweg" nach Trier, der „sagenumwobene Kriegerweg", die

---

[34] Meier/Topper/Zschweigert, Das Geheimnis des Elsaß, S. 68
[35] Svava 12
[36] Heinz Ritter, Dietrich von Bern, Herbig München 1982, S. 67 ff.. Andere Venedi-Orte sind Vineta (Ostsee) etc. (siehe Karte S. ??)

„Eisenstraße". Die „Wendener Hütte" zeugt davon, dass hier noch in jüngster Zeit Eisen verhüttet wurde.

Zwischen Olpe und Wenden fällt die Häufigkeit der Bachnamen auf, die vom Osten her die Bigge und vom Westen her die Lenne speisen: Elbe, Albe und Olpe. Auch Arpe, Repe und Lippe gehört zu dieser Namensgruppe. Das spracharchäologische Logogramm aller dieser Flüsschen ist - l/r – b/p/ph - [37]. Bei den Slawen heißt die Elbe die Labe. Wir können deshalb davon ausgehen, dass die Elbe/Albe/Olpe/Lippe/Arpe/Repe-Gewässernamen zwischen Olpe und Wende den gleichen Ursprung haben wie der Name der Elbe, also ursprünglich vénetisch (und damit proto-slawisch) sind.

Der Name des Ortes Welschen-Ennest, an der „anderen" Olpe, hat eine ähnliche Hinweis-Funktion wie Windischgräz oder Preußisch-Eylau. Nur, dass nicht sicher ist, ob sich „Welsch" auf die Wilzen oder auf die Welschen (Kelten) bezieht. Die Vermutung, dass die beiden Veischede-Orte (Oberveischede und Kirchveischede) nördlich von Welschen-Ennest jüngere Welschen-Orte seien, hat sich nicht bestätigt. Der Name Veischede ist zwischen 1020 und 1420 wie folgt urkundlich erwähnt: Viesch, Viesche, Vische, Veske, Veisce, Veische, Veysche, Veesch [38].

Das Vorhandensein einer Sprachinsel von Erze abbauenden West-Vénetern im Land um das sauerländische Ebbe-Gebirge v o r der großen Fundleere um 50 v. d. Ztr. scheint mir dennoch wahrscheinlich zu sein.

Überhaupt scheint das Sauerland ein eisenzeitliches Ruhrgebiet Früheuropas gewesen zu sein. Der Name Upland, der die Landschaft Ost-Schwedens um Upsala kennzeichnet, taucht auch um Smolensk,

---

[37] Nach den Regeln der Spracharchäologie ist für den Sinn eines Wortes seine konsonantische Struktur maßgeblich. Vor und nach jedem Konsonanten befindet sich eine Leerstelle, die von jedem beliebigen Vokal eingenommen werden kann. Die Glieder einer Lautstammgruppe, z.B. **b** oder **p** oder **r** oder **l,** können einander ersetzen. Diese Struktur wird im sogenannten Logogramm festgehalten (Gert Meier, Im Anfang war das Wort, Haupt Bern 1988, Vertrieb nunmehr Grabert Tübingen)
[38] Becker Fn. 1,

einem der Schauplätze der Ostkriege der Thidrekssaga (Smolensk Upland) und nördlich von Winterberg bei Willingen auf (Upland). Der Name ist Schwedisch und zeugt davon, dass auch die Schweden im Sauerland Erzabbau getrieben haben.

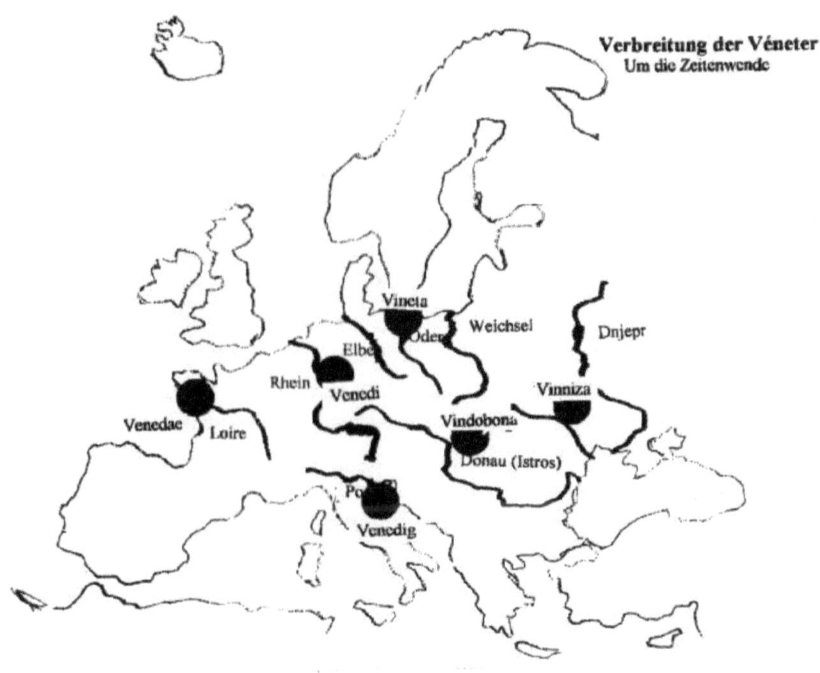

Unbekanntes über die Sugambrer

Von Martin Alberts

(Nachdruck aus DER BERNER 3 (2001), S. 9 – 12)

Die Behandlung des angeschnittenen Themas steht vor einem Berg von Problemen, man kann auch sagen: Vorurteilen. Eine bemerkenswerte Ausstellung vor einigen Jahren „Die Franken, Wegbereiter Europas" und der allgemein gängige Begriff „Völker-Wanderung" können uns glauben machen, dass jeweils riesige Völkerscharen den angestammten Wohnsitz verließen, um sich andernorts anzusiedeln.

Uns interessiert heute der Bereich beiderseits des Niederrheins am Ende des römischen Imperiums und zu Beginn der so genannten Völkerwanderungszeit. „Die Franken" waren alles andere als eine riesige Volksmasse ! Das „Volk", das sich im Lauf der Geschichte über ganz Gallien ausbreitete und immer wieder untersucht und kommentiert wurde, nämlich die „Franken", ging aus einer rechtsrheinischen Bevölkerungsgruppe hervor. Der Informationsflut auf der einen Seite steht eine erschreckende Informationsarmut der anderen Seite gegenüber ! Für die Bewohner der römischen Kastelle und diverse Berichterstatter war fast alles, was sich jenseits des Rheinstroms herumtrieb, fränkisch: „Patria Francorum – Vaterland der Franken". Aber wie sich diese Menschen selbst nannten, ist uns nicht überliefert.

So einfach können und wollen wir es uns heute nicht machen. Wir gehen unvoreingenommen auf Spurensuche. Um in dem Bild zu bleiben, muss zugegeben werden, dass es sich nur um minimale Spuren handelt. Die ganz kleinen Elemente werden zwar erkannt, aber ihre Erforscher lassen sich nicht zu irgendwelchen Theorien verleiten. Das eigentliche Problem ist, dass es in der Geschichtswissenschaft selten eine Z u s a m m e n s c h a u gibt ! Der Archäologe hört nicht auf den Sprachwissenschaftler, der Metallurge kümmert sich nicht um die Ortsnamen-Forschung usw. Dann kommen am Ende solche übervorsichtigen Sätze heraus wie: „Sprachlich gesehen sind alle Ortsnamen in Westfalen vom Altsächsischen und seiner Nachfolgesprache, dem Mittelniederdeutschen, her anzugehen. Nur ein kleiner verbleibender Rest ... darf mit größter Vorsicht einer vorsächsischen Schicht zugeordnet werden..." [39]. Und das, obwohl längst bekannt ist, dass viele Berg- und Flussnamen k e l t i s c h e n Ursprungs sind – nur eben nicht Ortsnamen !

Generationen von Historikern haben sich über den Ausspruch von Bischof Remigius bei Chlodwigs Taufe gewundert, wenn er denn richtig überliefert wurde, wovon wir ausgehen: „Beuge dein Haupt, edler Sugambrer"[i]. Was hatte der berühmte fränkische König aus der Familie der Merowinger mit den zuletzt vor 500 Jahren erwähnten Sugambrern zu tun ? Oder genauer, was veranlasste den Bischof Remigius, den Frankenkönig als Sugambrer zu bezeichnen ?

Wir wollen uns von vornherein von dem Gedanken frei machen, dass es sich bei allen Zuordnungen zu überlieferten Volksgruppen um ethnisch abgeschlossene Gebilde handelte („d i e Franken", „d i e Sachsen" ...). Wir dürfen unser modernes Denken von der „gens" (lat., häufig mit „Nation" oder „Volk" übersetzt) nicht einfach auf frühere Verhältnisse übertragen !

Der Begriff „Sugambrer" ist einwandfrei keltisch geprägt und bedeutet „tapfere Krieger / Schwertleute". Ihr Ursprungsgebiet habe zwischen Ruhr und Sieg gelegen [40]. Zur Zeit des damals für Germanien zuständigen römischen Feldherrn Tiberius, um 8 v. Chr., sollen 40 000 Sugambrer aus dem Sauer- und Siegerland an den Rhein zwangsumgesiedelt worden sein. Die wirkliche Zahl war mit Sicher-

---

[39] Assmann, Rainer, Die Besiedlung von Stadt und Land Lüdenscheid im ersten Jahrtausend n. Chr., in: Der Reidemeister Nr. 143 (Sept. 2000), S. 1136,

[40] Uhlmann-Bixterheide, Wilhelm, Das sauerländische Bergland, Dortmund 1921, S. 272,; übrigens erwähnt auch der gallische Bischof Sidonius Apollinaris in einem Brief, der mindestens 20 Jahre vor Chlodwigs Taufe geschrieben wurde (um 475), die Bezeichnung „Sugambrer", gemünzt auf einen Angehörigen der fränkischen Königsfamilie.

heit wesentlich kleiner [41]. Auch bei geringerer Zahl müssen sich zumindest Spuren von ihnen erhalten haben. Das stimmt. Den verbliebenen Rest will man als „Reliktbevölkerung" im Bereich des Ebbegebirges ausfindig gemacht haben [42].

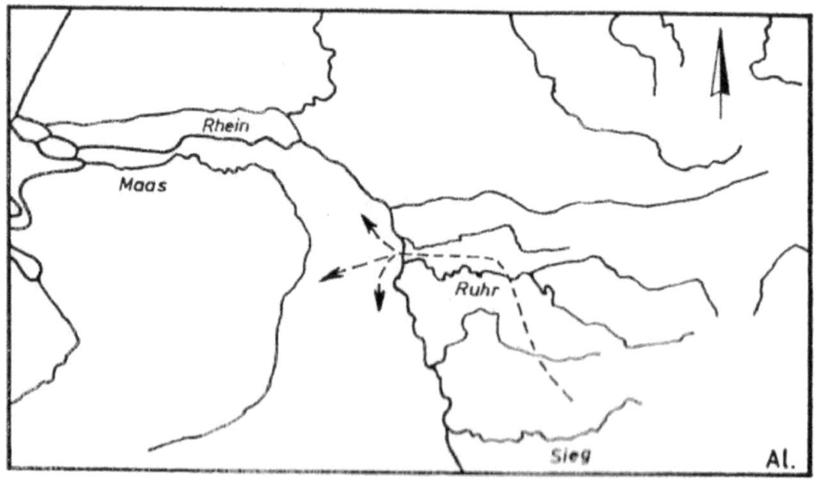

Auf Befehl des Feldherrn Tiberius wurden im Jahre 8 v. Chr. angeblich 40 000 Sugambrer (besser: 4000 oder 400 !?) an den Rhein zwangsumgesiedelt

Die Landkarte des Ortelius aus dem 16. Jahrhundert – auf Grund von weit reichenden Recherchen entstanden – zeigt uns das ganze Gebiet von Siegen bis Groningen als „Sugambrii" [43]. Dem entspricht eine spätrömische Straßenkarte mit dem Begriff „Francia" für die

---

[41] Bleicher, Wilhelm, Älteste Siedlungsräume im nördlichen Sauerland. In: Der Märker, 16, 1967, S. 103

[42] Laumann, Hartmut, Eine germanische Siedlung des 1. Jahrhunderts n. Chr. in Balve-Garbeck. In: Der Märker 36, 1987, S. 75-79

[43] Vollmerhaus, Hans, Familien und Persönlichkeiten im südwestfälischen Kirchspiel Kierspe bis zum Beginn des 18. Jahrhunderts. In: Altenaer Beiträge 11, 1976, S. 8

166

gleiche Gegend [44]. Der fränkische Berichterstatter Gregor von Tours rechnet die Brukterer, Chamaver, Amsivarier und Chattuarier zu den Franken [45]. Auf Grund ihrer Vielfalt hat man diese Germanen-Gruppen zu einem „Franken-Bund" gemacht, was zwar verständlich ist, sich aber nicht beweisen lässt. Fakt ist, dass die fränkisch geprägten Gruppen zwischen Bonn und dem niederländischen Nijmegen dem römischen Imperium vorgelagert waren.

Einen anderen Namen für diese Germanen verdanken wir den Archäologen, die versuchen, ihre Funde unter bestimmten Gesichtspunkten zu vergleichen und gewissen einheitlichen Kulturkreise geographisch zuzuordnen. Sie haben die Germanen östlich des Niederrheins „R h e i n – W e s e r – Germanen" genannt.

Zumindest für das Sauer- und Siegerland müssen wir auf eine Ausnahme hinweisen. Die K e l t e n siedlung auf der Kalteiche im Siegerland, keltisch geprägte Fluss-, Berg- und Stammesnamen sowie eine Vielzahl von Begriffen aus der Hütten- und Schmiedetechnik aus der keltischen Sprache [46] weisen deutlich darauf hin, dass hier einmal die Bevölkerung keltisch geprägt gewesen sein muss. Wenn die Gleichstellung Sugambrer = Franken stimmt, dann kann damit nur dieser keltische Bereich mit „Patria Francorum" gemeint sein.

Unabhängig von der Anzahl der zwangsumgesiedelten Menschen zur Zeit des Tiberius muss dieses Ereignis an den Folgen erkennbar sein. Das Gebiet, aus dem sie kamen, wird mit dem Raum zwischen Ruhr und Sieg angegeben. Da haben wir ja eine reiche Auswahlmöglichkeit ! Vorgeschichtliche Wohngebiete lagen vornehmlich in den Massenkalkgebieten der Attendorn-Elsper Doppelmulde und im

---

[44]   Bökemeier, Rolf, Varus starb im Teutoburger Wald, Studienreihe des Kultur-Instituts für interdisziplinäre Kulturforschung e.V., Bettendorf 1996, S. 11

[45]   Reichmann, Christoph, Frühe Franken in Germanien. In: Die Franken Wegbereiter Europas (Katalog zur gleichnamigen Ausstellung) Mannheim 1996, Bd. I., S. 556 (Tabula Peutingeriana).e

[46]   Friedrich, Rudolf, Fränkisch-keltische Begriffe, insbesondere die aus Bergbau und Hüttenwesen,. In: Bergbau im Sauerland, Schmallenberg 1996, S. 63

Bereich Balve-Hemer-Iserlohn. Wenn von dort viele Menschen umgesiedelt wurden, ist es zu verstehen, wenn es in der Ursprungsregion zu einer Fundreduzierung kommt. Vielleicht meinen Geschichtsforscher diesen Vorgang, wenn sie von einer Fundarmut sprechen [47].

Zumindest ein Ausgrabungsergebnis hat in den letzten Jahren für Furore gesorgt: bei Garbeck (dicht oberhalb von Balve im Hönnetal) wurde eine Siedlung ausgegraben, die nachweislich zwischen 250 v. Chr. und **120 n. Chr.** bestanden hat [48ii]. Und neben dieser Ansiedlung ist im Bereich des Ebbegebirges von einer **„Relikt-Bevölkerung"** die Rede: **von „schwarzhaarigen Ampsivariern"** [49].

Wenn M. Sönnecken in Garbeck wegen fehlender Metallverarbeitungsstätten zu dem Schluss kommt, hier müsse es sich um eine germanische und keine keltische Wohnanlage handeln [50], dann möchten wir an zwei Dinge erinnern: Die Verhüttungs- und Schmiedeplätze lagen meist abseits der Siedlungen in den umliegenden Wäldern. Darüber hinaus deutet der Namen der gemeinsamen Mark „Geverner Mark" (mit dem k e l t i s c h e n Wortstamm „gov" = der Schmied, „gevel" = die Schmiede) an, dass gerade die Gegend zwischen Balve und Werdohl im Märkischen Kreis von der frühen, d.h. keltischen (!) Schmiedetätigkeit her seinen Namen hat.

Allgemein waren Siedlungen zur damaligen Zeit nicht so groß, wie wir uns heute Wohnorte vorstellen. Das zeigen schon größere Siedlungs-Ausgrabungen. Und von der Anzahl her wird noch eine unbekannte Dunkelziffer zu berücksichtigen sein.

Neben der allgemeinen Untersuchung der Sprachen in West- und Norddeutschland durch Kuhn [51] gibt es seit Kurzem eine gründliche

---

[47] Sönnecken, Manfred, Siedlungsspuren aus der vorrömischen Eisenzeit. In: Der Märker 1984, S. 23-27
[48] Laumann, Hartmut, s. Anm. 4
[49] Vollmershaus, Hans, s. Anm. 5
[50] Sönnecken, Manfred, s. Anm. 9
[51] Kuhn, Hans, Das Rheinland in den germanischen Wanderungen , in: F. Petri (Hg.)Sprache und Bevölkerungsstruktur im Frankenreich, Darmstadt 1973, S. 447 ff.

168

Untersuchung über den niederfränkischen Dialekt von Wenden im Kreis Olpe [52]. Spuren dieses Dialekts sind erstaunlicherweise auch in Langendreer bei Bochum, in Wesel und Kevelaer feststellbar !

Damit wird unser Blick wieder an den Niederrhein gelenkt, das Z u zugsgebiet der Sugambrer aus der Zeit um 8 v. Chr. Es wird angenommen, dass sich die Sugambrer in der Xantener Gegend als Cugerner und später Traianenses niedergelassen haben [53].

Bereits in der ersten Hälfte des 19. Jahrhunderts hat Prof. F. J. Mone festgestellt, dass **zwergenwüchsige Menschen** von der Erft-Niederung bis nach Neuss siedelten. Gerd Schwager hat diese und neuere Erkenntnisse hierüber in einem kleinen Heft veröffentlicht [54]. Was dort über die **schmiedenden Zwerge** berichtet wird, kann direkt auf das Sauerland übertragen werden – es ist absolut deckungsgleich ! Das legt den Schluss nahe, dass es sich hier um die umgesiedelten Sugambrer handelte.

---

[52] Bachmann, Werner, Die Mundart von Wenden, ist sie westfälisch oder fränkisch ?
[53] Reimann, Christoph, s. Anm. 7, S. 57
[54] Schwager, Gerd G., Nivisium – niflungischer Königssitz ? Neuß 1995

Zwerge – gab es die wirklich ?

Von Martin Alberts

Redaktionelle Vorbemerkung: Dieser Aufsatz wurde bereits im Jahr 2003 verfasst, eigentlich sollte er einmal im BERNER veröffentlicht werden, doch ist das aus verschiedenen Gründen nie geschehen, vielleicht auch, weil in dieser Zeitschrift das Thema „Zwerge" bisher nie genauer behandelt wurde. Jetzt aber können die Forschungen unseres Vereins- und Vorstandsmitglieds seit dessen Gründung, Martin Alberts, an einer sehr passenden Stelle etwas zum Wissen über die Menschen beitragen, die vielleicht vor bereits vor mehreren tausend Jahren das „Erz" aus der Erde holten und damit nicht nur die „Technik" begründeten, sondern auch entscheidend zur Kulturentwicklung der Menschen beitrugen.

Wir leben heute in einer Zeit, in der Sagen- und Märchenhaftes keine Konjunktur hat. In aufgeklärten Zeiten, wo alles sich an dem Maßstab der Wissenschaftlichkeit messen muss, haben Zwerge keinen Platz. Das hindert uns aber nicht daran, die Vorgärten mit Zwergfiguren zu bestücken ! Der Widerspruch erklärt sich daraus, dass es bisher nicht gelungen ist, Zwergenforschung so ernsthaft zu betreiben, dass eine allgemeine Anerkennung daraus erwachsen wäre. Auch dieser Beitrag kann nur punktuell Fakten aufzeigen und die Thematik wenigstens in groben Zügen zu skizzieren.

Der V o l k s m u n d ist seit Jahrhunderten mit dem Thema befasst. Er gab den kleinen Wesen Namen wie Heinzelmännchen, Hollen, Schahollen, Unnerirdische, oder Wichtel. Das ist von Landschaft zu Landschaft unterschiedlich, Aber es hat den Anschein, als wären gebirgige Landschaften eher prädestiniert, diesen netten Wesen Aufenthalt zu geben. Die Welt der Zwerge wurde als fremd empfunden. Hinzu kam, dass sie wegen ihrer Körpergröße in der Lage waren, schnell zu verschwinden. Das brachte sie alsbald in den Ruf, über Zauberkräfte zu verfügen, oder zumindest eine Tarnkappe zu besitzen.

Immerhin sind wir heute so weit, dass an der Existenz nicht gezweifelt wird, und dass schon ernst zu nehmende Menschen die Zwergenwelt thematisieren und darüber Artikel verfassen. Das ist der richtige Nährboden, um weitere Fragen zu stellen, sowie nach Hinweisen Ausschau zuhalten, die uns in der Sache weiterbringen.

Am Ende dieser Ausarbeitung wird mancher Leser erstaunt sein, was überhaupt hinter diesem Thema steckt. Eine wichtige Rolle hat die Namensforschung. Denn Namen sind nur selten leere Begriffe, sondern mit Inhalten gefüllt. Über die sprachliche Schiene gelangen wir zur Mythologie, die ganz tiefe Wurzeln der Menschheitsgeschichte offenbart. Grundgedanke ist die Wucht eines Vulkanausbruchs mit den damit verbundenen Folgen.

Mit diesem Bild immer vor Augen, erfährt der **Schmied** eine seltsame Überhöhung, die wir heutigen Menschen gefühls- und empfindungsmäßig in keiner Weise nachvollziehen können. Bei uns ist alles rational, wissenschaftlich erklärbar. Wirklich alles ? Unsere Vorfahren lebten in Welten, in denen alles belebt und „begeistet" war. Wenn z.B. aus unscheinbaren eisenhaltigen Erdklumpen nach vielen Arbeitsgängen ein damasziertes, nicht rostendes Stahlschwert von enormer Schärfe entstanden war, dann war das für die damaligen Zeitgenossen schlicht und einfach ein W u n d e r ! Dementsprechend hoch war die Anerkennung und Ehre, die man ihren Schöpfern, den Schmieden, zollte.

Der Weg unserer Nachforschungen führt uns in die Ägäis, nach Kreta und Samothrake. Griechische Heldensagen eröffnen uns den Blick auf Zusammenhänge zwischen mythischen Vorgängen und ganz realen, archäologisch nachweisbaren Tatbeständen. Die Erzählungen stehen auf der einen Seite, und die Fundstücke erzschürfender kleiner Menschen in halb Europa stehen auf der anderen Seite unserer Betrachtungen. Beide müssen wir ernst nehmen.

Wo der Name „Zwerg" herstammt und was er bedeutet

Das „Etymologische Wörterbuch der deutschen Sprache" (Kluge, Friedrich und Götz, Alfred, Berlin 1951, S. 913) behandelt auch den Begriff „Zwerg". Zum besseren Verständnis müssen wir zunächst Albert Steffen zitieren, der uns aufklärt, „dass t h e u r g u s sprachverwandt mit Z w e r g ist" (Steffens, Albert, Dramaturgische Beiträge zu den Schönen Wissenschaften, Kapitel über Dionysos den Areopagiten", Dornach 1935).

Die Namensstruktur kann uns das Etymologische Wörterbuch erst dann erschließen, wenn wir die Worte nach ihren Bedeutungss i l b e n auseinander nehmen und zudem noch die ursprünglichere Schreibweise „Doppel-U" statt „W" wählen: Q-uerg (ostmd.), getuuerg (ahd.), gid-uuerg (altsächs.) , d-uuerg (angelsächs.), d-uueorg (engl.), d-uuärg (schwed.). Der Wort s t a m m ist in fast allen Fällen „ u u e r g" und deckt sich mit dem griechischen Wortstamm „Theurgos". Darin ist Albert Steffen beizupflichten. In der Begründung seines Wortes bleibt er uns die Erklärung schuldig. Sie lautet „Herbeiführer der göttlichen Erscheinung".

Weiter führt Steffen aus: *„Die Zwerge als Söhne des Demiurgen* (Weltschöpfers) *sind die Hüter der Metalle. "* Andeutungsweise erkennen wir hinter den skizzenhaften Erklärungsversuchen die Entstehung einer Priesterschaft. Drei Namen werden an der Nahtstelle erwähnt: Herakles, Apollo und Dionysos. Allen wird unterstellt, dass sie einen Bezug nach Norden hätten (Herm, Gerhard, Die Kelten, S.156). Das geht in die Richtung, a u s der die Dorer, die Seevölker oder die Phönizier kamen, die nach dem Ausbruch des Thera-Vulkans aus dem Norden kamen.

Vulkanologie und Schmiedekunst

Die Beschäftigung mit Siegfried und seinem Wappen hatte uns zu dem Drachenmotiv geführt. Die Häufung des Drachenmotivs in der Nähe von Schmieden kam auch noch zu einem ganz anderen Rückschluss führen.

Es ist bekannt, dass die Spur der Zwerge nach Kreta führt – siehe dazu gleich . Daher ist es sinnvoll, sch dort umzuschauen. S c h l a n - g e n galten dort allgemein als Bewacher des unterirdischen Totenreichs. Ferner hören wir (Wunderlich, Wohin der Stier Europa trug, S. 261): *„Eine drachenartige Schlange mit Namen Python lauerte am Wegesrand, als der jugendliche Apollo von Delos zum Parnass zog. Der Gott traf das Ungeheuer schwer mit seinem Pfeil. Die Python-Schlange schlüpfte in den Schoß ihrer Mutter Erde zurück durch den heiligen Spalt in Delphi, das seinen Namen von dem Ungeheuer Delphyne hat, der Gemahlin Pythons. Apollo verfolgte und tötete ihn am heiligen Spalt, aus dem die mystischen Dämpfe aufsteigen und die medialen Wahrsagerinnen, Pythien geheißen, zu ihren dunklen Orakelsprüchen inspirierten. "*

Die Begriffe „Schoß der Mutter Erde" und „mystische Dämpfe" weisen alle in die gleiche Richtung, nämlich zum Magma und zu vulkanischen Eruptionen. Das ist das reale Bild, welches so recht zur Kunst der Schmiede passt.

Wer sich ernsthaft dem Zwergen-Thema nähert, wird von „Insidern", dem „Deutschen Gartenzwerg-Museum e.V", Rot am See, auf die herrschende Lehrmeinung verwiesen, dass die Zwerge von den idäischen D a k t y l e n (= „Fingermännchen"), den zwergwüchsigen Bergleuten aus Kreta, abstammen. Die (mit Stroh gepolsterte) phrygische (Zipfel-)Mütze in roter Signalfarbe diente zugleich als Schutzhelm. Der typische deutsche Gartenzwerg: ein früher Gastarbeiter, der nach allen möglichen Edelmetallen schürfte ?

Von den Daktylen wird weiter berichtet, dass sie die Bearbeitung der Metalle erfunden hätten. In Kreta wurden die Daktylen mit der Sage von der Geburt des Z e u s in der Diktäischen Grottte aam Berg Ida in Beziehung gebracht, und in Olympia galt H e r a k l e s als idäischer Daktyle (Brockhaus 1929, Bd. 4, S. 337).

Ähnliche Gedankengänge finden wir in der keltischen Mythologie. *„Unter den Führern der Tuatha De Dnann findet sich auch G o i b - n i u, ein berühmter Schmied. Der Name Goibniu entstammt einer Wurzel, die im Französischen zu dem Wort Gobelin geführt hat. ‚Gobelins' sind k l e i n e K o b o l d e , die im Erdinneren leben und sich meisterhaft auf die Schmiedekunst verstehen. ... Natürlich*

*steh dieser göttliche Schmied in der Tradition von V u l k a n u s /
H e p h a i s t o s , in der irischen Überlieferung heißt er Govannon.
Er ist der Herr über das Feuer und über die Metalle, und somit Herr
über die Geheimnisse des Erdinneren. In den keltischen Sagen besitzt er außerdem noch das Geheimnis der I n i t i a t i o n . Er lehrt
junge Helden, sich richtig zu verhalten und schmiedet ihnen Waffen.,
die sie meist unbesiegbar machen."* (Zitat aus Jean Markale, „Die
Druiden", Weltbild-Verlag, S. 118).

Der Ruf der Schmiede war allgemein verbreitet. So war auch bekannt, wo die Meister ihres Faches lebten. Bestes Beispiel ist Wade,
der seinen Sohn Wieland zu den Zwergen nach Ballova/Kallova
schickt damit sie ihn in die Kenntnisse der Schmiedekunst einweisen
(Thidrekssaga). In den Heldensagen spielen auch immer Schmiede
eine große Rolle. Das mag mit den Initiationsriten zusammenhängen,
die auch von den Zwergen durchgeführt wurden.

Kein Geringerer als Herodot war es, der uns die Kunde von den
Bergbauspezialisten der V e n e t e r überbrachte, den kleinwüchsigen Menschen, die seit der Bronzezeit in die verschiedensten Regionen Europas gerufen wurden, um Erze abzubauen. Die Veneter waren ein illyrischer Volksstamm aus den Ostalpen.

Die venetischen Schmiede hatten offensichtlich eine wache Auf-
fassungsgabe und konnten gut lernen und sich organisieren. Wohl
wissend, was sie konnten und was ihre Arbeit wert war, arbeiteten
sie gerne im Verborgenen. Davon scheint auch der Name „Klinken-
berg" herzustammen, den wir im Sauerland antreffen (bei Lüdenscheid im Märkischen Kreis), War dort ein Beg, aus dem man Hammerschläge herausklingen hörte ?

Das heißt aber nichts anderes, dass von der Region um Venedig
ausgehend über Hallstatt, über die Heuneburg bei Sigmaringen, und
über das Siegerland hinaus die Fachleute gezogen sein müssen. Sie
waren überall dort tätig, wo Metalle abgebaut werden konnten. Das
trifft im Sauerland zu auf den Bereich Siegen-Littfeld, und auf das
Felsenmeer bei Iserlohn. Weithin fand man Spuren z.B. in den Kar-
paten, bei Reichenstein in Schlesien, bei Großenhain in Sachsen, bei
Steinsburg und bei Sangershausen in Thüringen, und sogar in Jeri-
chow im Havelwinkel (Sachen-Anhalt). (PM Magazin 127, 1997, S.

174

73 ff.) Die letzte Ortsbezeichnung ist dazu angetan, den Kreis zu schließen, indem diese Gegend „wendisch" war (abgeleitet von den Venetiern), bevor sich die slawischen Sorben dort niederließen und im Mund der Deutschen den Namen „Wenden" übernahmen.

Interessant, aber nicht verwunderlich, sind in Schleswig-Holstein die Hinweise auf eine kleinwüchsige Bevölkerung. *„Vor langer, langer Zeit lebten hier im Norden kleine liebenswürdige Wesen. Und weil sie fürchterliche Angst vor grellem Sonnenlicht, Sturm und Regen hatten..., lebten sie unter großen Baumwurzeln in der Erde. Man nannte sie deshalb auch allgemein nur ‚de Unnereerdschen' (die Unterirdischen). Was diese kleinen, lebensfrohen Gesellen aber neben ihrem quriligen und rastlosen Fleiß besonders auszeichnete, war ihre Gastlichkeit und ihre schier endlose Neugier..."* (NDR: - Schleswig-Holstein: bildschön und sagenhaft, S.20) .

Da wir jetzt wissen, woher die kleinen Wesen kamen, verwundert es nicht, sie auch im hohen Norden Deutschlands anzutreffen. Sie waren mit den eisenverarbeitenden Handwerkern ais dem Sauer- und Siegerland dorthin gekommen, oder sie waren selbst dese Handwerker.

Als Faustregel können wir heute sagen: dort, wo uns der Volksmund Sagen von Zwerge überliefert hat, hat es mit einiger Sicherheit auch die Veneter gegeben, jene „Fingermännchen" von Kreta, wobei z.Zt. noch die Frage offen ist, wann und wie die Menschen von Kreta nach Venedig gekommen sind.

B. Wieland: Mythos und konkrete Technik

Wieland, das Urbild aller Schmiede

von Karl Weinand

Bearbeitete Schriftform des Vortrags auf der Jahresversammlung des Dietrich von Bern-Forum am 10. Mai 2015 in Valbert/Meinerzhagen im Sauerland.

Wieland in der Sage

Die Wielandsage bzw. der -mythos ist niedergeschrieben a) in der Thidrekssaga und b) in der Edda im Wielandslied („*Völundarquida*"); darüber hinaus gibt es noch einige Erwähnungen in der mittelalterlichen Literatur, ohne dass eine zusammenhängende Geschichte von ihm erzählt wird; so etwa im Beowulf (8. Jh.: „*Wélandes geweorc*", V. 455), bei Gottfried von Monmouth (12. Jh., darüber später), oder im „*Heldenbuch*" (15. Jh.).

Wieland in der Kunst

Die Figur des Schmiedes Wieland hat in der Zeit der Romantik in der Literatur und in der bildenden Kunst erheblichen „*Aufwind*" bekommen. Erinnert sei an Karl Simrock, der ein Versepos mit dem Titel *Wieland der Schmied* (1834) geschrieben, an Richard Wagner, der sich mit dem Stoff „*dramatisch*" auseinander gesetzt hat (es existiert nur ein Libretto hierzu), und dessen Enkel, der Sohn Siegfried Wagners, Wieland hieß; selbst Adolf Hitler soll sich an einer Oper „*Wieland der Schmied*" (gemäß seines Jugendfreundes Kubizek) versucht haben. Erinnert sei auch an den klangvollen Namen eines Christoph Martin Wieland (*1733, † 1813 in Weimar), dem ersten und ältesten der Weimarer Klassiker. Die bildende Kunst hatte sich bereits im frühen Mittelalter des Themas Wieland angenommen. So ersichtlich am Runenkästchen von Auzon; am Bildstein von Ardre in Gotland; später zeigt es sich z. B. an der Miniatur der Handschrift *„Lohengrin & Friedrich von Schwaben "*[55], oder an dem romantischen Gemälde von Johannes Gehrts ca. 1885) und vielen anderen[56].

Wieland des Schmied ist also eine Figur der Kunst – ist er auch eine Kunstfigur? Dieser Frage will ich hier und heute nachgehen. Doch zuallererst ist Wieland der Schmied eine Figur der Sage. Dessen wohlbekannte, in der Thidrekssaga breit erzählte Geschichte, will ich hier nun nicht wiederholen, mich aber darauf und auf weitere Quellen, beziehen.

Zum WAS und zum WER

Steigt man tiefer in die Sagen hinab, gelangt man in den Bereich der Mythen. So ist es auch im Falle Wielands. Mythen sind jedoch keine erdichteten Geschichten oder Erbauungsmärchen; Mythen sind im Kern Welterfahrung, Welterklärung und Weltdeutung, gefasst in bildhafter Sprache. So ist es auch mit dem Wieland-Mythos, der jedoch in seiner zeitlichen Entwicklung ins Halbmythische und ins Sagenhafte sich gewandelt hat.

Ich habe bereits im BERNER[57] über die mythologischen Bezüge Wielands geschrieben; ich wiederhole in Kürze. Diese Bezüge zeigen sich in:

- seinem Namen, der auf WEL/VIL lautet, wie der Lichtgott BALder, wie die Feuergötter BAAL und VULkanus, schon dies zeigt seine Verwandtschaft zu den Feuergöttern.

---

[55] Blatt 292r, *„Friedrich von Schwaben begehrt Angelburg zur Ehe"*, ca. 1460, in *„Cod. Pal. germ. 345, Fasz. "*, Univ. Heidelberg.
[56] Zeugnisse zur Wielandsage und –mythologie siehe BERNER, Heft 23: *Schmied Wieland in Sage und Mythologie"*. S. 22 ff.
[57] Heft 23, siehe Anm. 3..

178

- seinem Getragenwerden von einem Riesen, hier von seinem Vater Wate; über den Grönasund (Grønsund); in der germ. Mythologie (Edda) trägt der Gott Thor den Feuergott Loki über den Gletscher-Strom Eliwagar; in der Legende wurde dies auf Christopherus übertragen

- seinem Töten des Gegenschmiedes Ryggr, im Siegfriedsmythos ist es Regin, in der griechischen Mythologie tötet Daedalos den Thales

- seinem hinterlistigen Verhalten, wie Daedalos in der griechischen Mythologie

- seinem Flug mit Kunstflügeln, wie Daedalos und Ikaros in der gr. Mythologie

- in seinem Treiben im Fluss, wie Siegfried in einem Glasgefäß, dies gehört dem Sonnenmythos der Feuergötter an

- seiner Lähmung bzw. Hinken, wie bei den Baalspriestern, wie bei Loki, Vulkanus, Hepaestos, allgemein bei den Teufelsfiguren

- in seinem Fruchtbarkeitsaspekt, ebenfalls zum Sonnenmythos zugehörig, sichtbar im Schwängern der Königstochter Badhild mit Wideke/Wittich

- in seiner Kunstfertigkeit, dem Zeichen der Feuergötter ganz allgemein

Demnach ist Wieland ein in die Sage hinabgestiegener Feuergott; Wieland ist der germanische Teufel, als solcher wird er auch angesprochen: der sprichwörtliche *„Velent“* als Teufelsfigur.

Eine Anmerkung zum Kunstflug Wielands: Wie ist dies zu verstehen? Wurden etwa Elemente aus der griechischen Mythologie auf Wieland übertragen[58]? Das wäre im Einzelnen noch zu prüfen, ob

---

[58] Man könnte an eine Übertragung des Flucht des gelähmten Daedalos mit Kunstflügeln denken, aber bereits das Runenkästchen von Auzon weist in der Szene, wo Egil Vögel fängt bzw. rupft, auf den Flug Wielands; auch der gotländische Bildstein Ardre VIII zeigt Elemente der Wieland-Sage, und einen davonfliegenden Vogel; auf den zwei Steinkreuzschäfte von Leeds

etwa ein gelehrter Einfluss des Mittelalters vorliegt. Jedoch mit Bedacht[59], es ist schon genug Unfug mit *„ex oriente lux"* gemacht worden. Es könnte nämlich auch anders herum vonstatten gegangen sein. Eine griechische Überlieferung berichtet z. B., Apollo sei von den Hyperboreern („die Jenseitigen des Boreas"= „des Nordwindes", d. h. Volk im Norden) jährliche Weihegeschenke dargebracht worden, die von Volk zu Volk weitergereicht wurden, bis sie zu seinem Heiligtum in Griechenland gelangten. Sagen und Mythen kennen keine Einbahnstraßen.

Zum WER: Den Mythen und Sagen gemäß ein kunstreicher Schmied aus grauer Vorzeit. Um ein Beispiel zu geben: Der Sonnenflug des kunstreichen Schmiedes Daedalos' und seines Sohnes Ikaros' sind eine Erfahrung und Versinnbildlichung einer kosmischen Katastrophe, die den Norden Europas getroffen hatte. In der Wielandssage ist dieses Ereignis in seinem künstlichen Flug verarbeitet, aber schon nicht mehr verstanden worden.

Ein weiteres Beispiel: Im BERNER Heft 23 habe ich im Sagenvergleich Wielands Treiben im Fluss in einem von ihm selbst ausgehöhlten und präparierten Baumstamm mit dem Treiben des neugeborenen Siegfrieds in einem Glasgefäß verglichen. Das eine (Siegfried) ist eine Entlehnung aus dem anderen (Wieland). Die Sage nimmt hier die Unterseeboote späterer Zeit vorweg. Wie ist das zu verstehen? Hier hat man einen Unterweltsaspekt von „Teufelsfiguren" vor sich; und ein Teufel ist Wieland – wie schon gesagt der sprichwörtliche Velent oder Valand – gewiss.

(11. Jh.?) ist ein gefesselter Mann dargestellt, dessen Fesseln in zwei Flügeln enden.

[59] Bereits ‚Deors Klage' (book of Exeter), um 800 oder früher entstanden, kennt den von Niðhad (Nidung) in geschmeidigen Sehnenbanden gefangenen Wieland. Auf dem Runenkästchen von Auzon (auch: *Franks casket* aus Walknochen ca. 650 n. Chr., vermutlich Nordhumbrien/England) zeigt Szenen mit Wieland und Egil. Im *Waldere* (*book of Exeter*) wird Widia ‚Welandsohn' und ein Verwandter Niðhads genannt.

Der Teufel ist in der Religionsgeschichte übrigens erst recht spät zum Feind der Menschen geworden, ursprünglich geriet er wegen der Menschen in Gegnerschaft zu den Göttern, da er den Menschen, die er selbst geschaffen hatte, die Künste und Weisheit (als Kündergott) verriet und dafür aus dem Götter-Olymp geworfen wurde, bzw. traf es in der Bibel die Begünstiger des Teufels (in Schlangengestalt), die aus dem Paradies vertrieben wurden. Teufelsfiguren sind in der Mythologie u. a. der germanischen Loki, der griechische Hephaestos und vielleicht etwas überraschend der biblische Propheten Jonas.

Wieland ist also ein vermenschlichter Heros, das halbgöttliche Urbild aller kunstfertigen Schmiede und Handwerker.

Zum Vergleich: Hephaestos

Aber zuerst noch einmal zum altgriechischen Gott Hephaestos: Dieser ist zugleich Weltbaumeister und kunstreicher Bildner aller Dinge, er ist Kulturbringer und Kulturgott. Und er ist Menschenschöpfer, denn er hat Pandora, das erste Weib, aus Erde gebildet (wie der biblische Gott die Menschen). Eines seiner Kunstwerke war ein Kahn, die Barke des Sonnengottes Helios, mit der dieser über den Himmel fuhr. Die Sonnenbarke fährt in der dunklen Nacht quasi durch die Unterwelt zu ihrem Ausgangspunkt zurück. In einer, wenn auch umgewandelten Barke, fuhren auch die Schmiede Wieland, Siegfried und – und Jonas im Wal (AT, Buch Jona). Jonas floh vor Gott von Joppe (Jaffa) aus nach Westen (zum Sonnenuntergang), wurde von einem Meeresungeheuer verschlungen (die Unterwelt), und wieder ausgespien (Sonnenaufgang).

Dieser Abstecher in die Mythologie sei mir verziehen , aber si wird die Reise dses kunstfertigen Schmieds Wieland im ausgehöhlten Baumstamm etwas verständlicher.

Wieland als "albischer Schamane"

Hans Fromm[60] hat sich zu diesem Thema wie folgt geäußert: *"Wieland wird als Fürst der Alben angesprochen. Das zeigt eine chthonisch-dämonische Zwischenschicht zwischen Göttern und Menschen, die für uns voller Rätsel steckt"*, und er zitiert den Völkerkundler und Religionsforscher Hans Findeisen (1903-1968) mit dem jakutischen[61] Sprichwort (1957), *'dass Schmiede und Schamanen aus dem gleichen Nest stammen'*. Ein Schamane ist eigentlich ein zauberkundiger Beschwörer, der zwischen den Menschen und Göttern vermittelt; dem wird unser Wieland eigentlich nicht gerecht. Nichtsdestotrotz ist Wielands mythische Herkunft von einem Meerweib noch in der Thidrekssaga erhalten. Mythologisch tiefer ist dies in der Edda, im Wielandslied (*"Völundarquida"*), gefasst. Wieland erwählt dort König Ludgers Tochter Allweis, eine der drei Walküren, die von Süden herangeflogen kamen, zur Frau, die aber nach sieben bzw. neun Jahren wieder davon flog.

Im Fortgang dieses Liedes wird Wieland, der in den Wolfstälern[62] Geschmeide schmiedet, von Nidud, einem König in Schweden gefangen (14. Str.):

"Kalladi nú Niðuðr.Niára dróttinn: Hvar gatstu, Vǫlundr, visi álfa" - *"Es spricht Nidud, der Niaren Fürst: „Wie gewannst Du, Weiser der Alben, meine Schätze in dem Wolfsthale?"*

Wieland antwortet (15. Str.): *„Gull var Þar eigi á Grana leiðo, Fiarri hugða ek várt land fiǫllom Rínar".* - *Gold war da nicht wie Grani trug Fern dünkt mir dies Land (von) den Bergen des Rheins.*

Hier kommt die rheinische Herkunft Wielands deutlich zum Ausdruck, bemerkenswert auch der Name des Pferdes Grani, sonst der

---

[60] *„Schamanismus? Bemerkungen zum Wielandlied der Edda"*, Internet und *„Arkiv för nordisk filologi"* Nr. 114 (1999) S. 45-62.
[61] Jakuten sind ein Turkvolk in Sibirien, die vor der Christianisierung und teilweise noch heute der schamanischen Religion angehörten.
[62] Wolfstäler – *„Ulfdolom"*– werden die Berghänge genannt, wo frühgeschichtliche Rennöfen standen.

Name von Siegfrieds Pferd. Wieland wird von Nidud gelähmt, dass er ihm nicht entflieht und für ihn kunstreiche Schätze schafft.

Doch (Str. 37): *"Hlæiandi Vǫlundr   hófz at lopti - Lachend Wieland   sich in die Lüfte erhob"* - - und flog davon. Kein Rupfen von Gänsen, keine künstlichen Federflügel. Wieland kann aufgrund seiner albischen Natur fliegen.

Der fliegende Wieland in einer Zeichnung des bekannten Malers Wilhelm von Kaulbach aus der Mitte des 19. Jahrhunderts - in dieser etwas kitschigen Form stelte man sich damals "Wieland den Schmied" vor !

Mythische Schwerter

Zwerge und andere Gestalten der Sage sind Schmiede mythischer Schwerter mit mythischen Namen. In der Thidrekssaga schuf der Zwerg Alfrik das Schwert des Riesen Ekke, genannt Ekkisax, und das Schwert Nagelring, das zuerst dem Riesen Grim gehörte. Das Schwert Mimung wird von Wieland nicht bei Mimer, auch nicht bei den Zwergen in Ballofa geschmiedet, sondern von Wieland beim dänischen König Nidung – vom Namen des Schwertes her gesehen etwas unlogisch, aber vermutlich war es ursprünglich bei Mimer geschmiedet worden, bis dass Siegfried Wielands Stelle bei Mimer einnahm. Mimer schmiedete das Schwert Gram der nordischen Überlieferung aus den Trümmern des Schwertes, welches Sigmund, Siegfrieds Vater, von Odin erhalten hatte, das aber im Kampf gegen die Hundinge von Odin zerbrochen wurde.

Realiter gehören die in der Ths beschriebenen Schwerter, wie Ekkisax oder Mimung verschiedenen Zeitschichten an[63], wie auch die Ths in verschieden Zeitschichten aufgebaut ist.

Bergbau und Zwerge

Dieses Thema, das auch für die Thidrekssaga-Forschung von Interesse ist, ist mit dem der Zwerge und der Schmiedekunst eng verbunden. Mineralien und Erze gehören der Erde an, soweit letzteres nicht als Meteoritengestein vom Himmel fällt. Will man sich der Erze bemächtigen, muss man der Mutter Erde *„zu Leibe"* rücken. Ist das *„Abgrasen"* von Erzgestein erschöpft oder un-ergiebig, ist man auf Bergbau angewiesen. Diesen gab es schon in der Jungsteinzeit, der vorwiegend im Tagebau betrieben wurde; aber auch schon im Untertagebau. Dieser war in alter Zeit begrenzt durch das Niveau des Grundwasserspiegels. Also sehr tief konnte damals nicht gegraben werden. Darf man, nebenbei gefragt, Sagen von Zwergen, die in Bergen hausten, aus technischen Gründen, erst in diese Zeit setzen ?

Bergbau ist eine Art von Verbrechen an der ‚Mutter Erde'. In einem Holzschnitt aus der Zeit um 1490[64] ist ein Bergmann dargestellt, kenntlich durch Kapuze und Schlägel, der angeklagt vor dem Throne des Gottvaters Jupiter steht und dem zahlreiche Verletzungen der *„Terra Mater"* (*„Mutter Erde"*) vorgeworfen werden. Ihn umgeben schützend drei kleinwüchsige Penaten, i. e. Schutzgötter. Hier ist der Mensch der Umweltzerstörung durch Bergbau angeklagt.

---

[63] Siehe Koneckis-Bienas, Ralf: *»Das königliche Schwert „Ekkisax", das Gefolgsschwert „Nagelring" und die Merowinger – mit einer Anleitung zur Herstellung von Schwert „Ekkisac"«* in *„Roland"* (Dortmund), Band 20 (2011) S. 5-50.

[64] Paulus Niavis (Paul Schneevogel, 1460-1517) aus: *„Iudicium Iovis oder Das Gericht der Götter über den Bergbau: ein literarisches Dokument aus der Frühzeit des deutschen Bergbaus /* Übers. u. bearb. von Paul Krenkel (Berlin 1953) Freiberger Forschungshefte, D 3.

184

Wer aber ist – mythologisch oder sagenhistorisch betrachtet – berechtigt oder *„würdig"*, solche Verbrechen zu begehen ? Wie schon angedeutet: Listige, hinterhältige – *„verschmitzte"* – Zwerge! Zwerge gehören mythologisch zu den chtonischen Wesen bzw. Mächten, sie gehören zur Unterwelt. Wie etwa der Zwerg Alfrik, ein Alf-, ein Elbe, in der Thidrekssaga ist er ein listiger Dieb und der kunstfertigste aller Schmiede. Ein anderer, der Zwerg Alberich, ein Albe und Elfenkönig, der den Nibelungenhort hütet, ist durch seine Tarnkappe unsichtbar; die Tarnkappe steht für das Berginnere selbst, für die nicht sichtbare Unterwelt.

Ich zitiere Ernst Meick, der sich auf altindische Mythologie bezieht: *„Der germanische Alberich ist zu vergleichen mit dem in Bergen wohnenden zwerggestaltigen Kuveras der Inder, dem Bruder des Totengottes Yama, dessen Diener als gespenstische Zwerge das Schmiedehandwerk treiben, ... sowie mit dem, von der bildenden Kunst in alter Zeit vielleicht zwergartig dargestellten griechischen Hephaistos, dessen Metallarbeiten und Schmucksachen auch die Eigentümlichkeit haben, daß sie häufig mit einer gewissen List und Tücke verbunden sind und böse Verhängnisse unter die Menschen bringen"*[65].

Der hier genannte Schmiedegott Hephaestos (siehe oben) gilt in der griechischen Mythologie als Herr der schmiedenden Zwerge[66], und Wieland gilt in der Sage selbst als ein Albe und Zwerg. So heißt es in der *„Deutschen Chronik"*[67] (Vorrede zum Heldenbuch) aus dem Ende des 15. Jh., dass Wieland ein Herzog war, vertrieben von zwei Riesen kam er zu *„künig Elberich"*, und wurde ein Schmied in dem Berge zu *„Gloggensachsen"*[68] (*„glockensachßen"* oder *„geiselgas"*); wo dieser Ort bzw. Berg liegt, weiß niemand. Doch die Thidrekssaga erzählt dies etwas anders.

---

[65] Ernst Meinck: *„Die sagenwissenschaftlichen Grundlagen der Nibelungendichtung und Richard Wagners"* (1892) S. 164.

[66] Jacob Grimm: *„Deutsche Mythologie"* III. Band, 4. Aufl. (1875-78/1992), S. 109 zu Nr. XV. *„Helden"*).

[67] Wilhelm Grimm; *„Die Deutsche Heldensagen"*, Bd. I (³1889 / Olms 1999) S. 326.

[68] Vermutlich ein verstümmelter Name.

Schmiede und Zwerge

Eine Schmiede kann überall stehen, aber nicht überall steht auch die – oder eine – Wiege der Schmiedekunst. Diese wird sich eher dort finden, wo sich auch das Material zum Schmelzen und Schmieden findet, und das zumal in Westfalen – im Sauer- und Siegerland. Es muss aber noch mehr dazu kommen: Menschen, die damit umgehen können, ingeniöse Menschen. Die, wenn es notwendig ist, das Material aus dem Berge ‚stehlen‘: Zwerge !

„Zwerge ?" – da lacht des Kritikasters Herz! Ich denke hier etwa an Andreas Heeges *„Neue Märchen über – Alte Nibelungen"* in der *„Soester Zeitschrift"* (Heft 96, 1984, S. 7-13). Schon der Titel verrät die polemische und denunziatorische Absicht des Artikels. Ich zitiere: *„Bereits der erste Deutungsversuch Ritters mit Hilfe prähistorischer Forschungsergebnisse (S. 40 f zu den Zwergen von Balve) erweist sich als ein unter Laienforschern weit verbreiteter „Irrglaube". Die Menschen früherer Jahrtausende waren im Durchschnitt nur unwesentlich kleiner als wir heute".*

Und was hatte Ritter geschrieben ? In *„Die Nibelungen zogen nordwärts"*, S. 40 f: *„ Unter »Zwergen« versteht die Thidrekssaga keine Märchenwesen, sondern kleinere Menschen, die vielleicht zu dem Rest einer abgewanderten Vorbevölkerung gehörten, wie wir heute vermuten würden".* Kein Wort von *„prähistorischen Forschungsergebnissen"* oder überhaupt Forschungsergebnissen! Heeges Kritik ist in diesem Punkt weder ehrlich noch ernst zu nehmen, offensichtlich hat sich der damals junge Archäologe Heege (Jahrg. 1957) dazu hinreißen lassen, als *„Treiber"* der von akademischen Kreisen initiierten und gesteuerten Treibjagd gegen Heinz Ritter-Schaumburg zu fungieren.

Nun gibt es sowohl kleinere als auch größere Menschen, auch regional unterschiedlich. Der römische Legionär war mit ca. 150 cm Körpergröße gegenüber den germanischen Gegnern etwa zwanzig Zentimeter kleiner. Einfluss auf die Körpergröße haben persönliche Lebensbedingungen, auch Ernährung und Umwelteinflüsse; Fleischesser sind in der Regel großwüchsiger als Getreideesser[69].

---

[69] Vergleiche Wurm, Helmut: *„Zur Konstitution und Ernährung der*

Nichtsdestotrotz gab es Kleinwüchsige, die im Bergbau tätig waren. Ich spreche hier nicht von Kindern, die Untertage, in Bergwerken, eingesetzt waren und immer noch sind. Ich verweise jedoch auf die sogenannten Walen, Welchen oder Venediger als Erz- und Minensucher des Spätmittelalters und der frühen Neuzeit. Der ARD-Sender strahlte am 25. 12. 2010 hierzu eine Dokumentation aus mit dem Titel *„Das Geheimnis der Zwerge"*. In der Sendung wird *„von der Herkunft der Zwerge"* berichtet *„und gibt den selbst bei vielen Historikern bis heute völlig unbekannten kleinwüchsigen Mineraliensuchern ein Gesicht"*.[70]

In den Sagen, besonders im Alpenraum, sind *„Zwerge"* noch immer präsent. In Lennestadt (Sauerland) läuft zur Zeit (Sommer 2015) eine Ausstellung *„**Erdställe** - Rätselhafte unterirdische Anlagen"*. Erdställe sind unterirdische Gang- und Kammersysteme, die es hauptsächlich in Süddeutschland und in Österreich zu hunderten gibt, deren Entstehungszeit – vermutlich im frühen oder hohen Mittelalter – ungewiss ist, auch wozu sie dienten und wer sie erbaute. Die Gänge und Schlupfe dieser Anlagen sind so eng, dass sie nicht von normalwüchsigen Erwachsenen erstellt worden sein können, aber auch nicht von Kindern, da sie mit bergmännischen Kenntnissen gegraben wurden.

Was also die *„Zwerge"* angeht, sollte man etwas Vorsicht walten lassen. Aber was hat es mit den Zwergen der Wieland-Geschichte auf sich? Wann und wie sind sie dort hinein gekommen.

Wieland erlernt das Schmieden

Als Wieland neun Winter alt war, wollte sein Vater Wade, dass er die Schmiedekunst erlerne. Er gab ihn zu dem Schmied Mimer im Hunaland und kehrte zurück nach Sialand zu seinen Höfen. Nebenbeibemerkt, Harry Böseke († 2015) nimmt Sialand für Siegerland.

---

frühgeschichtlichen Germanen" (in *„Konstitution und Ernährung"*, Teil III) erschienen in *„Gegenbaurs morphologisches Jahrbuch"* 132 (1986) S. 899-951.

[70] Siehe dazu auch den Aufsatz Reinhard Schmoeckel, in diesem Band S. 151 ff.

In der Sage ist Mimer ein kunstfertiger Schmied, ein in die Sage hinabgestiegener Kündergott. Heinz Ritter-Schaumburg hat die Schmiedewerkstatt Mimers gesucht – und er wurde fündig ! Am nordöstlichen Rand des Harzes, in Minsleben (a. 1000 *"Minislavus"*) bei Werningerode; mittelalterliche Eisenverhüttung ist für die dortige Umgebung nachgewiesen. Ritter verweist auf die benachbarte Heimburg und den Regenstein, deren Namenbestandteile in der Sage wiederkehren[71]. Vielleicht hat Ritter dort eine *„Mimer-Tradition"* aufgedeckt, unabhängig davon, ob der Name Minsleben wirklich auf Mimer zurückgeht, aber aus welcher Zeit stammte diese Tradition? August Raszmann (II, S. 215) nennt übrigens ein *Mimigerneford"="Münster"* (Urk. v. Jahr 793). Namen alleine besagen noch nicht viel.

Wade nahm seinen Sohn Wieland bei Mimer fort, weil Siegfried, der dort ebenfalls weilte, Wieland misshandelte. Als Wieland zwölf Jahre alt war, gab Mime ihn zu kunstfertigen aber namenlosen Zwergen im Berg in Ballofa (so in der Ths Hs A; in Svava *„Kallava"*); dies wird auch als Baal-Ofen gedeutet.

Nach seiner Lehrzeit erschlug Wieland die Zwerge – wie das die Schmiede mit ihren Lehrmeistern zu tun pflegen –, nahm ihre Schätze, lud sie auf ein Pferd und begab sich auf die Reise nach Thiodi/Dänemark. Drei Tage lang zog Wieland von Ballofa zur Weser (*„Wisara"*). Ritter, der solche Angaben stets nachvollzog, meinte, das sei hinreichend für die Strecke von Balve, das übrigens am Herweg lag, bis zur Porta Westfalica. Dort, an der Weser, angekommen, ließ er sich in einem ausgehöhlten Baumstamm die Weser hinabgleiten. Er treibt im Fluss und Meer und gelangt zu König Nidung in Thiodi/Dänemark, wo er das Schwert Mimung schmiedet, das später Wielands Sohn Widecke (Wittich) hatte, und das in der Ths noch eine bedeutende Rolle spielen wird. Müßig ist die Frage, was mit dem Pferd Wielands geschah.

Mir macht die Geschichte mit den Zwergen den Eindruck, als ob sie aufgepfropft wäre. Wieland wurde in der Sage von der Schmiede

---

[71] Vergleiche die Passagen bei Heinz Ritter-Schaumburg: *„Siegfried ohne Tarnkappe"* (1990), insbesondere Kap. III *„Die Schauplätze"*, S. 69 ff.

188

Mimers in den Berg Ballova ‚umgetopft‘, Wielands Rolle bei Mimir erbte Siegfried. Auffällig ist, wie schon gesagt, dass Wieland das Schwert Mimung nicht bei Mimer schmiedete – etwas unlogisch.

Man kann also sagen: Zwerge gehören zu Bergbau und zur Schmiedekunst, und als solche sind sie Attribute der Geschichte Wielands.

Wieland fertigt das Schwert Mimung

Von Heinz Ritter-Schaumburg

Nachdruck aus dem Buch „Dietrich von Bern – König zu Bonn", München-Berlin 1982 (Herbig Verlag), S. 18-20

Redaktionelle Vorbemerkung: *Ein Verfahren der Herstellung hochwertigen S t a h l s wird in der* **Thidrekssaga** *beschrieben, und zwar n u r dort in allen mittelalterlichen germanischen Heldensagen. Kein Autor hat in den 16 Jahren des Bestehens der Zeitschrift DER BERNER diese für die Technikgeschichte so wichtige Episode aufgegriffen, weil dies nämlich schon* **Heinz Ritter** *getan hatte (in seinem oben genannten Buch). Der Germanist Dr. Heinz Ritter-Schaumburg (1902 – 1994) ist in vieler Hinsicht der Wegbereiter für die moderne Forschung zur Thidrekssaga und „Altmeister" auch für unseren Verein, der seine Forschungen fortgeführt und natürlich auch weiter entwickelt hat.*

Der „Schmied Wieland" taucht in zahlreichen frühmittelalterlichen Sagen und „Geschichtsberichten" in germanischen und anderen Sprachen auf – war er einst ein „Mensch aus Fleisch und Blut" oder nur ein erfundenes „Phantom"? Dieser Frage soll hier n i c h t nachgegangen werden, auch nicht, w o er vielleicht gelebt haben mag. Wohl aber sollte seine Erfindung der Herstellung „aufgekohlten" Stahls, wie sie eben nur in der Thidrekssaga beschrieben wird, in diesem Band nicht fehlen. Daher wird ausnahmsweise eine Textstelle aus Ritters Buch und nicht ein Aufsatz aus DER BERNER hier erneut abgedruckt.,

Bei der Abwägung, ob dieser Auszug aus Heinz Ritters Text in den Teil I oder Teil II d i e s e s Bandes eingeordnet werden sollte, fiel die Entscheidung für den Teil, in dem nach den M e n s c h e n gefragt wird, die mit der frühen Technik zu tun hatten. Denn um den „Schmied Wieland" geht es in jedem Fall.

Da heißt es in der kürzesten Handschrift *(zur Thidrekssaga)*, der altschwedischen, die wir künftig die „Svava" nennen wollen:

Kap. 64: „Wieland ging zur Schmiede und machte, was er vermochte. Er machte ein Schwert in sieben Tagen. Da kam der König zu ihm in die Schmiede gegangen, und das Schwert gefiel ihm gut. Wieland ging zu einem Fluss, warf einen Filzhut stromauf und ließ ihn flussab gegen die Schwertschneide treiben. Das Schwert schnitt den Hut entzwei. Da sagte der König: „Das ist ein gutes Schwert, das will ich selbst haben!" Wieland antwortete: „Es ist noch nicht fertig, Herr!" – Der König sagte: „Mach es fertig und gib es mir dann!" – Wieland sagte ja, und damit trennten sie sich.

Wieland ging in die Schmiede, zerschlug das Schwert, zerfeilte es dann, so schnell er konnte, und vermengte es mit Mehl. Dann nahm er Gänse, ließ sie drei Tage hungern und gab ihnen das so zu fressen. Darauf siebte er ihren Kot, nahm den Stahl, den die Gänse nicht verdauen konnten, schweißte ihn zusammen und machte ein Schwert daraus, viel. kleiner als das vorige war. Da kam der König zu ihm.

SV 65: Nun ging Wieland zum Fluss und warf einen Filz in den Fluss, zwei Fuß dick, und hielt das Schwert davor. Da schnitt das Schwert den Filz entzwei. Der König sagte: „Du machst kein besseres Schwert als dieses nun ist."– Wieland antwortete: „Das soll noch zweimal so gut werden, Herr!" - und damit schieden sie von einander.

Wieland kam wieder in die Schmiede und zerfeilte das Schwert, wie er vorher getan hatte, und machte das alles von neuem. ... Der König kam zu Wieland, und sie gingen zum Fluss. Er warf einen Filz hinein, drei Fuß dick, und ließ ihn auf das Schwert zutreiben. Da schnitt das Schwert den Filz. Der König sagte: „In der ganzen Welt findet sich nichts, was diesem Schwerte gleich ist!"

Das war das Schwert „Mimung", welches, wie die Thidrekssaga berichtet, „Eisen wie Kleider schnitt". Bei der Wettprobe zwischen Wieland und dem Hofschmied Amilias schnitt er diesen samt seiner Rüstung vom Helm bis zur Hose durch.

Mit diesem Bericht der Thidrekssaga hat sich im Jahr 1936 die deutsche Eisen-Industrie befasst und nachgeprüft, was Wieland da eigentlich gezaubert hat. Sie ist zu erstaunlichen Ergebnissen gekommen.

Die aus den früheren „Rennfeuern“ und Schmelzöfen gewonnenen „Luppen“ (glühende schwammige Metallklumpen) waren weiches, biegsames Schmiedeeisen. Es ließ sich leicht mit dem Hammer verformen und ließ sich verschweißen, aber es ließ sich nicht „härten“. Wenn man es „abschreckte“ = glühend in kaltes Wasser tauchte, veränderte es seine Eigenschaften nicht. Die „Pila“ (Lanzenspitzen) der Römer aus solchem Eisen verbogen sich schnell, und die Kelten mussten ihre Schwerter nach kurzem Gebrauch überm Knie wieder zurechtbiegen.

Bestrich man aber solch weiches Eisen mit Blut, Rindertalg, Kot oder sonst einem organischen Stoff, glühte es damit und wiederholte diesen Vorgang mehrmals, dann wurde wenigstens eine Oberflächenschicht härtbar, sie wurde nach Abschreckung zu einer Stahlhaut, „Zementstahl“. „Aufkohlung“ nennt man diesen Vorgang, weil Stahl erst durch einen Zusatz von Kohlenstoff entsteht. Auf diese Weise konnte sich Wieland harte Feilen herstellen.

Außen Zementstahl, innen weiches Eisen, das war Wielands erstes Schwert. Wenn er dieses nun ganz zerfeilte, zusammen mit Gänsekot erneut verschweißte und neuerlich härtete, so war harter Zementstahl und zähes Schmiedeeisen durch die ganze Masse verteilt, und diese von neuem mit einer Stahlhaut umgeben. Zugleich entstand durch den Wechsel von hart und zäh an der Schneide eine Sägewirkung, welche die Schneidkraft erhöhte. Das war Wielands zweites Schwert. Dieses Verfahren dürfte er von seinem Lehrmeister Mime gelernt haben, denn er nannte das Schwert „Mimung“.

Aber Wieland war das nicht genug. Er wiederholte den Vorgang nochmals und schuf so ein neuartiges Schwert, das allem Schmiedeeisen hoch überlegen war und „Eisen wie Kleider schnitt“. Dieses Schwert war durch und durch Stahl.

Im Jahr 1936 hat Dr. Ing. J. Heddäus in der Monatsschrift der Vereinigten Stahlwerke AG „Das Werk“ (Jg. 1936, Heft 9) wohl zum ersten Mal das Wielandsche Verfahren analysiert; und noch im gleichen Jahr wurden darauf zwei Patente zur Erzeugung hochwertiger Stähle angemeldet. Worum es sich hier handelt, das hat besonders deutlich Hermann Rüggeberg in „Die Kunde" (Neue Folge 9, Heft 1 – 2, Jahrgang 1958) dargelegt. Er überschreibt seinen Aufsatz: „Werkstattklatsch oder Wahrheit ? Wieland schmiedet das erste Ganzstahlschwert des Abendlandes", und er fasst zusammen:

„Indem Wieland die Feilspäne seines Schwertes mit Gänsekot vermischt, kohlte er in einem zweimaligen Verfahren jeden Feilspan durch seine ganze Masse hindurch zu Stahl auf."

Aber dies war noch nicht alles. Dr.Ing. Daeves schrieb in der „Rundschau Deutscher Technik" (Nr. 26, 20. Jg., vom 27.6.1940) unter der Überschrift: „Die Untersuchung altdeutscher Eisenteile":

„Warum aber verwendete Wieland gerade Geflügelmist ? Wozu die mehrfache Einsatzbehandlung und Neuschmiedung ? Kot enthält außer Kohlenstoff auch Stickstoff. Erst seit Anfang dieses Jahrhunderts ist uns bekannt, dass die Stickstoff-Einwanderung eine beträchtliche zusätzliche Härtesteigerung bewirkt, so dass „nitrierte" Stähle die höchste bei Eisen überhaupt vorstellbare Härte aufweisen. Sie finden z.B. Anwendung in höchst-beanspruchten Flugmotorenteilen....

Die nach dem Wielandschen Verfahren behandelten Späne bestanden also aus einem weichen und zähen Kern mit einer nach Härtung äußerst harten und schneidfähigen Schale. Wurden diese Späne zusammengeschweißt, erneut zerfeilt, eingesetzt und verschweißt, so musste sich nach mehrfachem Wiederholen und Härten ein Körper ergeben, der sehr gleichmäßig aus zähem härtbaren Eisen und äußerst hartem Karbid (Eisen-Kohlenstoff-Verbindung) und Nitrit (Eisen-Stickstoff-Verbindung) mosaikartig zusammengesetzt war. Die Vereinigung von Schneideigenschaften und Zähigkeit ist bei einem solchen Verbundkörper wesentlich günstiger als bei einem durchgehend harten neuzeitlichen Messer und infolge der größeren Härte und günstigeren Verteilung der Nitride auch besser als die eines Rasiermessers oder Werkzeugstahls, das aus einer harten Grundmasse (Martensit) und eingebetteten Karbiden besteht".

Die Fachleute der Stahlindustrie hatten also festgestellt, dass das Wielandsche Verfahren nicht dichterischer Phantasie entsprungen war, sondern genaueste Schmiede-Kenntnisse, ja Schmiede-Geheimnisse mitteilte. Die Angaben waren sachkundig und technisch richtig. Dies war keine Maere, sondern echter Bericht. Eine Überlieferung, die einen solchen Sachbericht enthielt – und nur die Thidrekssaga enthielt ihn – durfte auch in anderen Mitteilungen Anspruch auf Zuverlässigkeit machen.

C. Wer waren die „Herren des Erzes" ?

Vermutungen zur Herrschaft zwischen Niederrhein und Maas im Frühmittelalter

Von Reinhard Schmoeckel

(Kein Nachdruck, sondern für diesen Band speziell verfasst)

1. Einleitung

Auch dieser Aufsatz beschäftigt sich mit Menschen, diesmal nicht mit den „Zwergen" oder anderen Bevölkerungsgruppen, die im Schweiß ihres Angesichts die wertvollen Erze aus der Erde holten oder sie zu Schwertern, Rüstungen und anderen wertvollen Dingen verarbeiteten. Sondern hier soll gefragt werden nach den Personen, die ü b e r diesen Arbeitern standen, die ihnen Lohn und Brot gaben, ihre Arbeit organisierten, ihre Erzeugnisse verkauften, dabei ordentliche Gewinne einstrichen - - und die damit wirtschaftliche und politische M a c h t gewannen.

Denn solche Menschen m u s s es gegeben haben. Auch wenn sie uns aus der Region zwischen Niederrhein und Maas in der hier interessierenden Zeit keine schriftliche Urkunden hinterlassen haben (und daher als Untersuchungsgegenstand für akademische Historiker ausfallen), führt auch das Stellen neugieriger Fragen und der Versuch, diese durch logisches Nachdenken zu beantworten, zu meist recht plausiblen V e r m u t u n g e n.

In den vergangenen 25 Jahren habe ich mich aus verschiedenen Anlässen und von unterschiedlichen Seiten her immer wieder mit der Geschichte gerade der Region zwischen Niederrhein und Maas im Frühmittelalter befasst. Dabei ist der „Nebel des Nichtwissens" vielleicht ein wenig lichter geworden, aber vieles ist nach wie vor auch mir unklar.

Zwei Fakten – wichtig für d i e s e s Buch – stehen aber inzwischen einwandfrei fest: In der Eifel muss es zur Zeit der römischen Herrschaft dort an zahlreichen Stellen ertragreichen **Bergbau**, d.h. die Förderung wichtiger **Metalle,** sowie deren **Verarbeitung** gegeben haben. Die archäologische Forschung hat dafür in den letzten Jahrzehnten genügend Beweismaterial erbracht. Darauf muss hier nicht näher eingegangen werden. Ein weiteres Faktum ist, dass diese Produktion irgendwann einmal **zum Erliegen kam.** Sehr wahrscheinlich geschah das auch gerade in der hier näher zu prüfenden Periode.

W a r u m ? Das ist eine der Fragen, die man sich hier stellen muss. Es kann recht verschiedene Gründe dafür gegeben haben, und vermutlich haben mehrere davon zusammen gewirkt. Auch werden die einzelnen Bergbauzentren nicht alle zur gleichen Zeit eingegangen sein. Heute jedenfalls weiß man nichts mehr von diesen einst so erfolgreichen Wirtschaftsbetrieben (außer einigen „Dorfsagen", z. B. über „Zwerge"); nur die fleißigen Archäologen können inzwischen den Gegenbeweis antreten.

Einer der Hauptgründe für das Ende der Montanwirtschaft in der Eifel dürfte gewesen sein, dass die hier bisher weitgehend o b e r - irdisch einzusammelnden Metallerze schließlich irgendwann einmal erschöpft waren. Vielleicht hätte das Schlagen von Förderstollen in die Bergwände oder tieferes Graben in die Erde noch weiteren Ertrag gebracht, doch dafür fehlten wohl die Menschen, das „Kapital" und das Interesse.

Die politische Unsicherheit, die sich nach dem Ende der Römerherrschaft vom Rhein bis zur belgischen Nordsee einstellte, dürfte ein Übriges getan haben, die Montanwirtschaft hier zum Erliegen zu bringen. Darauf wird in diesem Aufsatz gleich noch genauer eingegangen werden.

Damit hing zusammen, dass es immer weniger Menschen waren, die zu diesen Zeiten in den abgelegenen Wäldern und Bergen der Eifel lebten. Schätzungen von Fachleuten nennen für das r ö m i - s c h e Germanien westlich des Rhein-Limes eine Bevölkerungsdichte von nicht mehr als 3 - 4 Menschen pro Quadratkilometer (gegenüber heute etwa 200 !). Die Zeit römischer „Großstädte" im

Rheinland (Köln, Xanten) war spätestens seit den Jahren um 260 n. Chr. vorbei (auch hierzu Näheres im folgenden Teil). Die wenigen zehntausend Menschen im Rheinland nach dieser Zeit fanden sich nur noch in einigen „Siedlungsinseln" gehäuft an, und zwar entlang des Rheinufers, als letzte Teile der römischen Grenze, des „Limes", sowie an einigen kleinen Orten entlang der römischen Straßen, in den „Montan-Gegenden" in der Eifel, und im Übrigen in ganz versteckten kleinen Dörfern, wo die einheimischen Bauern mit Mühe die Lebensmittel-Überschüsse produzierten, von denen die „Städter" und die „Montan-Arbeiter" leben mussten.

2. Kurzübersicht über die Ereignisse im Rheinland von Augustus bis Karl dem Großen

Die folgenden Angaben sind Ergebnisse meiner intensiven Forschungen zur Geschichte dieser Zeit, sie könnten durch zahlreiche Quellenangaben belegt werden.

- **Seit der Varus-Schlacht (9 n. Chr.)** bildet der Rhein die römische Ostgrenze. Mit zahlreichen Kastellen und kleinen Städten am Rheinufer entsteht der „Limes", als Verteidigungslinie, auch zum Schutz der wichtigen r ö m i s c h e n Verkehrsader Rhein, sowie als Handels- und Zollgrenze zum „freien" Germanien.

- **2. Jh. nach Chr.:** nach der Provinzhauptstadt Colonia (Köln) entsteht am Niederrhein die Großstadt Colonia Ulpia Traiana (CUT – später Xanten genannt), außerdem zahlreiche Militärkastelle am linken Rheinufer, aus denen römische Kleinstädte werden. Viele römische „Optimaten" lassen sich „Villen" (Gutshöfe) im Rheinland bauen und dort von ihren „Kolonen" (Pächtern) landwirtschaftliche Produkte erzeugen, die sie gewinnbringend an die Städter in der Provinz verkaufen können. Außerdem blühen zahlreiche Industriebetriebe auf (u. a. Glas-, Tonwaren-Produktion, Metall-Förderung und Verarbeitung) an vielen Stellen der Provinz „Germania Inferior" (Nieder-Germanien). Das 2. -3. Jh. n. Chr. ist eine Zeit der Prosperität im römischen Rheinland.

- **In den Jahren um 260 n. Chr.** dringen zahlreiche starke Gruppen von Germanen (?) als Räuber über den Rhein in die wohlhabenden römischen Provinzen Germania und Belgica bis benden römischen Provinzen Germania und Belgica bis nach Gallien ein. Die Römer nennen sie zusammenfassend „Franken". Sie nutzen eine vorübergehende Schwäche der römischen Kaiser aus. Viele römische Städte und Gutshöfe bis weit nach Gallien hinein werden geplündert und zerstört. Nach wenigen Jahren endet die Angriffswelle der „Franken". Sehr zögerlich werden römische „Villae" und Kleinstädte später wieder von Römern bezogen, doch die einstige Besiedlungsdich-te und Prosperität der Provinz wird nicht wieder erreicht.

- **Wende vom 4. zum 5. Jahrhundert:** Auf der Flucht vor den Hunnen ziehen große Scharen germanischer und anderer Völker aus Osteuropa über den Rhein (bei Mainz) und dringen nach Gallien ein (406/407). Nach Plünderung vieler gallischer Städte ziehen Teile davon (Vandalen, Sueben) nach Spanien weiter. Die römische Armee in Gallien ist stark geschwächt, weil alle ihre beweglichen Formationen zum Schutz von Rom nach Italien abgezogen worden sind. Die Befehlshaber am Rhein-Limes suchen händeringend nach (germanischen) Söldnern, die die Kastelle des Limes verteidigen können. Mehrere Gruppen davon (u.a. Sarmaten, Thüringer) werden vorübergehend in Kastellen am Rhein stationiert, bald aber weiter nach Westen zurück versetzt. Im römischen Hinterland des Rhein-Limes setzt eine kontinuierliche Abwanderung vor allem der reichen Römer ein, die sich dort nicht mehr sicher fühlen.

- **Um 414:** Dem römischen Kaiser Honorius (inzwischen in der Adria-Stadt Ravenna untergeschlüpft) gelingt es durch erfolgreiche Generäle noch einmal, die römische Herrschaft in Nordgallien zu restaurieren. Doch alles einst römische Gebiet nördlich und östlich der unteren Maas wird aufgegeben, bis auf die römische Stadt Colonia (Köln). Im Gebiet westlich von Köln lassen sich die germanischen Burgunder nieder, mit Billigung der römischen Behörden, im Gebiet um Maastricht Teile der Alanen.

- **Der Zug der Hunnen unter König Attila 451** quer durch Germanien (und weiter bis ins Innerste Galliens, sowie noch im gleichen Jahr wieder zurück) berührt zwar das Gebiet der römischen Provinz Germania I (Niedergermanien) nicht, lässt aber die letzten Reste einer römische Provinz- und Armee-Verwaltung dort völlig zusammenbrechen. Seit 451 ist hier keine römische Verwaltung mehr nachweisbar.

- **In den folgenden Jahrzehnten** drängt nicht etwa eine Menge landhungriger „Franken" von Osten her über den Rhein in die „herrscherlos" gewordenen Gebiete auf dem anderen Flussufer – eine Ansicht deutscher Historiker bis ins 20. Jahrhundert ! – , sondern umgekehrt ziehen Germanen aus Gallien, die dorthin einst als römische Söldner gekommen waren, in kleinen Gruppen zurück n a c h O s t e n in das weitgehend menschenleer gewordene einstige „römische Germanien".

- **Ab etwa dem Jahr 500** lässt sich der merowingische König Chlodwig, der in Gallien die Macht errungen hat, „König der Franken" nennen. Er gewinnt damit die Loyalität von zehntausenden germanischer Söldnern im Römer-Heer, die noch immer von den Römern „Franken" genannt, aber bisher verachtet und gefürchtet wurden. Sie werden plötzlich zum „Herrschervolk" (wie die Goten und die Burgunder in anderen Teilen Galliens). Viele von ihnen schickt Chlodwig ins Rheinland, um es im Namen des „Königs der Franken" erneut zu besiedeln. Doch eine „fränkische Verwaltung" entsteht dort nicht.

- **Im 6. Jahrhundert** wächst ö s t l i c h der Grenze des Merowingerreiches in Gallien (= Grenze der vulgärlateinisch/ französischen Sprache gegenüber den germanisch/niederdeutschen Sprachen) bis etwa zur Weser ein Flickenteppich aus germanischen Klein-Herrschaften mit unterschiedlicher Abhängigkeit vom Frankenreich heran, vielfach auch durch Einheirat in Adelsfamilien im eigentlichen Gallien; viele Häuptlinge aus dem alten Germanien steigen in den Adel des Merowingerreichs auf.

- Etwa drei oder vier Adelsfamilien teilen sich das Gebiet zwischen **Niederrhein, Mosel und Maas** auf; durch Erbschaften, Hochzeitsgaben, Kauf und Tausch usw. entstehen bunt gemischte „Gutsherrschaften", keine in sich geschlossenen Territorien.

- **Im ersten Jahrzehnt des 7. Jahrhunderts** gerät die Loyalität vieler germanischer Gefolgsleute zum Fränkischen Reich in

ernste Schwierigkeiten, durch die blutigen Kriege der Frankenkönige untereinander (Brüder, bzw. Onkel) und die grausame
Behandlung von Angehörigen der Königsfamilien. Etliche Gefolgsleute sagen sich wenigstens vorübergehend von ihrem Gefolgschaftseid los.

- Die schwach gewordenen Frankenkönige aus dem Merowinger-
Haus können **während des 7. Jahrhunderts** die Einbuße an Ansehen östlich ihrer (fiktiven) Grenze nicht wiederherstellen; die
inzwischen erstarkten „Hausmeier" der d r e i fränkischen Könige sind durch Kämpfe gegeneinander ebenfalls nicht dazu in
der Lage.

- Erst dem „Pippiniden" Karl Martell gelingt es, **um 715** das gesamte fränkische Reich wieder zu einen und zu Kriegszügen östlich des Rheins auszuziehen, meist allerdings nach Süddeutschland (Bayern, Alemannien), um aufsässige Familienangehörige
niederzukämpfen.

- Karls Sohn Pippin (III.) nimmt **im Jahr 751** den Königstitel im
Frankenreich an, nachdem der letzte Merowingerkönig umgebracht (oder in einem Kloster kaltgestellt) worden ist. Bayern
und Alemannien gehören als halb souveräne Herzogtümer zum
Frankenreich, Norddeutschland sowie Nordbelgien und Holland
werden erst ab jetzt immer stärker in den fränkischen Machtbe-
reich einbezogen; Kämpfe gegen die „Sachsen" beginnen.

- **Im Jahr 768** tritt Pippins Sohn Karl die Herrschaft im nun wieder einheitlichen Frankenreich als König an. Er wird bald zu
Karl dem Großen.

3. .Die Herrschaft über das „Erz"

Bis zum Ende der Herrschaft der Römer, also bis etwa zum Jahr
450, scheint die Förderung von Metallen und ihre Verarbeitung in
der Eifel noch im Gang gewesen sein. Den römischen „Kapitalisten",
die sich vom Kaiser oder den Provinzbehörden die Privilegien als
Chefs solcher Anlagen gesichert hatten, den „Krupps" dieses Zeital-
ters, dürfte das ganz erhebliche Gewinne eingebracht haben.

Doch die unsicheren Zeiten ab etwa dem Jahr 400 n. Chr. veranlasste wohl auch diese „Industriellen", sich mit ihren Geldern in sicherere Regionen des Reiches zurückzuziehen. Vielleicht ließen sie Verwalter zurück, die für den ordentlichen Betrieb auch in ihrer Abwesenheit sorgen und die erzielten Gewinne in blanken Münzen an die Eigentümer schicken sollten (das Römische Reich kannte zwar einen Münzumlauf zwischen dem Atlantik bis nach Kleinasien, aber keine Banken und moderne „Geldüberweisungen"). Ob das Verschicken von Bargeld immer geklappt hat, darf bezweifelt werden.

Den Bergarbeitern und den fleißigen Schmieden in den „fabricae" war es nicht möglich, vor den plündernden „Barbaren" zu flüchten, wie es die Fabrikherren taten. (Allerdings: gerade in den Jahrzehnten, als die römische Herrschaft an der Rheingrenze zusammenbrach, kamen gar keine Plünderer !). Für einige Zeit mögen diese abhängigen Arbeiter ihre Aufgaben weiter auch ohne Anleitung erfüllt haben; s i e waren schließlich die Spezialisten, die wussten, was und wie es getan werden musste ! Doch irgendwann ging das nicht mehr so weiter.

Ob bereits in dieser Zeit manche der (kleinwüchsigen ?) Bergleute und der Schmiede ihre Arbeitsstellen verlassen haben, vielleicht auch, weil die Rohmaterialien, die bisher oberirdisch einzusammelnden Metall-Konkretionen (Erz-Rohlinge), selten zu werden begannen, weiß man nicht.

Wenn aber im späten 5. Jahrhundert und in den Jahrzehnten danach ein germanischer Häuptling mit einigen Kriegern diese frei gewordenen „Goldgruben" erreicht hat – gleich ob von Westen oder von Osten – wäre er mehr als dumm gewesen, wenn er achtlos daran vorbei marschiert wäre. Er m u s s t e die Gegend einfach in die Hand nehmen – und kräftig daran verdienen.

Kaufleute, die die Zwischen- und Fertigprodukte ankauften und später (natürlich mit Gewinn) weiter verkauften, gab es auch in diesen wirren Zeiten am Ende des Römischen Reichs genug. Vielleicht sogar hatten sie noch größere Gewinnchancen, weil die vielen Zollstellen, die einst unter römischer Verwaltung an den Straßen den Kaufleuten Zoll abnahmen, inzwischen verschwunden waren.

Kann man etwas über die germanischen V ö l k e r sagen, aus denen diese Häuptlinge oder Anführer gekommen sein mögen ? Wer so fragt, hat noch die alten Vorstellungen im Kopf, die vom 19. Jahrhundert an von deutschen Historikern gelehrt wurden. Die alten Völker in Germanien, von denen aus den Zeiten des Augustus und Tacitus berichtet wurde, hatten sich längst aufgelöst und verändert.

Es ist sogar sehr fraglich, ob zur Zeit der Varus-Schlacht alle Bewohner Nordwestdeutschlands G e r m a n e n waren, d.h. ob sie germanisch sprachen. Verschiedene Gründe machen es mir wahrscheinlich, dass z.B. die Cherusker und auch die Sugambrer keine Germanen waren, sondern zu einer Gruppe von Stämmen im heutigen Nordwestdeutschland gehörten, die zwar eine frühe indoeuropäische Sprache benutzten, aber eben weder die germanische noch die keltische (der sogenannte „Nordwestblock"). Am Ende des Weströmischen Reiches, einige Jahrhunderte später, dürften allerdings germanische Sprache und Kultur, von der Nordsee her kommend bis weit nach Süddeutschland hinein vorgedrungen sein.

Wenn, wie oben beschrieben, ab etwa 500 n. Chr. viele germanische ehemalige Söldner mit ihren Offizieren (und nunmehr Häuptlingen oder Kleinkönigen) von Gallien her ins Rheinland zogen, um sich dort Siedelland zu sichern, gebietet schon die Logik die Annahme, dass hier die alten germanischen Stämme k e i n e Rolle mehr spielen konnten. Diese einstigen Söldner dürften auch als erste bereit gewesen sein, sich selbst als „Franken" zu bezeichnen.

4. Die Herkunft der Karolinger

Unter diesen Voraussetzungen zu fragen, welchem Stamm oder Volk etwa die Vorfahren der Pippiniden /Karolinger angehört haben mochten, ist sinnlos. Doch G e r m a n e n müssen es nach ihrer Prägung schon gewesen sein (im Gegensatz zur Königsfamilie der Merowinger, deren s a r m a t i s c h e Abstammung ich glaube, überzeugend nachweisen zu können !).

Wie wurde man Chef einer solchen Gruppe, also Häuptling oder König ? Die erste Voraussetzung war: man musste in eine Familie hinein geboren sein, die diese Würde schon lange innehatte. Ein gewisser (ererbter oder neu gewonnener) Reichtum sollte hinzukommen, der von den Germanen nicht in Form gemünzten Geldes gezählt wurde, wohl aber in Form wertvoller Gegenstände (guter Rüstung, Schmuck), Vieh und vor allem auch Grundbesitz.

Aber ein Gefolgschaftsherr musste auch noch „Heil" (nordisch: „Hemingja") besitzen, das „Glück des Tüchtigen". Das waren nicht nur Zufälle, die etwa dem betreffenden Herrn von außen her halfen, sondern auch und vor allem eine innere Gabe, von sich selbst und allen Menschen, über die man gebot, Unheil abzuwehren – Krankheiten, schlechte Ernten, Verlust einer Schlacht. Ein wesentlicher Bestandteil dieses „Heils" war der Glaube daran, den seine Untertanen, aber auch seine Gegner hegten. Hatte ein Gefolgschaftsherr sein „Heil" verloren, war es oft schnell aus mit seiner Würde.

Diese Fähigkeit musste besitzen, wer als Herr über ein Gefolge von ergebenen Kriegern oder Bauern (und deren Familien) gebot, gleich ob es 50 oder 10 000 solcher Gefolgsleute waren. König konnten sich in dieser Zeit offenbar solche Herren nennen, die nicht durch die Umstände gezwungen waren, einem noch Mächtigeren selbst einen Gefolgschaftseid zu schwören. So konnten in der Zeit „zwischen den Reichen" (dem Römischen und dem fränkischen Kaiserreich) auch viele Häuptlinge sich König nennen, die nur über recht wenige eigene Gefolgsleute verfügten.

Wohin im einst römischen Rheinland die Neusiedler auch kamen, es war kein Problem, hier Land zu erwerben. Frühere römische Besitzer waren verschwunden, auch die römische Bürokratie existierte nicht mehr, die vermutlich einst (in Büchern aus Papyrus-Blättern ?) die Besitzverhältnisse genau dokumentiert hatte. Wer mit einigen Kriegern als erster in ein Dorf oder einen Gutshof kam, in dem es noch Bauern gab, konnte es sich aneignen, leer stehende Gebäude oder Fabricae, Mühlen oder Schmiedeanlagen sowieso. Auch wenn keiner der Usurpatoren schreiben und lesen konnte, waren die Gehirne der neuen Herren gut geübt, solche Besitzstände darin genau mit allen notwendigen Ortsbeschreibungen zu speichern.

Mindestens zwei Jahrhunderte hatten die neuen Herren aus dem germanischen Adel Zeit, ihren Familienbesitz durch zweckmäßige Heiraten, Zukauf oder Tausch zu vervollständigen, an möglichst verschiedenen Stellen der Provinz oder des fränkischen Königreichs Austrasien, denn das hob das Prestige.

Der älteste nach schriftlichen Urkunden bekannte m ä n n l i c h e Vorfahre Karls des Großen war Arnulf von Metz, der von ungefähr 580 – 640 lebte. Einer etwas späteren Generation gehörte die Edelfrau Irmina an (etwa 650 – 710), die eine w e i b l i c h e Vorfahrin Karls des Großen war, also einer a n d e r e n Adelsfamilie entstammte. Möglicherweise wurde diese Adelsfamilie zum später im Rheinland bekannten Geschlecht der Ezzonen. Durch ihre Stiftung zugunsten eines Trierer Klosters und vor allem durch ihre Töchter, die ebenfalls wieder zahlreiche Stiftungen verfügten, haben diese edlen Damen eine Reihe von sehr frühen Schrifturkunden produziert. Dadurch kann man in etwa erkennen, wo überall das Adelsgeschlecht, aus dem Irmina und ihre Tochter kamen, Grundstücke, Höfe und „fabricae", Erzförder- und -verarbeitungs-stätten besaß.

Es scheint bezeichnend zu sein, dass sich der Grundbesitz nur dieses e i n e n Adelsgeschlechts über die gesamte Region zwischen Rhein (etwa bei Duisburg), unterer Mosel und der Maas (unterhalb von Maastricht) verteilte. Einige Schwerpunkte lassen sich erkennen: Sie liegen rund um Zülpich und die „Bergwerksregion" an der oberen Rur (Nebenfluss der Maas), ferner rund um Prüm sowie zwischen Trier und Echternach – dort muss ebenfalls eine „Metall-Region" gelegen haben !

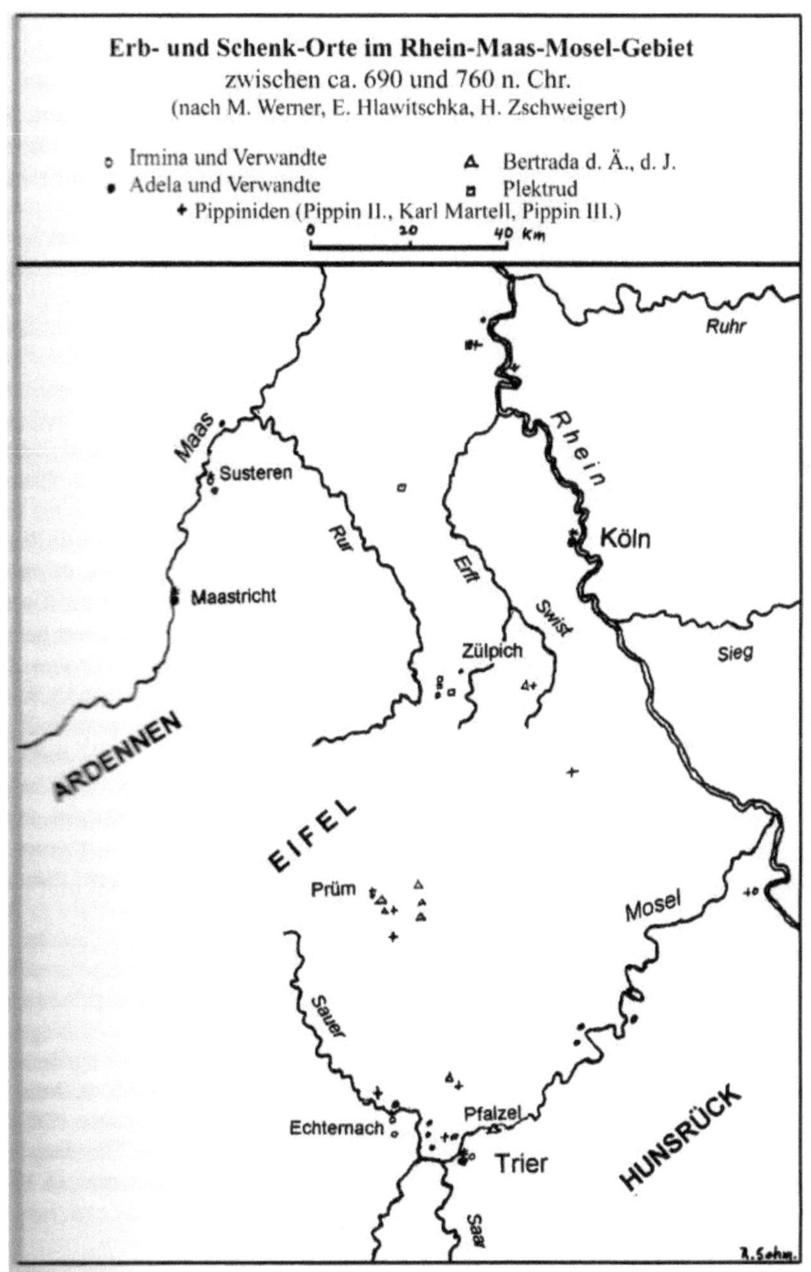

Erb- und Schenk-Orte im Rhein-Maas-Mosel-Gebiet
zwischen ca. 690 und 760 n. Chr.
(nach M. Werner, E. Hlawitschka, H. Zschweigert)
Irmina und Verwandte
Adela und Verwandte
Pippiniden (Pippin II., Karl Martell, Pippin III.)
Bertrada d. Ä., d. J.
Plektrud
0   20   40 Km
Ruhr
Maas
Susteren
Maastricht
ARDENNEN
Rur
Rhein
Köln
Erft
Swist
Sieg
Zülpich
EIFEL
Prüm
Mosel
Sauer
HUNSRÜCK
Echternach
Pfalzel
Trier
Saar
R. Sohn.

Aber auffallend ist, dass in der unmittelbaren N a c h b a r -
s c h a f t von Besitz dieses Geschlechts auch die späteren P i p p i -
n i d e n (noch später K a r o l i n g e r) offenbar sehr alten Grundbesitz hatten, vor allem auch in der Eifel rund um das „Montange-
biet" an der Rur (Heimbach-Nideggen) sowie in der Nähe von Echternach. Dies könnte ich im Einzelnen nachweisen. Dies macht es
wahrscheinlich, dass die V o r f a h r e n der Karolinger ebenfalls in
dieser Region zwischen Rhein, Mosel und Maas – und nirgends woanders ! – die Grundlagen für das so lange anhaltende „Heil" ihrer
Familie haben legen können. Ihre mindestens zeitweise Herrschaft
über einige der Montanregionen dürfte entscheidend zu ihrem Einfluss und ihrer Macht beigetragen haben.

Die hier abgedruckte Karte wurde bereits für den Band 1 der „Forschungen zur Thidrekssaga" im Jahr 2002 gezeichnet und illustriert
dort einen Aufsatz über die „Pippiniden und ihre Frauen". Sie belegt
in meinen Augen deutlich, dass die Adelsfamilie der Pippin-
iden/Karolinger bereits ein oder zwei Generationen v o r den ersten
durch U r k u n d e n belegten Mitgliedern zu den reichen Familien
des germanischen Adels – zu Zeiten der römischen Kaiserherrschaft
wohl auch zugleich noch als angesehene hohe Offiziere im römischen Heer – gehörten und in der Lage gewesen waren, umfangreichen Grundbesitz als wichtigste Grundlage ihrer Macht und ihres
„Heils" zu sammeln.

Historiker und Genealogen, die nach ihrer „Berufsethik" allein auf
schriftliche Dokumente für ihre Forschungen angewiesen sind, dürften die bisher hier geäußerten Vermutungen für „haltlose Spekulationen" halten. Doch meine ich, dass der Blick „von früh bis später" und daraus gewonnene Erkenntnisse durchaus plausible Grundlagen für Annahmen liefert, die keineswegs mehr „haltlos" wirken.

Fragen an die Geschichte:
Wurden aus den Gjukungen die
Edelherren van Cuijk in den Niederlanden ?

Von Reinhard Schmoeckel

Karl Mebold, der so kundig das T e c h n i s c h e aus den alten Edda-Erzählungen herausgefiltert hat (Teil I dieses Buches), lehnt es strikt ab, nach eventuell auch darin schlummerndem H i s t o r i - s c h e n zu suchen. Er sei nur ein L i t e r a t u r-Analytiker, kein Historiker, behauptet er.

Doch ist es nicht durchaus wahrscheinlich, dass sich in den alten „Maeren" auch manches findet, was in die G e s c h i c h t e Europas in den Jahrhunderten zuvor zurückführt ? Der Gelehrte Snorri Sturluson und seine Schar von „Literatur-Studenten" haben diese „Maeren" ja an der Wende von 12. zum 13. Jahrhundert offenbar recht systematisch gesammelt.

Einen Versuch, hierin nach „ G e s c h i c h t e" zu suchen, stellt der vorliegende Aufsatz dar, natürlich mit den üblichen Vorbehalten, dass dies ja alles nur Spekulationen sein können, weil s c h r i f t - l i c h e Belege fehlen, die dem „wahren Historiker" für seine For- schungen unerlässlich sind.

Sicher dürfte Mebold Recht haben, wenn er behauptet, Snorri Sturluson und seine Gehilfen hätten in ganz Mitteleuropa – d.h. dort, wo man noch germanische Sprachen benutzte – interessante „Mae- ren" gefunden, die von den dortigen „Skops" mündlich vorgetragen wurden. Teilweise stammten die Informationen auch von direkten „Besichtigungsreisen" der wissbegierigen Literaturstudenten oder Kollegen Sturlusons. Unter anderem daraus hat dann Snorri in poeti- scher Form die „Lieder-Edda" und die „Prosa-Edda" geschaffen und aufschreiben lassen und damit erfreulicherweise der Nachwelt über- liefert.

Mebold fragt am Schluss seines Beitrags, ob Sturluson vielleicht bei dieser Gelegenheit Zugang zu einer inzwischen verlorenen Familien-Erinnerung der Edelherren van Cuijk in den Niederlanden erhielt, die er dann in seiner Geschichte von der Reise der Asen zu Hreitmar, Ottar, Fafnir und Regin, dem Schicksal Sigurds und der Gjukungen verarbeitet hat. Dafür spricht Einiges.

Der Name „Gjuki" in alt-isländischer Sprache (davon abgeleitet sein Geschlecht, d. h. seine Söhne, die „Gjukungen") erinnert tatsächlich sehr an den Adelsnamen in niederländischer Sprache „van Cuijk" (Kuijk). Ausgesprochen wird das Wort „Keuk". Dieses Geschlecht spielte im hohen Mittelalter (etwa zwischen 1050 und 1440 eine erhebliche politische Rolle in den langsam zusammen wachsenden Niederlanden, aus den „Edelherren van Cuijk" wurden Grafen und diese fügten sich bald in das entstehende Herzogtum Brabant ein. Seit 1440 ist das Geschlecht wohl im Mannesstamm erloschen. Doch das alles kann nicht das Thema d i e s e s Aufsatzes ein.

Allenfalls können einige Notizen von Bedeutung sein, die Karl Mebold mir zu dieser Zeit überlassen hat:

In den Jahrzehnten, als Sturlusons Redakteure im Rheinland Informationen sammelten, dienten angesehene Mitglieder der zum frühfränkischen Hochadel gerechneten Familie van Cuijk u.a. als Ministeriale am Kölner Hof des dortigen Erzbischofs. Sturluson muss davon gewusst haben. Die Herren van Cuijk galten als sehr reiche und spendable Stifterfamilie (vergleichbar den frühen Pippiniden: Plektrudis, Gertrudis von Nivelles. Das Haus van Cuijk war um 1200 u.a. versippt mit den (Eisen-)Herren der Nordeifel (Aremberg, Hochstaden, Maubach) sowie mit dem Haus Arnsberg im Sauerland. Kloster Wedinghausen in Arnsberg ist eine Stiftung u.a. der Herren van Cuijk und eine mögliche Entstehungsstätte der (niederdeutschen) Urfassung der Thidrekssaga.

*Das erlaubt mir, zu denken, das Sturluson die rheinischen Geschlechternamen gleichsetzt: Niflungen = Gjukungen. Zur Kontrolle der Quellentext aus dem Skaldskarpamal, nach der Übersetzung von Manfred Stange, Marix-Verlag S. 329: „Brynhild hatte das Gelübde getan, keinen anderen Mann zu freien, als der es wagte, durch wafurlogi zu reiten. Da ritt Sigurd mit den **Gjukun-***

*Von der Namensgebung ganz abgesehen, macht das Wort
RENNEN – zumal so nahe beim Wort FEUER – stutzig. Ob hier
ursprünglich von einem Renn-Feuer erzählt wurde ? Das würde
gut zum zweideutigen REITEN passen.*

Der erste Herr van Cuijk, von dem ein schriftliches Dokument
vorliegt, soll zwischen 1070 und 1108 gelebt haben. Wie üblich existiert für gelernte Historiker oder Genealogen d a v o r - - absolut
n i c h t s . Bei ihnen hört die Geschichte damit auf, oder anders ausgedrückt, davor gibt es für sie keine „Geschichte".

Doch gibt es Menschen, die darüber nachdenken, dass ein solcher
Adliger wahrscheinlich schon viele Generationen von Vorfahren
gehabt haben dürfte, die auch Ansehen und Grundbesitz und Macht
im Kreis ihrer Kollegen gehabt haben müssen. Vermutlich waren
Vorfahren aus diesem Geschlecht schon zur Zeit der fränkischen
Könige und Kaiser aus dem Karolinger-Haus von Bedeutung. Es
scheint sogar in der Familiengeschichte des alten Adelsgeschlechtes
den Bericht gegeben zu haben, wonach Vorfahren in das neustrische
Königshaus der Merowinger eingeheiratet hätten.

Nur hat man damals nicht ihre Namen in die seltenen schriftlichen
Urkunden geschrieben, oder, was noch wahrscheinlicher ist, Perga-
mente mit ihrem Namen sind verloren gegangen. Historiker machen
sich offenbar leider selten klar, dass wahrscheinlich 80 Prozent einstiger Urkunden aus dem Mittelalter in der frühen Neuzeit ohne Rück-
sicht auf ihren wertvollen Inhalt vernichtet worden sind.

Gibt es Anhaltspunkte, dass die Herren van Cuijk bereits in der
Endzeit des Römischen Reiches oder kurz danach Grundbesitz in der
„Erzprovinz" hatten und vielleicht Besitzer einer Eisenschmiede
waren ?

Ein Ort namens Cuijk liegt am Westufer der Maas, etwa 10 Kilometer südlich von Nijmegen (Nimwegen), dicht westlich der deutschen Grenze. Der Rhein (mit der Stadt Emmerich) ist davon nur
wenige Kilometer entfernt – und in der Edda wird ja ausdrücklich

„König Gjuki am R h e i n" erwähnt. Dieser Ort Cuijk wurde auf den Ruinen eines einstigen römischen Limes-Kastells errichtet. Ist es nicht gut vorstellbar, dass ein einstiger Anführer germanischer Föderaten (zu Römerzeiten a u c h römischer Offizier !) nach dem Zusammenbruch römischer Verwaltung mit seinen Leuten einfach dort geblieben ist, wo er von den Römern hingeschickt worden war und wo vor ihm vielleicht Generationen im römischen Auftrag Dienst taten und ihre kleinen Äcker bestellten ? In anderen Gegenden (in Belgien in der Ortschaft Samson) ist so etwas durch archäologische Forschungen nachgewiesen worden.

Doch die spätere Grafschaft Cuijk erstreckte sich einst von dort ziemlich weit nach Südwesten, bis in die heute „Nordbrabant" genannte Gegend, die in den Niederlanden auch „Kempenland" heisst

Und dort, südlich von Eindhoven, findet sich das Gebiet, in dem einst die „Kabouters" Eisen schmiedeten. In diesem Buch ist auf S. 151 ff. Einiges dazu lesen. Ob vielleicht die „Gjukungen" vor oder nach dem „Auszug der Kabouters" ihre Finger in der Reichtum und Macht versprechenden „Eisenerz-Region" hatten ? Nach Sturluson waren sie ja nicht ursprünglich Eigentümer der Schmiede, sondern wurden erst durch ihren Schwager Sigurd dazu.

Die Frühgeschichte der Niederlande zwischen dem Ende der Römerzeit und dem Beginn des Fränkischen Groß-Reiches unter den Karolingern bildet offenbar bei den Historikern dieses Landes eine Art „schwarzes Loch". Der Autor dieses Aufsatzes konnte das verfolgen, da er seit fast 15 Jahren Bezieher des Vierteljahressschrift „SEMafoor" des Vereins „Studiekring Eerste Millenium" (SEM) ist, eines Vereins von meist privaten Geschichts- und Heimatforschern aus den Niederlanden und dem flämisch-sprachigen Belgien, der sich, in freundlicher Konkurrenz zur Geschichtsforschung an den Universitäten, um die Aufklärung des ersten Jahrtausends unserer Zeitrechnung „in den Niederen Landen" bemüht. „Niedere Lande" sind in unserem Nachbarland ein Ausdruck für das Gebiet zwischen Nordsee an der belgischen Küste bis etwa nach Hamburg, also weit größer als unsere deutsche Bezeichnung „Niederlande".

In dieser Zeitschrift SEMafoor sind in den letzten 15 Jahren viele hundert Aufsätze mit sehr wichtigen und interessanten Forschungen

210

erschienen, vorrangig natürlich zur Geschichte der eigentlichen Niederlande. Die Römerzeit wird ausgiebig behandelt, auch die Zeit des Missionars Bonifatius, der im Jahr 774 von damals noch heidnischen Friesen umgebracht wurde, und die Zeit danach. Doch die Zeit dazwischen – immerhin mindestens 350 Jahre – bleibt irgendwie ausgeklammert, als habe es sie nie gegeben. Ein Beitrag über die „Kabouters" bildet allerdings eine Ausnahme.

Wenn man Sturlusons Geschichte vom „Ende der Gjukungen" wörtlich nimmt, war mit der Ermordung der Helden in Atlis Halle dieses Geschlecht ausgelöscht. Doch vermutlich gab es noch die eine oder andere Seitenlinie, die dafür sorgte, dass das einst so reiche und mächtige Geschlecht nicht ganz ausstarb und vielleicht im Laufe der nächsten Jahrhunderte wieder zu größerem Reichtum und Macht kam – nun nicht unbedingt mehr auf der Grundlage eines Eisenwerks.

Vielleicht ist es wirklich nur pure Spekulation, was ich versuchen will, darzustellen. Aber da ich nun einmal von der möglichen Existenz einer blühenden großen Schmiedewerkstatt von „Kabouters" im niederländischen Kempenland fasziniert bin (siehe meinen Aufsatz), und da ich glaube, auch ein wenig über die so unbekannte Zeit in der Geschichte unseres Nachbarlandes zu wissen, traue ich mich zu folgenden Behauptungen.

Für mich sind die Jahrhunderte, die dem Zusammenbruch der Römerherrschaft dort an der Nordsee folgten, vielleicht nicht ganz so dunkel wie manchen niederländischen Kollegen, denn ich habe mich forschend seit vielen Jahren damit beschäftigt. Ich gehe von mehreren Fakten aus:

• In der letzten Zeit des Römischen Reiches (im 5. Jahrhundert) gab es an der belgischen und niederländischen Küste keine römischen Garnisonen oder Städte mehr. Wer das Land bewohnte, waren Gruppen ehemaliger germanischer Söldner verschiedener Herkunft, die nach dem Abzug ihrer römischen Vorgesetzten praktisch selbständig und zu Herren der kleinen Bevölkerungsreste geworden waren: namenlose kleine Grüppchen einer antiken „Ur-Bevölkerung" und des üblichen Bevölkerungsgemischs aus der Römerzeit, das der Unterschicht angehörte (keine Germanen) .Dazu ist mehr nachzulesen im Band 3 der „Forschungen zur Thidrekssaga" (Die Wilkinensage, Bonn 2006).

- Die Reiche der fränkischen Merowingerkönige, deren Regierungszentren ja im nördlichen G a l l i e n lagen, haben sich zwar sehr nachdrücklich nach S ü d e n ausgedehnt (Eroberung des Westgoten- und des Burgunderreiches) und hatten auch Erfolge in der Ausdehnung nach O s t e n über den Rhein. Doch nach N o r d e n (Belgien, Holland) trauten sich die Könige und ihre Heere lange nicht, nachdem dort zu König Chlodwigs Zeiten ein Eroberungsversuch kläglich gescheitert war.

- Die Sprachgrenze (zwischen Vulgär-Latein/Alt-Französisch/ Wallonisch und der flämisch/holländischen Sprache) quer durch das heutige Belgien markiert nach meiner Überzeugung eine Siedlungs- und Verwaltungsgrenze zwischen den Merowinger-Reichen (wo längst Vulgär-Latein oder Alt-Französisch gesprochen wurde) und ihren germanisch-sprachigen Nachbarn, die fast 300 Jahre so stabil war, dass sie nicht mehr zu verändern war, auch dann nicht, als die Franken doch noch die Herrschaft bis zum Friesen-Gebiet an der Nordsee übernehmen konnten.

- In dieser „Zwischenzeit" könnte nach meiner Überzeugung die „Stahlhütte" im Kempenland von den kundigen „Kabouters" lange selbständig betrieben worden sein, wie Ad Maas in seinen Literaturforschungen sehr überzeugend nachgewiesen hat. Vielleicht gab es ähnliche Anlagen auch noch anderswo in den Niederlanden und Belgien.

- Erst ganz am Ende des 7. Jahrhunderts gelang es dem fränkischen Hausmeier Pippin (II.), gegen die an der Nordsee zu einem mächtigen Volk gewordenen Friesen auch im heutigen Belgien und den Niederlanden Fuß zu fassen. Erst ab dieser Zeit (also ab dem frühen 8. Jahrhundert) ist es für mich denkbar, dass dort (mit ziemlicher Gewalt) das Christentum eingeführt wurde und die auf ihre Unabhängigkeit so stolzen „Kabouters" so gegängelt wurden, dass sie „die Brocken hinwarfen" und abzogen. Wohin ?

Wie nun die Schmiede des „Zwergenvolkes" während des Betriebs der Hütte mit einem (germanischen) König Gjuki (oder Cuijk) zu Rande kamen, ob das überhaupt denkbar war und wie das im Einzelnen abgelaufen sein könnte, das kann ich nicht erklären. Denn weder die „Geschichte" noch Snorri Sturlusons Edda geben das her.

Was Snorri Sturluson mindestens 600 Jahre später davon erfahren haben könnte, und was er daraus gemacht hat – ein **Lehrbuch für Schmiede !** – steht ohnehin auf einem anderen Blatt.

Geklärt werden muss jedoch noch ein Punkt, der vielen Lesern dieses Buches aufgefallen sein wird: Snorri Sturluson redet immer von „Gjukungen", während wir die Story doch unter dem Namen „Nibelungen" kennen.

Ich bin kein Experte für die Edda, auch nicht für das Nibelungenlied. Kommt im isländischen Ur-Text der Edda je das Wort „Nibelungen", „Niflungen" oder in ähnlicher Form vor ? Ich habe den Verdacht, dass die Formulierung „Geschichte von den **Gjukungen, die auch Niflungen hießen**" bewusst vom ersten Übersetzer des Textes ins Deutsche, Karl Simrock, um das Jahr 1850 gewählt worden ist, um bei deutschen Lesern Interesse zu wecken. Denn die kannten bereits das Nibelungenlied, das von eben diesem Karl Simrock lange v o r der Edda ins Neuhochdeutsche übersetzt worden war und inzwischen schon zu so etwas wie einem „Nationalepos der Deutschen" geworden war. Und eine Ähnlichkeit der Personen und des Ablaufs des Geschehens ist ja auch nicht zu übersehen.

Ich bin überzeugt, dass ab dem 5.Jahrhundert n. Chr., spätestens dem 6. Jh., an den Adelshöfen mit g e r m a n i s c h e r Sprache in Mitteleuropa von den Dichter/Sängern, den „Skops", immer wieder eine „Maer" (Erzählung aus der Vorzeit) vorgetragen wurde, die vom tragischen Schicksal Siegfrieds, Gunthers, Hagens, Brunhilds und Kriemhilds erzählte (oder wie diese Namen damals lauteten).   Diese Story von Mord, von Blutrache innerhalb einer Familie und dem (todeswürdigen) Bruch des heiligen Gastrechts war für die Menschen des frühen Mittelalters so spannend, dass sie immer wieder erzählt werden musste und zum wichtigsten Repertoire aller Skops gehörte, soweit sie gegenseitig ihre Sprache verstanden.

Ob diese Story ursprünglich mit der Kunst des Schmiedens zu tun hatte, ist mir nicht sicher – auf jeden Fall hat Snorri Sturluson allerdings aus ihr ein „Lehrbuch für angehende Schmiede" gemacht, wie Karl Mebold überzeugend erklärt hat.

Als die „alten Maeren" dann endlich aufgeschrieben wurden – und damit erfreulicherweise selbst von Menschen im 21. Jahrhundert zur Kenntnis genommen werden können, zugleich aber auch in einer bestimmten Fassung fixiert wurden – hatte die „Siegfried-Story" offenbar bereits unterschiedliche Abfolgen (und zum Teil Inhalte) erhalten. Verschiedene „Dynastien" von Skops (die ihre Kunst häufig auf ihre Söhne und Enkel vererbten) haben sie wahrscheinlich seit langem schon so mit teilweise abweichenden Fassungen vorgetragen.

Die Zeit der V e r s c h r i f t u n g dieser „Maer" fiel überall in die „Stauferzeit", wie man sie in Deutschland nennt: Das **Nibelungenlied** angeblich kurz vor 1200 (in Mittel**hochdeutsch**), die **Edda** kurz danach (in **Altisländisch)**, die (verlorene) **niederdeutsche** Fassung der **Thidrekssaga** wohl um 1240. Und in den Fassungen in den frühen d e u t s c h e n Sprachen ist auf jeden Fall von einem „Zwerg Niflung" oder „Nibelung" (anstatt Andwari) sowie von einem „Volk" der Niflungen oder Nibelungen die Rede.

Als privater G e s c h i c h t s forscher (und nicht Fachmann für die – philologische – Erforschung des Nibelungenliedes oder der Thidrekssaga) enthalte ich mich jeder Vermutung, woher dieser andere Name kommt. Er muss aber in den „Maeren" auf dem europäischen Kontinent schon sehr früh vorgekommen sein.

Hier ist noch viel Raum für weitere Forschungen. Ob jemand den Faden aufnehmen wird ?

III.

Orte

A. Die „römische Erzprovinz" in der Eifel

Redaktionelle Vorbemerkung:

Die Beiträge in diesem Teil des Buches (III. A) weichen in ihrer Art erheblich von den übrigen Abhandlungen ab. Wo sonst versucht wird, in alten **S a g e n** *Aufklärung zu finden, geht man hier (weitgehend) vom **heutigen Zustand der Landschaft** aus.*

Das hat seinen guten Grund. Vor einigen Jahren taten sich verschiedene Personen, die an der Geschichte ihrer Heimat interessiert waren, zu „Heimat- und Geschichtsvereinen" zusammen, einem in Nideggen, einem anderen in Hürtgen. Diese Orte liegen am Mittellauf der Rur, dem Nebenfluss der Maas, ganz im Westen von Nordrhein-Westfalen. Im Jahr 2013 fanden diese Vereine Kontakt zum „Dietrich von Bern-Forum – Verein für Heldensage und Geschichte", das danach (im Jahr 2014) mit ihnen zusammen einen lockeren „Arbeitskreis Montanwirtschaft" gründete, in der Absicht, diesen sehr **l o k a l e n** *Vereinen eine bundesweite Anbindung zu ermöglichen. Denn das, was die Mitglieder dieser Heimatvereine im äußersten Westen der Bundesrepublik Deutschland erforschen möchten, dürfte Menschen* **ü b e r a l l** *in Deutschland interessieren.*

*Es geht um die Aufklärung der Frühzeit der **(Eisen-)Erzförderung und –verarbeitung** in bestimmten Gegenden in der Eifel, zur Zeit der Kelten und vor allem der Römer. Die Mitglieder der „Heimat- und Geschichtsvereine" am Flüsschen Rur gehören vielfach Berufen aus dem Bereich der Naturwissenschaft an (Geologie, Bergbautechniker ...). Die Arbeit von Sagenforschern oder Historikern steht ihnen fern, aber gleichzeitig wissen sie, dass nur eine intensive interdisziplinäre Zusammenarbeit verschiedener Wissenschaften oder Sachgebiete wirklich neue Erkenntnisse bringen kann.*

Den **A n f a n g** *dieser erfreulichen Zusammenarbeit macht dieses Buch.*

Bisherige Erkenntnisse und weitere Untersuchungen zum keltisch-römischen Erzbergbau im Badewald

Von Dietrich Bauer

Im Badewald bei Nideggen findet man zahlreiche Spuren eines sehr alten Eisenerzbergbaus aus keltisch/römischer Zeit. Einige dieser Funde können mit großer Sicherheit diesem alten Bergbau zugeordnet werden und stützen somit die Vermutung, dass der Bade-wald zu keltischer und später römischer Zeit ein sehr ergiebiges Eisenerz-revier war. Dazu zählt beispielsweise der von Dr. von Petrikovits entdeckte und erforschte Standort von 5 römischen Rennöfen südlich von Berg in der Nähe des Gödersheimer Berges.

Andere Standorte lassen bisher lediglich die Vermutung zu, dass sie bergbaulichen Ursprunges sind. Dazu zählen die zahlreichen, im Badewald vorzufindenden Pingen, die als Abbau-Restlöcher gedeutet werden können. Die anderen technologischen Abschnitte des berg-baulichen Prozesses sind bisher nicht oder nur unzureichend belegt. Nachfolgend soll der bisherige Kenntnisstand dargelegt und weitere Schritte bei der Erforschung des keltischen und römischen Bergbaus im Badewald angedeutet werden.

Die Suche und Erkundung des Erzes erfolgte durch die Kelten und Römer mit hoher Wahrscheinlichkeit visuell. Die Erzvorkommen in Gängen oder Flözen waren tagesnah und konnten stellenweise direkt an der Erdoberfläche gefunden werden. Kleinere Aufschlüsse, z.B. von Raseneisenstein, sind noch heute im Badewald erkennbar. Am 10. Juni 2015 konnte durch Mitglieder des Heimat- und Geschichtsvereins Nideggen ein größerer Aufschluss abbauwürdiger Eisenkonkretionen von 3,5 m Breite, ca. 2 m Höhe und unbekannter Länge gefunden werden. Dieser Fund wurde durch Spezialisten vom Geologischen Dienst NRW untersucht.

Fotos: Heinz Bücker

Die gefundene Eisenkonkretion befand sich unmittelbar an der Erdoberfläche. Weitere Eisenkonkretionen dieser Art wurden auch in der Nähe gefunden. Wie die Abbildungen zeigen, ist das Eisenerz scharf vom Umgebungsgestein abgegrenzt.

Dieser Sachverhalt hat eine große Bedeutung für den weiteren Abbauprozess. Die alten Bergleute konnten dieses Erz direkt aus dem Umgebungsgestein herausbrechen, ohne unnötiges taubes Material mit zu fördern. Das hatte zur Folge, dass beim Aushub des Loches (der Pinge) kein Haldenmaterial entstand. Somit weisen die heutigen Pingen in der Regel auch keine nennenswerten Wälle auf; es fielen beim Abbau einfach keine größeren Mengen Haldenmaterial an. Die Pingen im Badewald haben teilweise bis zu 50 m Durchmesser und haben eine Teufe *(bergmännischer Ausdruck für Tiefe)* bis zu ca. 10 m. Eine typische Pinge im Badewald zeigt die folgende Abbildung

Abbaubedingte Pinge mit erkennbarem Erdsattel in der Mitte (Zufahrt zur Gube)   Foto: Heinz Bücker

Traten die Erzvorkommen an die Erdoberfläche, brachen häufig durch Erosionsprozesse o.ä. verursachte größeren Gesteinsbrocken aus dem Erzverband heraus. Diese Brocken, die sogenannten Molterstücke, wurden von den Kelten und Römern ebenfalls abgebaut, ohne Restlöcher mit größeren Erdwällen zu hinterlassen.

Um jedoch einen überzeugenden Nachweis für den bergbaulichen Ursprung dieser im Badewald zahlreich vorhandenen Restlöcher (Pingen) zu finden (siehe nachfolgende Abbildung), wird es notwendig sein, die Technologie "Geographischer Informations-systeme" (GIS) zu verwenden. Die rechnerbasierten GIS gestatten es, jegliche Information, die mit einer Koordinate verknüpft werden kann, mit einer topographischen Karte zu verbinden und somit nach komplexen Zusammenhängen unterschiedlicher Attribute zu suchen.

Geländemodell mt erkennbaren Pingen aus Messungen eines Radar-satelliten. Quelle: TIM online NRW. Foto: Heinz Bücker

Der nach dem Abbau folgende Prozess der **Erzwäsche** war im Badewald höchstwahrscheinlich nur in sehr geringem Umfang ausgeprägt. Der gefundene Aufschluss der Eisenkonkretion zeigt ein sehr hochwertiges Eisen, welches praktisch nicht durch taubes Nebengestein verunreinigt war. Dadurch entfiel auch die Not- wendigkeit einer Erzwäsche. Im Badewald wurden bisher auch keinerlei Spuren einer Erzwaschanlage nachgewiesen, obwohl die Kelten und später auch die Römer diese Technologie durchaus kannten, worauf auch Funde anderenorts in der Eifel hinweisen.

Etwas anders sieht es beim **Brechen des gewonnenen Erzes** vor der Verhüttung aus. Es ist durchaus möglich, dass die gewonnenen Erzbrocken vor der Verhüttung in einer Art antiker Pochwerke noch aufbereitet wurden. Hier sind weitere Untersuchungen im Badewald durchaus sinnvoll.

Die **Verhüttung des Erzes** erfolgte in Rennöfen. Ein Standort mit fünf derartigen Öfen im Badewald wurde von Dr. von Petrikovits nachgewiesen und ausführlich dokumentiert.

An dieser Stelle sollte aber noch eine offene Frage untersucht werden, nämlich die Frage nach dem **Verbleib der Schlacken**. Bei einem Betrieb von 5 Rennöfen über einen längeren Zeitraum ist, trotz der geringen Größe dieser Öfen, mit der Entstehung von größeren Schlackenmengen zu rechnen, die irgendwo gelagert wer-den mussten.

Betrachtet man die Morphologie des Standortes der 5 Rennöfen, so fällt sofort ein Hügel auf, der sich in halber Höhe am Abhang deutlich sichtbar ausbreitet und irgendwie nicht in die natürliche Morphologie des Standortes passt. Bei diesem Hügel könnte es sich um eine zentrale Schlackenhalde handeln. Die Lage wäre ideal, denn die anfallende Schlacke musste dann lediglich hangabwärts verbracht werden.

Zur **weiteren Erforschung** wird es erforderlich sein, die Lagepunkte der Pingen mit einer topographischen Karte zu verknüpfen und anschließend mit der Lage und dem Verlauf der Eisenerzgänge oder Flöze aus einer Geologischen Karte zu vergleichen. Existiert ein Zusammenhang zwischen den Lagepunkten der Pingen und der Lage der Erzgänge, dann ist der bergbauliche Ursprung dieser Pingen als Abbaurestlöcher wahrscheinlich. Existiert ein solcher Zusammenhang nicht, dann müssen die Pingen einen anderen Ursprung haben.

Zur Klärung dieser Frage wäre es erforderlich, zwei oder drei geophysikalische Querprofile zu messen oder eine Grabung vorzunehmen, sicherlich eine lohnenswerte Aufgabe für ein studentisches Praktikum.

Vom Rennofen zum „ferrum noricum"

Von Arne Esser

Sozio-ökonomische Fragestellungen zur Vermehrung der Bevölkerungszahlen einzelner Volksstämme führen zwangsläufig zu deren verbesserten Ernährungsbereichen (und zur erfolgreichen Kriegsführung.) Im mitteleuropäischen Raum wissen wir von der enormen Bevölkerungsvergrößerung der „keltischen" Völker, die in den letzten Jahrhunderten vor Christi Geburt von Nordspanien bis zum Schwarzen Meer Land in Besitz nahmen.

Durch verbesserte Bewirtschaftung des Bodens wurde ihre Ernährung so gesichert, dass die Überlebensrate anstieg und damit die Vermehrung der Bevölkerung nach einigen Generationen zur Auswanderung führen musste. Diese erfolgreich verbesserte Landbearbeitung wurde durch die erweiterte Eisenverarbeitung ermöglicht, die z.B. erstmals schwerere Pflüge mit eisernen Scharen und Sensenblätter ermöglichte. Die folgende erweiterte Landnahme wurde wiederum erleichtert durch eine verbesserte Waffentechnik, die schon in der auslaufenden „Hallstattzeit" eine Härtung des Eisens (ferrum noricum) erreichte.

Wenn mit hoher Kraft und im größeren Umfang Eisen bearbeitet werden musste, reichte der starke Bizeps eines Schmiedes bald nicht mehr aus - eine höhere Schlagzahl mit erhöhter Kraft und schnellerer Ausnutzung des Glühvorgangs wurde nur mit Hilfe mechanischer Krafthilfe ermöglicht. Rennofenplätze und Schürfgräben und Pingen kennt man mittlerweile auch bei uns (Nordeifel) in größerer Zahl. Dann musste aber der Erst-Erschmelzung mit Hilfe von Holzkohle und Luftzug der weitere Arbeitsgang folgen: Frischen und Feinschmieden. Das Einsetzen schwererer Stößel mit Hilfe der bekannten Wasserkraft war auch bei uns in der Nordeifel durch viele Fließgewässer erleichtert

Ein großes Problem an den Bächen mit Betrieb einer Rinnenzuführung war mit Sicherheit der häufig niedrige Wasserstand, der bald Staustufen notwendig machte, in viel üblerem Maße allerdings das

224

regelmäßig zu erwartende Hochwasser, das mit großer Gewalt ganze aus Holz gebauten Schmied-Anlagen wegreißen konnte.

Eine größere Sicherheit boten da kleine Stauwässer, die durch einen kleinen Bach gespeist wurden und mit einer gut gesteuerten Schottung der Zuführungsrinne („Schütz") regelmäßige Schmiedearbeiten ermöglichten. Solche Staustellen sind uns an den Eifelhängen zahlreich bekannt, sie haben zum Teil bis in die heutige Zeit überdauert oder sind erst vor einigen Jahrzehnten aufgefüllt worden.

Kleines Gewässer (Siefe)

Was die weitere Forschungsarbeit in dieser Richtung mit Sicherheit erschwert, ist die Weiternutzung und der verbesserte Ausbau solcher Anlagen bis in die heutige Zeit. Alte Holzbauten werden als Bodendenkmal nicht mehr auffindbar sein. Zuführungsrinnen aus Holz sind lange vergangen, vielleicht allerdings manchmal erhalten durch ständige Erneuerung wie am Neffelbach von der Göddersburg zur Mühle.

Gelegentlich lassen sich gezielte Veränderungen der Wasserführung erkennen, manchmal ergänzt durch alte Flurnamen (Steinmühlental), oft mit abwärts gelegenen möglichen (Schmiede-) Werkplätzen.

Drei weitere Punkte müssen in unsere Überlegungen mit einbezogen werden: der Schmied war ein Fachmann, der seine Kunstfertigkeit möglichst geheim hielt – was bei erfolgreicher Arbeit durchaus zu Legendenbildungen führen konnte (Wieland und Siegfried u.a.).

Dazu kommt, dass solche Arbeitsplätze bald möglichst geheim bleiben sollten, um nicht den böswilligen Nachbarn auf den Plan zu rufen. Später versuchte man sogar, die Bedrohung durch die Römer zu vermeiden. Gegen diese musste Ambiorix in größerem Umfang Waffen schmieden können, ohne großes Aufsehen zu erregen !

Es bleibt weiter zu ergründen, inwieweit von den Kelten, Römern und den folgenden Merowingern das Frische- und Feinschmieden durch den Einsatz von **S t e i n k o h le** erleichtert werden konnte!

Beim keltischen Lager Stolberg-Atsch (Vichtbach) war Steinkohle **oberirdisch** zu finden, ebenso im Aachener-Limburger Raum. In Herzogenrath nördlich Aachen sind z.B. keltische Werkstätten an einem Fluss (Wurm) in unmittelbarer Nähe oberirdisch liegender Steinkohle bekannt ! Im Gegensatz zur Holzkohle war Steinkohle jederzeit leicht verfügbar und konnte mit Blasebalgeinsatz den Schmiedeumsatz erheblich erhöhen.

Schließlich verbleibt noch die Frage nach den **Transportwegen**. Diese Frage ist sehr schwierig zu beantworten. Ein Weg wäre die sorgfältige Auswertung von dreidimensionalen Geländemodellen, die aus Daten moderner Radarsatelliten geliefert werden und deren Verknüpfung mit den Informationen zu Straßen und Wegen aus alten Kartenwerken in einem „Geographischen Informationssystem" (GIS). Bei diesen Untersuchungen muss die Tatsache berücksichtigt werden, dass die damaligen Wege oft lediglich mit Holzknüppeln befestigt waren. Diese Holzknüppel sind längst verrottet, da aber der Verrottungsprozess eine dunkle Spur im Erdreich verursacht, können die Wege möglicherweise durch diese Verfärbung erkannt werden.

226

Tal mit Mühle

Künstlicher Wasserlauf

Es sei noch ein abschließender Aspekt erwähnt. Die bisherigen Untersuchungen im Badewald, sei es in der Vergangenheit, Gegenwart oder in der Zukunft unter Einsatz eines GIS bezogen bzw. beziehen sich auf ausschließlich **technologische-geologische** Aspekte.

Es wäre eine sehr lohnenswerte Aufgabe, diesen Informationen, die im Geographischen Informationssystem verarbeitet und gespeichert sind, eine **weitere Informationsebene** hinzuzufügen. Wenn es gelingt, die in der Region zahlreich vorhandenen Sagen und Märchen gewissermaßen zu verorten und den Ort der Handlung ebenfalls kartographisch zu erfassen, könnte diese Informationsebene mit den Ergebnissen der bisherigen Bergbauforschung im Badewald verknüpft werden. Es würde gewissermaßen ein Geographisches Informationssystem „ Alter Bergbau und Sagen im Badewald" entstehen. Ein derartiges GIS ist nach Kenntnis der Autoren ein Novum und sollte sehr interessante neue Erkenntnisse liefern.

Siehe hierzu den folgenden Aufsatz von Karl Mebold, der bereits einen Anfang d i e s e r Art von Forschung liefert.

Die Sicht eines Sagenforschers

Von Karl Mebold

1. Der Badewald – Definition und Abgrenzungen

„Die Bade": enggefasst ist das ein Bereich von ca. 9 Quadratkilometern, der in archäologischer Hinsicht von Prof. Harald v. Petrikovits in den 50er Jahren des 20. Jahrhundert ziemlich genau untersucht worden ist; er liegt südlich der kleinen Stadt Nideggen an der Rur und des Dorfes Berg.

„Badewald" im weiteren Sinn bezeichnet den Bereich zwischen Vlatten und Heimbach im Süden, Drove / Üdingen im Norden, der Rur (niederländisch: Roer) im Westen und dem Wollersheimer Stufenländchen im Osten (siehe den Kartenausschnitt auf S. 230) . Es handelt sich um eine z.T. noch bewaldete Klein-Landschaft an der Wasserscheide zwischen Maas (Rur, im Westen) und dem Rhein (nach Nord**osten** abfließende Zuflüsse). An der Abbruchkante zum tief eingebrochenen Rur-Graben werden die erzführenden Buntsandsteinschichtungen an Wänden, Schluchten und Felstürmen manchmal direkt sichtbar.

Der Begriff **Badua** steht für das in Sagen genannte reiche und große Erzabbaugebiet südlich der (ebenfalls sagenhaften) Stadt **Gression**, (heute Gressenich zwischen Aachen und Düren). So sah es wenigstens der Sagenforscher Heinrich Tichelbäcker, fußend auf der Sagensammlung von Heinrich Hoffmann (um 1911).

Im weitesten Sinn ist der „Badewald" neben Bleiberg, Kermeter, Hürtgenwald u.a. eines der Erzreviere der **„Römischen Metallprovinz"** zwischen Ahr, Maas und Rhein, wie sie August Vogt (in den „Dürener Geschichtsblättern März 1961) benannt hat.

Dieser Badewald ist Brennpunkt vieler sagenhafter Überlieferungen und zeitgenössischer Spekulationen. Die Vielfalt der Sichtweisen dieser höchst unterschiedlichen Erzählungen verlangt nach Abgrenzung und Definition der Untersuchungsgegenstände. Der Badewald ist eine höchst verführerische und daher gefährdete Projektionsfläche

BROICH
WELLDORF
19
Angelsdorf
Tollhausen
Eschergewähr Esch
Elsdorf
Gut Hasenfeld
Sophienhöhe 290
NEU LICH-STEINSTRASS
KOSLAR
JÜLICH
STETTERNICH
Gut Reuschenberg
Glasendorf
Berr
Tanneck
9
KIRCHBERG
Forschungs zentrum
Tagebau Hambach
BOURHEIM
Kernkraftwerk (außer Betrieb)
Hambach
Etzweiler
106
Haus
denhoven
ALTENBURG
DAUBENRATH
SELGERSDORF
Niederzier
Hambacher Forst
MANHEIM
114
Viehöven
Krauthausen
Marschenich
Altdorf
Schophoven
Haus-Müllenark
4104
Berg
Oberzier
Ellen
16
Güldenberg 103
19
BUIR
Tagebau Inden
Pier
Pommenich
Vilvenich
Selhausen
Lambertshof
NEU-LOHN
B u c h t
Huchem-Stammeln
Inden
Küttenich
ARNOLDS WEILER
Schloss Rath
Wolfskaulerhof
Lamersdorf
MERKEN
Lucherberg
135
Golzheim
Frenz
E40
33
Schoellerhof
114
Luchem
ECHTZ
116
HOVEN
Langerwehe
WEISWEILER
Geich
BIRKESDORF
Merzenich
Eschweiler
Kau weiler
NOTHBERG
Jüngersdorf
Übergeich
MARIAWEILER
KONZEN DORF
EILER
Schönthal
D'horn
Schlich
Sankt Anna
Distelrath
261
7
Girbelsrath
NRATH
Burg Holzheim
Venn-Route
Heistern
Merode
Schloss Laufenburg
Wenau
(130)
ADAC
DÜREN
Frauwüllesheim
Gut
erpenseel
Merode Wald
DERICHS WEILER
GÜRZENICH
KROLSDORF
WÖRTHSIEDLUNG
amich
149
Binsfeld
149
Rommetshof
Eiswelter
BRESSENICH
Schwarzenbroich
BIRGEL
KRAUTHAUSEN
SCHEVENHÜTTE
Joaswerk
LENDERSDORF
Schloss Burgau
Stepprath
Burg Bubenheim
292
Bend
Katzenknipp
318
NIEDERAU
Jakobwüllesheim
Z
Der Hochwald
13
899
Berzbuir
186
Stockheim
Ketti
Wehebach talsperre
Gey
Horm
KUFFERATH
Bergheim
Kreuzau
11
Großhau
Straß
Winden
200
Soller
Vettwe
Siedlung Kleinhau
Begheim
Gieschharch
Untermaubach
Uffingen
Drove
Frangenheim
Hürtgenwald
Kleinhau
357 Obermaubach
Leversbach
Reich
Thum
407
Hürtgen
309
Nmumaual
388
Rath
17
Froitzheim
Bergstein
Wildpark
NIDEGGEN
Binnick
FÜSSEN
Kaiser-Eichen
434
Verkau
THUIR
MULDENAU
Germeter
Brück
341
Breidel
309
EMBKEN
Junte
21
Vossenack
Mausbach
Freischeidt 340
Roßberg
364
BERG
LANGENDO
215
ME
Simonskall
476
Kommerscheidt
Harscheidt
SCHMIDT
Wildpark
ABENDEN
WOLLERSHEIM
EPPEN
Buhlert
BLENS
282
Scheidhaum
HAUSEN
BÜRV
Nationalpark
VLATTEN
28
358
284
Herhelscheid
Schilsberg
Wasserkraftwerk
HEIMBACH
BERG
Strauch
Steckenborn
Wollhausen
Staatsforst
Walbig
461

für alle möglichen – und unmöglichen ! – Theoreme und Hypothesen, darunter erdgeschichtliche, völker- und landeskundliche, religionswissenschaftliche, historiografische, bio-geo-energetische usw. Das erklärt das schillernde Interesse am „geheimnisvollen" Badewald. Es scheint dringend notwendig, wenigstens die einst von H. v. Petrikovits untersuchte Kernregion unter Schutz zu stellen, um die Unversehrtheit dieses kulturgeschichtlich und ökologisch wertvollen Areals zu sichern.

Um es deutlich zusagen: Der Badewald darf nicht zum „Mekka" aller möglichen archäologischen Schatzsucher werden, die mit ihren Metalldetektoren versuchen könnten, illegal dort „Schätze" zu finden. Diese „Schätze" können auch nur aus heute noch (selten) auffindbaren Eisenerz-Brocken (Konkretionen) bestehen, ganz gewiss nicht aus antiken „Schätzen" in Gold oder Eisen.

Die um den Badewald kreisenden Erzählungen, auch die spekulativen und sagenhaften, bieten der i n t e r d i s z i p l i n ä r e n Forschung eine Fülle rationaler Denkansätze, die (auch) der Aufklärung von Mystifikation und Projektion dienen können. Besonders in der Verbindung von gesichertem geschichtlichen Wissen mit Befunden der Geologie, sowie mit den immer noch sichtbaren Spuren der alten Kulturlandschaft sehe ich Themen, deren Untersuchung dazu führen kann, die Geschichte dieser Region besser zu verstehen. Doch dazu ist gerade hier intellektuelle Redlichkeit, die Bereitschaft zu rationaler offener Kommunikation und zur Toleranz nötig, vor allem auch bei divergierenden Sichtweisen.

2. „Erzählungen" zum Badewald: Übersicht und Unterscheidung

Es gibt erstaunlich viele Quellen, die ich hier zuerst einmal nach verschiedenen Arten gegliedert aufzählen möchte:

1. **Mündlich überlieferte Volkserzählungen,** die erst vor relativ kurzer Zeit verschriftet wurden, z. B. Sammlungen H. Hoffmann, Th. Schäfer, Heinz Bücker u.a.

2. **Seit dem Mittelalter verschriftete Erzählungen** und Nachrichten (überregional: Eddische Sammlung, Thidrekssaga; regional: Caesarius von Heisterbach, Alpertus Mettensis u. a.)

3. **Legenden** und kirchengeschichtliche Überlieferungen (z.B. St. Michael in Vlatten, und Willibrordus-Clemens in Wollersheim, sowie in Berg über Bürvenich.)

4. **Gerüchte, deren erste Verschriftung nicht nachweisbar ist,** die aber in der Region unausrottbar scheinen, (z.B. „Niff und Neifel", und die Berichte von Kathrin Classen aus Berg vor Nideggen.

5. Ambitionierte, darunter auch **sog. wissenschaftliche Texte,** deren Wahrheitsgehalt (mir) genauso bestreitbar scheint wie der Texte 1 – 4, die aber das facettenreiche Spektrum der Badewald-Erzählungen wesentlich bereichern (z.B. Pastor Pohl, Bauer Fischer, Lehrer Küpper u.a.)

6. **Andere** (im doppeltem Sinn „frag-würdige") **Beiträge**, die z. B. die Badewald-Kuppe in der Zusammenschau mit dem Burgberg bei Bergstein, dem Aremberg und dem (ebenfalls sichtbaren) Siebengebirge als Teil einer frühgeschichtlichen „Sternenstraße" sehen.

7. **Tatsachenberichte** , z. B. August Voigt, „Römische Erzprovinz", Hubertus Ritzdorf, „Römische Metallurgie bei Ahrweiler", sowie die in diesem Band abgedruckten Beiträge von Dietrich Bauer und Arno Esser.

3. Die Gegend des „Badewaldes"

Die Kleinlandschaft des Badewaldes liegt genau auf der Maas-Rhein-Wasserscheide. Von Osten her steigt die Platte, auf der u.a. die Zülpicher Börde, das Neffelbachtal, das Wollersheimer Stufenländchen und das Vlattener Hügelland liegen, bis zur steilen Abbruchkante sacht an. Am Fuß der Badewaldkuppe entspringen die Quellbäche der Neffel, die nach Osten zur Erft (und damit zum Rhein hin) entwässert, mit sprechenden Namen: Bleibach, Rotbach,

Mühlbach, Bergbach usw. Die mit Löß und Braunerde bedeckten Flächen sind z. T. seit der Spät-Steinzeit besiedelt.

Der uralte Wasserscheiden-Fernweg, vom Niederrhein über Kreuzau, Drove, Hürth (b. Nideggen) durch den Badewald nach Süden führend, markiert die Grenze zwischen altgenutztem Acker- und Heideland im Osten und dem großen Urwald im Westen und Südwesten. Eine solche Grenze ist ein „Topos" vieler Schmiedesagen, da Metallgewinnung die fortschreitende Rodung und mit sich brachte. Das große Waldgebiet, das heute noch zu Teilen im Kermeter, auf dem Buhlert und im Hürtgenwald erhalten ist, erstreckte sich nach Südwesten über das Hohe Venn bis zur Maas als „Ardenner Wald".

Teile dieses ehemals königlichen „Jagdwaldes" (z. T. heute Nationalpark) werden in den sagenhaften Berichten auch Eisenwald, Osning (Ose = Ise = Eisen) , im Luxemburgischen „Islek", auch Asen-(Ohsen-)wald (zur Aachener Kaiserpfalz gehörend) oder auch „die Waldgrafschaft" genannt.

Dem hier thematisierten **Badewald** dicht benachbart ist im Süden der **Kermeter,** ein mit unzähligen und undatierbaren Kohlenmeiler-Plätzen belegter Höhenrücken mit Buchen-Mischwald (im Nationalpark Eifel) , auf dem sich der Badewald-Höhenweg verzweigt, nach Westen zur Maas, nach Südwesten ins Luxemburgische und weiter nach Reims und Paris) sowie nach Südosten ins Neuwieder Becken

Dem Erzrevier Badewald im Südosten benachbart liegt Vlatten, als „villa flattina" karolingische Pfalz, mit reichem Kupfervorkommen, der Kalkberg und anschließend der Bereich um den sogenannten Bleiberg. Eine der sich in Zülpich („Tolbiacum") verzweigenden antiken Fernverbindungsstraßen der Römer führte direkt über den Kalkberg zum Kermeter, eine zweite durch die Mechernicher Mulde Richtung Marmagen und Trier. Südlich, hinterm Kermeter, liegt das Schleidener Tal, in der Fachliteratur als Schwerpunkt römischer Eisengewinnung gerühmt. Westwärts folgt die Dreiborner Hochebene und das Hohe Venn.

Nordwestlich, jenseits des Rur-Grabens, über den Hürtgenwald bis in die Aachener Mulde liegen ebenfalls frühgeschichtlich genutzte Montanreviere, z. B. bei Stolberg, Eschweiler und Gressenich. In der regionalen Überlieferung werden Gression (Gressenich) und Badua wiederholt als durch Metallarbeit reich gewordene „unterirdische Städte" bezeichnet.

Oberirdisch und auf der Wanderkarte 1:25 000 heute noch sichtbar (*s. Abb. auf S. 221)* , liegen im Badewald neben ungezählten Pingen (Erzabbau-Gruben, manche sagen: über 100 !) auch Wälle, Gräben und Terrassen. All dies begründet den oben schon betonten Grundsatz der Schutzwürdigkeit der hier betrachteten Landschaft vor neugierigen und zugleich rücksichtslosen Hobby-Schatzsuchern. Alles Land ist dort übrigens Privateigentum, kein Staatsforst. Auch die Mitarbeiter des „Rheinischen Amts für Bodendenkmalpflege", das eine Zweigstelle im nahe gelegenen Wollersheim unterhält, haben ein wachsames Auge auf illegale „Schatzsucher".

4. Ein Versuch, „Sagen" allgemein zu definieren

Sagenforschung ist eine Disziplin der Sprachwissenschaft, nicht der Archäologie oder der Historiografie. Im weitern Sinne sind Sagen **Erzählungen,** deren Bedeutungen (Intentionalität und Inhalte) weder a l l e i n landeskundlich noch naturwissenschaftlich ausgelotet werden können. Daher sind „sagenhafte Erzählungen" geradezu Idealobjekte für i n t e r d i s z i p l i n ä r e Betrachtung, leider aber auch für fantastische Deutungen und poetische Spielerei.

Zu den Texten, die die Sagenforschung (wie ich sie verstehe) betrachtet, ordnet und deutet, zählen vor allem die manchmal über lange Zeiträume hin m ü n d l i c h weiter erzählten – und dadurch oft variantenreichen – Erzählungen „der Leute". Auch die „gelehrten" Kommentare, die solche Text-Varianten ergänzen oder widerlegen, gehören dazu. Selbst Texte, deren Autoren eher als Geschichtsschreiber gelten (z. B. Alpertus von Metz und Gregor von Tours) oder die sich als Forscher verstehen (wie Snorri Sturluson, Abt Nikulas von Muntvera, Caesarius von Heisterbach oder Heinz Ritter-Schaumburg) ordne ich den „sagenhaften Erzähl-Varianten" zu.

Auch können Texte zu Objekten der Sagenforschung werden, in denen mit quasi-wissenschaftlicher Akribie die Mutmaßungen früherer Autoren falsifiziert werden, soweit solche Arbeiten dem Ziel dienen, das Vergangene in seiner historischen Wahrheit (wie immer wir diese definieren) zu reflektieren.

Das Ziel dieser Arbeit ist, im sprachlichen „Artefakt" („Mach-Werk") Spuren von **Realität** (wie immer wir diese definieren) aufzudecken. Das Gegenteil von SAGE ist m. E. POESIE, die freie narrative Erfindung. Der Gegensatz zu Sage ist n i c h t historische Wahrheit. Die sogenannte „Wahrheit" ist immer ein Konstrukt. Die ständig zu stellende Unterscheidungsfrage heißt: Was in dieser Erzählung ist (nur) Poesie ? Und w o und w a s (genau !) sind die möglichen harten Kerne, d.h. die Belege, Splitter, Hinweise oder Spuren von gesellschaftlicher, landschaftlicher, wirtschaftlicher oder politischer R e a l i t ä t ?

5. Allgemeine Schlussfolgerungen aus Teil I dieses Buches

Die in Teil I dieses Bandes abgedruckten Analysen haben gezeigt, dass Themen der Montan- und Wirtschaftsgeschichte Kernthemen der alten Erzählungen (der Edda, des Beowulf-Epos u.a.) sind.

Konkret gilt das für die Geschichten vom Schmiede-„Gott" Thor, der immer wieder im Wettbewerb und Wettkampf um die Schmiede-Geheimnisse der Riesen gezeigt wird; Das ist Technologie-Geschichte. Genauso sicher ist m. E., dass die Sigfrid-Niflung-Erzählung vom tödlich endenden **Erbstreit um Schürfrechte** berichtet.

Die ältesten Stoffe stammen sicher aus der frühen Phase einer ausschließlich m ü n d l i c h e n Erzählkultur und sind in den ersten Verschriftungen zu Text-Konglomeraten zusammen gebacken. So ist z.B. die Thidrekssaga ein solcher Sagenkreis, der viele, z. T. uralte Einzelstoffe und Kleinsagen zu einem Heldenzyklus verbindet. Die g a n z e Sage ist also Literatur, ihre E i n z e l t e i l e aber enthalten „Wahrheit", auch technologische.

Die Basis meiner Betrachtungen oder Analysen bzw. „Reisen" (siehe Teil I) sind Texte des Snorri Sturluson, der um 1200 das alte Erzählmaterial samt der von ihm recherchierten Kenntnisse in

der „eddischen Lieder-Sammlung" und in der von ihm selbst verfassten „Prosa-Edda" zusammentrug und verdichtete.

Dem Glücksfall der Beowulf-Predigt verdanken wir das sichere
Wissen, dass die genannten Stoffe (z. T. an Personennamen gebun-
den) schon im 5. Jahrhundert als allgemeines Wissensgut (Sigurd =
Drachenabstich, Zwerge = Bergleute) mit den kontinental-
europäischen Eroberern (Angeln, Sachsen, Friesen) nach Britannien
kamen. Die ältesten Geschichten, die um METALLUM kreisen, sind
also mittel-europäisch, manche sagen: alt-europäisch und **nicht römisch ! Und: sie handeln vom STAHL.**

Auch in der Edda sind neben **METALLUM** als einer Grundlage
politischer Macht die **Bündnispolitik** und dabei besonders die **Hei-
ratspolitik** zwischen Herrscher-Sippen bestimmende Inhalte der
einzelnen Erzählungen (z.B. Gjukungen / Niflungen). Dass es in
allen drei Themenfeldern immer wieder um Helden und Königssöhne
geht – selbst wenn sie eindeutig Facharbeiter sind -, versteht sich von
selbst. Nur Taten von „Herrschenden" wurden besungen.

Ich fasse als Zwischenergebnisse der sechs „Reisen" aus Teil I zusammen:

1. Die „Helden" stehen (oft) im Wettbewerb (Kampf) mit Zwer-
    gen, Zauberern (Metallurgen), Riesen, Ungeheuern („Gren-
    del" und „Drache").

2. „Drache" steht für Schmelzofen, Grendel (samt Grendels Mut-
    ter) für Wasserkraft.

3. Viele Kämpfe sind schlicht Arbeit, häufig Metallarbeit.

4. Hintergrund der Geschichte(n) sind Machterwerb und Machter-
    halt durch Inbesitznahme der Ressourcen (Erz, Wald, Wasser,
    Wege) durch schlichten Raub und/oder Totschlag.

5. Neben der Verfügungsgewalt über die Bodenschätze (Schürf-
    rechte am Niflungenhort) sind Heirats- und Bündnispolitik
    Kernthemen der Geschichte(n). (Prinz Sigfrid heiratet in die
    Gjukungesippe, Witwe Gudrun verbündet sich mit Atli...)

6. Schürfrechte sind ein so sehr begehrtes Erbe, dass man nahe
    Verwandte totschlägt und sich totschlagen lässt (das Wort „be-
    gehren" hängt sprachlich mit „Gier" zusammen !).

Die Verklammerung dieser „sagenhaften" Erkenntnisse mit der
Region Badua / Gression ist eine bisher noch ungelöste Aufgabe.

6. Sagenhafte Überlieferungen aus der Region

Aus den in Abschnitt 2 dieses Aufsatzes erwähnten Quellen ziehe
ich bereits einige v o r l ä u f i g e Schlüsse für w a h r s c h e i n -
l i c h „historische" Fakten.

Neben dem römerzeitlichen Fernstraßennetz mit dem Mittelpunkt
Zülpich (Tolbiacum) in Richtung auf den **Bleiberg** bei Mechernich /
Keldenich / Kall und natürlich der Kaiserpfalz in **Aachen** sind **Gression** und das **Badua** des Caesarius von Heisterbach Kristallisations-
punkte sagenhafter Überlieferungen. Von Vielen werden diese Ge-
schichtserzählungen für wahr genommen, besonders, wenn sie mit
historischem Personal besetzt sind (Chlodwig, Karl d. Gr., Ludwig
der Fromme – und den Vorgängern Caesar und Ambiorix.

Ich zähle als solche „belegte Vermutungen" h i s t o r i s c h e r
Art hier nur in Stichwortform auf:
1. **Odin und seine Leute waren hier** (siehe Odenbach, Üdingen
    u.a.)
2. **Die Kimbern und Teutonen waren hier** und haben ihre
    Schatz-Wache (Od-wacka = Aduatuca) hier gelassen.
3. **Ambiorix**, der Keltenfürst, **war hier** und hat Waffen ge-
    schmiedet.
4. **Caesar war hier** – und verlor zwei Legionen.
5. **Siegfried war hier** und hat den Schatz der Kimbern gefunden
    (und wieder versteckt)
6. **Karl Martell** (der Hammer !) **war hier.**
7. **Der heilige Willibrordus war hier** und hat auf dem Kle-
    mensstock Stahl hergestellt. .

Eine vollständige und empfehlenswerte Übersicht über diese Erzählungen mit Quellenangaben bietet Peter Michael Greven, **Zur**

Lokalisierung des historischen Aduatuca, Norderstedt 2012, (BoD) ISBN 378-3-8482-0989-7.

Es gibt nach meiner Überzeugung einige sichere Fundamente für die Arbeit, **die noch vor uns liegt.** Nach der Vorstellung der Vertreter der Heimat- und Geschichtsvereine der „Badewald-Region" wollen wir ja irgendwann einmal zu einem „Geografischen Informationssystem" (GIS) kommen, das geografische, archäologische, montanwirtschaftliche Erkenntnisse mit historischen Befunden, aber auch mit den Erträgen aus einer kritischen Sichtung der in Abschnitt 2 dieses Aufsatzes angeführten reichen Quellen zusammenführt, zu einem vermutlich bisher einmaligen **„Geografischen Informationssystem Alter Bergbau und Sagen im Badewald"** .

Die sicheren Fundamente sind nach meiner Einschätzung:

- Die Eifel ist seit der Hallstattzeit voller Erzreviere, z.B. Gression und Badua.
- Das römische METALLUM basiert auf vorrömischen (keltischen ?) Technologien.
- Nach dem Rückzug der Römer nehmen Franken-Familien auch die Erzreviere in dauerhaften Besitz.
- Zu den machtgierigsten und durchsetzungsfähigsten der „Grandes Familles" gehören die Prä-Pippiniden.
- Zum „Hausgut" der Pippiniden gehörte Besitz an der Maas, an der Wurm, an der Neffel, an der Rur usw., konkret in Wollersheim, Embken und Berg über Bürvenich.

Auf diesen Fundamenten lässt sich aufbauen Doch das kann nicht mehr in diesem Band geschehen, das ist eine Arbeit für viele Experten. Auch dieser Aufsatz eines „Sagenforschers" kann nur einen ersten Überblick geben, eine „Projektion". **Hier sollte die Arbeit jetzt erst richtig losgehen !**

Hat vielleicht der eine oder andere Leser dieses Buches Lust bekommen, sich an der „Schatzsuche" zu beteiligen ?

B. Die „Erzprovinz" im Sauer- und Siegerland

Wieland – in Wales oder im Siegerland ?

Von Karl Weinand

Für den Abdruck in diesem Band bearbeiteter zweiter Teil eines Vortrags bei der Jahrestagung des Dietrich von Bern – Forums am 10. Mai 2015 in Valbert-Meinerzhagen im Sauerland.

Galfridus de Monemuta (Geoffrey (Gottfried) of Monmouth) beschreibt in der "*Vita Merlini*", wie der kymrische (walisische) König Rhydderich dem Zauberer Merlin vieles verspricht, darunter (Vers 235): „*Pocula que sculpsit guielandus in urbe sigeni*" - „*Pokale, die der Schmied Wieland geschaffen hat in der Stadt Sigenus*".

Dieses „*in urbe sigeni*" versteht Galfrid am ehesten als einen Ort, der im nördlichen Wales (in Großbritannien) gelegen ist, nämlich das römerzeitliche „*Sigontium*"[72], walisisch „*Kaer Sigont*", jetzt „*Caer Seiont*". Von dieser Stadt prophezeit Merlin (Vers 614f): *Urbs Sigeni et turres et magna palatia plangent* **iruta, donec eant ad pristina praedia Cambri.** *(Die Stadt der Sigener und (ihre) Türme und großen Paläste werden geschlagen Zu Ruinen, solange bis die vormaligen Besitzer Cambriens (wieder) kommen").*

Cambria ist der lateinische Name für Wales, von "*Cymru*" abgeleitet. Der Ort „*Sigontium*" wird schon bei Nennius, ei-

---

[72] Beim heutigen Caernarfon in Gwynedd, Nordwales, gegenüber der Insel Anglesey/Man, der „Druiden-Insel", gelegen.

nem frühmittelalterlichen (8./9. Jh.) Mönch und Gelehrten aus Wales, erwähnt, dort heißt es [73]. („*Der fünfte* [Herrscher in Britannien] *war Constantius, Constantin des Großen Sohn, dort (in Britannien) starb er und ist begraben und das Grab jenes wird dort bei der Stadt gezeigt, die Cair Segeint genannt wird, wie die Inschriften in dem steinernen Grabmal zeigen*".

Anm. im Text zu „*Cair Segeint*": „*Diese Stadt, das Segentium des Antonius* [d. h. das Antoninische Itinerar-Straßenkarte aus dem 3. Jh. n. Chr.] *war an einem kleinen Fluss, namens Seiont, bei Carnavon. Die Chronik Johannes von London sagt, dass i. J. 1283 dort der Körper des Konstantius von König Eduard I. gefunden worden sei*". [Constantius starb 306 in York in Nordengland, K. W.; hier liegt wohl eine Verwechslung aufgrund eines ähnlichen Namens vor]. Von Wieland sagt Nennius allerdings nichts.

Der Name „*Segontium*" und seine walisischen Abkömmlinge haben eine gewisse Ähnlichkeit zu „*Sigenus*". Und da in der Sage stets die Neigung besteht, Ereignisse lokal zu beziehen, mag Galfrid zu der Stadt „*Sigontium*" / „*Kaer Sigont*" geführt haben. Aber gab es dort eine lokale Wieland-Tradition? Was würde man dafür voraussetzen dürfen? Wohl eine Montan-Region, eine Eisenindustrie etc.

Eisenindustrie gab es in der Römerzeit im s ü d l i c h e n Wales und im englischen Gloucestershire, im „*Forest of Dean*", gegenüber der südöstlichen Ecke von Wales; das davon diagonal an der *nordwestlichen* Ecke von Wales liegende "*Segontium*" hatte jedoch nie eine Eisenindustrie; erst im 19. Jh. blühte die Eisenindustrie in Wales, allerdings nur im Süden, wieder auf[74].

---

[73] San Marte (A. Schulz): „*Nennius und Gildas*" (Berlin, 1844) S. 43, § 25.

[74] Siehe z. B. Bernhard Dietz: „*Die Macht der inneren Verhältnisse: Historisch-vergleichende Entwicklungsforschung am Beispiel der »keltischen Peripherie« der Britischen Inseln*", „*British Studies*" (1999) – Rudolf von

Man wird sich also anderswo nach der *„urbs Sigeni"* umsehen dürfen. Der Blick ist schon lange auf Siegen und das Siegerland gefallen; denn hier gab es, noch bis vor kurzem, eine reiche und tief in die Geschichte zurückgreifende Eisenindustrie. *„Sigenus"* passt vom Namen her auch bestens zu Siegen. Diese Stadt wird urkundlich anlässlich der Gründung der Neustadt zwar erst zum Jahr 1224 erwähnt, die Siedlung ist jedoch viel älter, als *„Sigena"* wird sie ca. 1080 erwähnt.

Alfred Lück[75] behauptet, dass im 5./6. Jahrhundert n. Chr. das Siegerland die Wirkungsstätte eines Schmiedes namens Wieland gewesen sei. Stütze dieser Annahme ist der im Siegerland gelegene Ort Wilnsdorf, im 13. Jh. urkundlich *„Willandesdorf"*, dessen Namen Lück als vom Schmied Wieland abgeleitet ansieht. Helmut G. Vitt hat dies 1985 phantasiereich aufgegriffen in seiner Schrift *„Wieland der Schmied. Sage und historische Wirklichkeit im frühmittelalterlichen Siegerland"*.

Der älteste bezeugte Namen des Ortes ist jedoch für das Jahr 1185 *„Willelmesdorf"*, also eher ein *„Wilhelms-Dorf"* als ein *„Wielands-Dorf"*. Jürgen Kühnel hat sich wie ein Aasgeier auf diesen Lapsus gestürzt[76]. Die Siegerland-Wieland-These ist jedoch von der Willandesdorf-Wieland-These überhaupt nicht abhängig! Mit unzureichend recherchierten Fakten macht man sich aber allzu leicht angreifbar und gefährdet damit auch zutreffende Aussagen und Thesen.

Carnall/W. Herz: *„Zeitschrift für das Berg-, Hütten- und Salinenwesen im preussischen Staate"* Band 55 (1907) S. 253.

[75] *„Aller Schmiede Meister: Wieland der Schmied"* (Siegen, 1970) S. 76. – Heinz Ritter-Schaumburg bezieht sich auf Lück in *„Die Nibelungen zogen nordwärts"* (1981) S. 246, Anm. 17.

[76] *„Wieland der Schmied, Guielandus in urbe Sigeni und der Ortsname Wilnsdorf"*, in *„Schaut auf diese Region!: Südwestfalen als Fall und Typ"* (2013) S, 217-231

Bereits in der La-Tène-Zeit (um 500 v. Chr.) wurde in Wilnsdorf-Oberdorf ein Schmelzofen errichtet, zahlreiche Verhüttungsplätze, z. T. aus prähistorischer Zeit, sind im Siegerland nachgewiesen (WP zu Bergbau im Siegerland). Die *„Ansiedlung“* des Schmiedes Wieland im Siegerland (Wilnsdorf), vielleicht sogar gezielt durch lokale Zechenbetreiber oder dort tätige Schmiede, wäre also verständlich – und so scheint es, die Kunde davon ist bis nach Britannien gedrungen, und dort umgedeutet worden.

Wieland im Sauerland / Westfalen

Die Thidrekssaga berichtet kurz und knapp (Svava, Kap 55): *„en smid i hunaland. som mymmer het“* – *Ein Schmied in Hunaland, der Mimer heißt“*. Zu diesem gab Wate seinen Sohn Wieland zur Schmiedelehre, Und da jener dort von Siegfried schikaniert wurde, nahm Wate ihn fort und später, als er von *„twa dwerga waro, i et berg. som kallaffua heter“* – *zwei Zwergen vernahm, in einem Berg, der Kallaffua heißt“*, gab er ihn dort zur Lehre (Sv Kap. 56). Die isländische Hs A hat stattdessen *„Ballofa“*, was, wie Ritter ausführt, die richtige Lesung sein wird und identifiziert *„Ballofa“* mit *„Balve im Sauerland“*[77].

„Ballofa“ wird auch als *„Baal-Ofen“* also *„Glut-Ofen“* gedeutet, ein treffender Name in einer Schmiedesage. Mit der Höhle im Berg, meint Ritter, sei die Balver Höhle gemeint; in dieser Höhle wurden prähistorische sowie früh- und hochmittelalterliche Keramikscherben entdeckt[78]. Balve selbst wird

---

[77] *„Die Nibelungen zogen nordwärts“* (1981) S. 41 f.., s. dazu in diesem Band den Aufsatz von H.H. Hochkeppel, S. 245 fff.

[78] Zum archäologischen Fundus siehe Wilhelm Bleicher: *„Die Bedeutung der eisenzeitlichen Höhlenfunde des Hönnetales“*, in: *„Altenaer Beiträge. Arbeiten zur Geschichte und Landekunde der ehemaligen Grafschaft Mark und des Märkischen Kreises“*, Band 19 (1991) S. 31 ff.

242

bereits 846 n. Chr. als *„villa Ballau"*, 946 als *„Ballova"*, 980 als *„Ballava"* urkundlich genannt[79].

Die Region des Sauerlandes ist sehr *„montanträchtig"* und das schon in vor- und frühgeschichtlichen Zeiten. Und Balve selbst? Für das Spätmittelalter und die Neuzeit gar keine Frage ! Aber die Zeit davor ? Historisch gesehen ist das Sauerland in dieser Beziehung ein schwieriges *„Gelände"* – eine *„vergessene Montanregion der vorindustriellen Zeit"* (so noch 2004[80],) und die Archäologie gibt hier auch keine zureichende Antwort. Für Balve-Garbeck ist jedoch ein germanisches Gehöft, wohl für das 1. Jh. n. Chr. nachgewiesen, in der Eisen und Blei verarbeitet wurde[81]; letzteres (Bergbau auf Blei) ist hier nicht von Interesse, wenn auch besser erforscht. Ein Zentrum der frühgeschichtlichen Eisenverarbeitung und Handel wird hier vermutet, wenn auch nicht eindeutig nachgewiesen.

---

[79] Erich Keyser / Heinz Stoob: *„Deutsches Städtebuch. Handbuch städtischer Geschichte"* Band 3, Ausg. 2 (1939) S. 38. - Manfred Niemeyer: *„Deutsches Ortsnamenbuch"* (2012).S.47.

[80] Reinhard Köhne: *„Historischer Bergbau im Sauerland („Westfälisches Erzgebirge")"*, in GeKo Aktuell I (Geographische Kommission für Westfalen, Internet, 2004).

[81] Siehe z. B. Jürgen Hinzpeter: *„Die frühe Eisenverhüttung im Raum Menden-Lendringen"* (Internet, Jan. 2013) S. 3: Frühe Eisen und Bleiverhüttung bei Balve-Garbeck (1. Jh.) – *"Geschichte der Balver Höhle"* (Internet): Schmelzofenreste, Abraum- und Aschenhalden bei Klusenstein und an Südhängen des Balver Waldes weisen lediglich auf (undatierte) frühzeitliche Eisengewinnung hin. – Der Historische Verein Langenholthausen: *„Einer der ältesten Plätze für Bergbau im Sauerland"*; *„Wir können nun annehmen, dass der in [Balve-] Langenholthausen gefundene Roteisenstein im 1. Jahrhundert in der germanischen Siedlung verhüttet wurde"*, Quelle: Der Westen.de vom 31.07.2011. – Die Veröffentlichung von Manfred Sönneken: *„Frühmittelalterliche Siedlungs- und Eisenverhüttungsspuren in Balve"* (1979), in *„Der Märker"* Bd. 28 (1979) S. 134 ff konnte von mir nicht eingesehen werden. Anmerkung: Roteisenstein, oder Hämatit, ist ein Erzgestein bestehend aus Eisenoxid (K. W.).

Warum in Hunaland – Westfalen ?

Ich rechne es der Thidrekssaga-Forschung hoch an, die – jedenfalls teilweise – Verwurzelung dieser Sage in Westfalen zwar nicht *„erfunden"*, aber weiter erforscht und in der Forschung verfestigt zu haben. Und so folgere ich: Einer der Schöpfer oder „Weitergeber" der Thidrekssaga hat aus der Anschauung und der Erfahrung heraus Hunaland und den Ort Balve für die Wielandsgeschichte ausgewählt und die Höhle dort den Zwergen zugewiesen. Dazu musste allerdings Wieland bei Mimer weggenommen werden (siehe oben), was mythologisch gesehen wenig Sinn macht, aber Geschichten von zauberkundigen und kunstfertigen Schmieden haben auch ihren Reiz – und der Publikumsgeschmack führte auch in der Thidrekssaga Regie. In diesem Sinne ist Wieland in der Ths ein westfälisches Geschöpf.

Wieland überall ?

Hier nun muss noch die Frage gestellt werden, ob es einen Schmied gab, der aufgrund seiner Fähigkeiten und Kunstfertigkeit Vorbild für den Schmied Wieland der Sage war. Die Frage stellen heißt nicht, sie gleich zu bejahen. Zweifellos aber gab es in der Geschichte der frühen Metallurgie und Schmiedekunst besonders begabte und hervorragende Könner. Für das frühe Mittelalter kann man das für einen Schmied mit Namen Ulfberth annehmen, der die berühmten nach ihm benannten Schwerter schmiedete. Ein Markenname, der schon damals zu Nachahmungen und Fälschungen führte, ähnlich wie heute; zwar nicht Schwerter für Totschläger, sondern eher Gucci-Handtaschen oder Versage-Accessoires für Damen – eben Billiges, was gut verkauft werden kann.

Wieland wurzelt zu tief in der Mythologie, dem Urgrund menschlicher Welterfahrung und -deutung, als dass man tat-

sächlich eine reale menschliche Existenz annehmen dürfte –
real ist aber seine Existenz in der Sage. Wielands Schmiede
kann überall dort angesiedelt werden, wo es eine Schmiedetra-
dition, wo es *„Wielands-häuser"* gab und wo die Sage oder der
Mythos von Wieland bekannt war. Der **eine** Ortsursprung der
Wielandsage wird sich schwerlich nachweisen lassen – vielleicht war er in Westfalen, vielleicht auch anderswo – irgendwo!

Wieland der Schmied in „ballowa":
eine kritische Betrachtung

von Hans Hermann Hochkeppel, Balve

Abdruck aus DER BERNER 10 (2003) , S. 20 – 34)

Der Autor des folgenden Beitrags, Hans Hermann Hochkeppel aus Balve, schickte der Redaktion des BERNER seine Arbeit mit einem Begleitbrief, der wichtig zur Erklärung ist und daher vorangestellt werden soll. D. Red.

„Vor einigen Jahren beschäftigte ich mich mit der Dietrichsage, besonders mit jenen Teilen, die den Tod Wades und Wielands Tätigkeiten in „Ballofa" wiedergeben. Anlass war ein Vortrag H. Ritter-Schaumburgs, zu dem die Balver „Heimwacht" eingeladen hatte. Der Presse entnahm ich, dass der Vortragende die in der Ths und Sv dargestellte Lehrzeit Wielands bei zwei Zwergen in der Balver Höhle als einwandfrei historisch kennzeichnete.

Ich bezweifelte die Richtigkeit der Aussage und untersuchte bekannte und unbekannte Umstände bzw. Fakten. Meine Feststellungen und Überlegungen habe ich schriftlich festgehalten. Das Ergebnis meiner damaligen Tätigkeiten kommentierte ich mit folgenden Worten: „Diese Arbeit ist als Anregung zu werten, in der Hoffnung, dass sich Dritte der Mühe unterziehen, ihre Ergebnisse unter Beachtung neuerer Forschungsmöglichkeiten, mit größerem Fleiß und wissenschaftlicher Akribie zu überprüfen, zu vervollständigen und zu berichtigen.

Meine Arbeit blieb im wesentlichen unbeachtet *(u.a. auch von Heinz Ritter-Schaumburg, d.Red.)* und damit fachlich ungeprüft. Sie weicht von bisherigen, heimatkundlich geprägten Auffassungen ab

246

und bedarf sicher wichtiger Ergänzungen und Berichtigungen. Aus diesem Grund las ich erwartungsvoll das vom Thidrekssaga-Forum empfohlene Werk „Wieland der Schmied" von Helmut G. Vitt. Beim Lesen überfiel mich Unbehagen. Die vielen „Kausalketten mit Vermutungs- und Gewissheitscharakter" vor allem im Bereich der Wielandsage, Teil Balve, konnte ich nicht nachvollziehen. Ich suchte nach Gründen. H. G. Vitt ist sicher ein fleißiger Forscher, ein anregender Berichterstatter und begabter Erzähler. Stimmt aber die angewandte Dialektik, die innere und äußere Logik des Autors ? Um diese Frage beantworten zu können, befasste ich mich erneut mit dem Thema „Wieland der Schmied in Ballowa".

Die Ergebnisse meiner Überlegungen sende ich Ihnen zu ihrer Information, ggf. zur Auswertung zu." *(Anschließend der Wortlaut des mitgeschickten Aufsatzes, d. Red.).*

Vorbemerkungen

Ausgangspunkt meiner Überlegungen sind
- H. G. Vitts Darlegungen zum o.a. Thema
- die Übersetzungen Ralf Koneckis zum Thema
- meine Untersuchungen zum Thema, 1996.

Die Texte H. G. Vitts decken sich nicht in jeder Weise mit den mir bekannten Übersetzungen. Der Autor ist Erzähler, d. h. er ergänzt, pointiert, schmückt gefällig aus.

Meine Aufgabe musste sein, einschlägige Textstellen auf „Realitäten" abzuklopfen und die Frage zu beantworten, ob die Ths- und Sv-Texte der Balver Wielandstory historische Geschehnisse exakt wiedergeben, sie literarisch aufgearbeitet widerspiegeln oder gar vorzutäuschen versuchen.

Die Dietrichsage kommt in fünf Fassungen (ohne Lesarten Ths E und D) vor. Die folgende Übersicht zeigt, welche Ortsnamen für Balve in den verschiedenen Fassungen Verwendung fanden:

1. Thidrekssaga (altnordisch, um 1260) (die niederdeutsche Vorlage ist verloren gegangen)

    Membrane (Mb)   kallava
    Lesart Ths A   ballofa
    Lesart Ths B   ballofa

2. Didriks-Chronik (altschwedisch, Ende 13. Jh. ?)

    Lesart Sv A   kallafua
    Lesart Sv B   kallaefua.

Die Texte o.a. Fassungen und ihre „wortgetreuen" Übersetzungen ins Deutsche unterscheiden sich nur unwesentlich. Die schwedischen Handschriften zeichnen Kürze und Ursprünglichkeit aus. Erzählende Kommentatoren halten sich leider nicht immer an eine wort- und sachgetreue Wiedergabe.

Um feststellen zu können, ob Wieland wirklich bei zwei Zwergen in einer Balver Höhle das Schmiedehandwerk erlernte, ob also die zu Rate gezogenen Fassungen Ths Mb und Ths A Realitäten wiedergeben, d.h. im engeren oder weiteren Sinne historisch sind, müssten klare Fragestellungen formuliert werden:

1. Fragenkomplex Ortsname:

Welche Orte, Örtlichkeiten tragen im deutschsprachigen Raum gleiche oder ähnlich lautende Namen wie „kallava", „ballofa", „kallafua", „kallaelfua"? Sind sie mit dem namentlichen Vorläufer Balves, dem 846 urkundlich erwähnten „ballowa", identisch?

2. Fragenkomplex Bergbau / Eisenwirtschaft

Wurden Ende des 5. Jahrhunderts im Balver Raum Erze gefunden und verarbeitet? Wo befanden sich Erzlager, wo Verhüttungsplätze? Gibt es Hinweise, welchen Umfang und welche Bedeutung die Eisenerzeugung und -verarbeitung im Hönnetal zu Lebzeiten Wielands hatte?

3. Komplex schmiedende Zwerge

Lebten im Raum „ballowa" zu „Lebzeiten" Wielands Zwerge, d. h. Kleinwüchsige? Welche Stellung nahmen sie im Wirtschaftsleben

248

der land- bzw. hauswirtschaftlich geprägten germanischen Großfamilien ein?

4. Komplex Schmiedewerkstatt

Welche Balver Höhlen waren als Schmiedewerkstatt (Arbeits-, Lagerstätten), gleichzeitig als „verschließbarer" Wohnraum geeignet? Wurden in Balver Höhlen Relikte oder Spuren (Feuerstellen, Material-, Asche- oder Schlackenreste, Niederschläge von Rauch- oder Abgasen usf.) gefunden und gewertet?

5. Komplex Vorgänge

Wie können sich die Ereignisse in und um „ballowa" abgespielt haben? Spiegeln die Geschehnisse reale Vorgänge wieder?

6. Komplex Literatur

Wesen und Merkmale der Literaturgattung „Sagen". Bedeutung von sagenhaften Geschichten z. Zt. ihrer Entstehung für den Menschen. Zweckverwandtschaft von Sagen und Romanen.

Zu 1:Ortsname

In der Vita Ludgeri, von einem Mönch der Abtei Werden verfasst, wird der Name BALLOWA zum ersten Mal urkundlich als geografischer Begriff verwandt. Ein blindes Mädchen „de villa quae ballowa" ist in der Abtei 864 geheilt worden. Die Ortsbezeichnung „ballowa" ist allerdings viel älter, als die Erwähnung in der Vita vermuten lässt. Er war bereits in vorgermanischen Zeiten gebräuchlich, wie weiter unten begründet wird.

Da es zur Zeit der sächsischen und vorsächsischen Besiedlung des Sauerlandes weder Dörfer noch Städte in heutigem Sinn gab, liegt nahe, der ursprünglichen Bedeutung des Wortes „Villa" zu folgen. Späte Römer, aber auch mönchische Lateiner verstanden darunter ein größeres, herrschaftliches Anwesen. Es kann der Hof einer edlen Großfamilie gewesen sein mit Stallungen, Werkstätten, Insthäusern sowie angegliederten „Kotten". Das Landgut hatte Edle, Freie, Halbfreie (Liten), auch Unfreie eigenwirtschaftlich zu ernähren und zu versorgen.

Das Wort „quae" erlaubt aber auch die Vermutung, dass „ballowa" gleichzeitig oder ergänzend der Name für ein markantes geografisches Objekt (markanter Berg, auffälliges Felsmassiv, prägende Auenlandschaft) war. Nicht auszuschließen ist, dass der Name des weithin bekannten Objekts irgendwann von einer Ansiedlung, einem Gau oder einer Region annektiert wurde.

Die wichtigsten Fassungen der Dietrichsage, die im 12. und 13. Jh. niedergeschrieben wurden, sind uns bekannt, nicht aber die Texte oder mündlichen Berichte, welche die Autoren der altnordischen Fassungen, später die der schwedischen Handschriften nutzten. Wir können also diese Quellen nicht bemühen, um z. B. die Herkunft der unterschiedlichen Lautungen bzw. Wortfügungen (kallafua, kallelfua / kallawa, ballowa, ballofa) zu klären. Dieser Weg entzieht sich einer etymologischen oder semantischen Einordnung und Deutung.

Um die Identität des Balver „ballowa" mit den o.a. Ortsnamen der Dietrichsagen prüfen zu können, müssen andere Möglichkeiten in Anspruch genommen werden. Ausgangspunkt der Überlegungen ist, dass alle o.a. Altnamen, die für Balve stehen können, Kompositionen sind. Sie bestehen aus mindestens zwei eigenständigen Teilen (Wörtern, Silben).

Dass Balve gemeint ist, wird u. a. von der Tatsache unterstützt, dass es im deutschen Sprachraum (vor allem im ehemaligen keltischen Siedlungsraum Süddeutschlands) zwar viele Orts- und Bergnamen mit „bal" als Stammsilbe gibt, aber m. W. keine Wortgefüge mit den Affixen „owa" – „awa" – „ofa" u.a.m. „Ballowa" bzw. seine Abwandlungen sind sozusagen geografisch und literarisch einmalig. (Die Ortschaft Balow in Nordostdeutschland ist slawischer Herkunft. – „ow" stellt ein Besitzverhältnis her.)

Sprache entwickelt, wandelt sich unaufhörlich. Auch der Stadt- bzw. Familienname Balve war im Laufe von Jahrhunderten lautlichen Veränderungen unterworfen, wie die folgende vereinfachte Übersicht zeigt: 864 Ballowa; 890 Ballava ; 9. Jh. Balewe; 1010 Ballevan; 1196 Balewe; 14. Jh. Balve.

Die lautlichen Unterschiede zwischen den in der Thidrekssaga und der Didriks-Chronik verwandten Namen scheinen zunächst inhaltlich Gleichheit auszuschließen. Untersucht man jedoch die möglichen Ursachen, die zur Bildung von unterschiedlichen Lautungen gleicher Sachen führen können, entschwindet diese Vermutung.

Hör-, Lese-, Schreibfehler sind in Abschriften keine Seltenheit. Die Entdeckung solcher Fehler dürfte aber im thematischen Zusammenhang unbedeutend sein. Wichtiger wäre festzustellen, ob gravierende Übersetzungs- bzw. Übertragungsfehler vorliegen. Zu bedenken ist, dass unterschiedliche Lautungen von Begriffen, die dieselbe Sache darstellen, nicht selten die Folge einer Lautverschiebung oder auf grammatisch-idiomatische Eigentümlichkeiten und Wandlungen zurückzuführen sind. Nicht unbedeutend ist die ggf. verwirrende Tatsache, dass u. U. gleiche Buchstaben regional oder landessprachlich unterschiedlich gelautet und gleiche Laute unterschiedlich geschrieben werden. Hinzu kommt die Neigung erzählender Autoren, aussageschwache Wörter durch aussagekräftigere aufzuwerten.

Eine komplizierte Materie, deren Anwendung nicht nur die Kenntnis altnordischer Sprachen voraussetzt ! Sinnvoller ist unter diesen Umständen, die Inhalte der einzelnen Wortteile zu untersuchen.

Welche Inhalte verbergen sich hinter den Wörtern „bal(l)" – „kal(l)" - „ofa" – „owa" usf.?

Viele Fluss-, Berg-, Ortsnamen im sauerländischen Raum sind indogermanisch-frühkeltischen Ursprungs (Bigge, Brilon, Belecke, Ergste, Villigst, Ennepe, Ruhr). So auch die Hönne (Hu-one, Hunne).

Die Übersetzung bzw. Deutung des Wortes „ballowa" ist verhältnismäßig leicht, wenn wir alt-keltische Begriffe und ihre indogermanischen Wurzeln zu Grunde legen. „bal" (einschließlich seiner Ableitungen „bala", „ball") ist in vielen ehemals keltischen Wohngebieten von Südwesteuropa bis nach England verbreitet, es bedeutet so viel wie fahler (kahler) Berg, kalkiger Felsen, leuchtende Klippe. Dagegen bezeichnet „owa" (ofa, ava, owe, auch ua, uar) ein Gewässer, eine wasserreiche Wiese, auch Auenlandschaft.

Daraus lassen sich folgende Deutungen des Ortsnamens „ballowa" ableiten:

1. Hoher, kahler Fels am Rande einer Flussniederung (bal + owa) oder

2. Felsmassiv aus Kalkstein in einer Auenlandschaft (bal(l)o + av(w)a),

3. Ausgang für Gewässer - klammartige Schlucht (bal(l)a + ava)

Wo aber gibt es im Raum Balve eine Örtlichkeit, auf die Kriterien wie *kahl, hell, kalkig – hoch, felsig, massiv – nasse Wiese, Auenlandschaft, Klamm, Schlucht* in Gänze zutreffen? Im Stadtgebiet Balves gibt es einen Ort, der diesen Kennzeichnungen entspricht. Es ist der hohe, steile Kalkfelsen unterhalb der Burg K l u s e n s t e i n . Noch vor gut 100 Jahren trafen sich die auslaufenden Steinhalden der gegenüberliegenden Felsen an den Ufern der Hönne. Die schmale Stelle, literarisch auch als klammartig apostrophiert, wird nicht nur in Nasszeiten manchen Stau flussaufwärts verursacht und die Bildung von Auenwaldungen gefördert haben.

Falls dieser Deutungsversuch stimmt, ist der geografische Ursprung von „ballowa" einschließlich seiner lautverwandten nordischen Brüder erkannt. Das geheilte Mädchen stammt demnach nicht aus einem Dorf im heutigen Sinn, sondern von einer Hofanlage (villa) im Umfeld des Burgfelsens Klusenstein – entweder gelegen auf der Hochfläche hinter der Burg oder dort, wo sich das enge Tal weitet.

Gibt es andere Hinweise, Beweise? Was könnte Ballowa – in unsere Sprache übersetzt – bedeuten? Welchen Ursprungs sind „cal" und „kal"? Sind sie identisch oder verwandt mit „bal"? Bemühen wir wieder indogermanische Sprachwurzeln ! Das Ethymologische Wörterbuch gibt Auskunft. Auch „cal(a)" und „kal(a)" sind urige Allgemeinbegriffe keltischer bzw. frühgermanischen Sprachen in der Bedeutung von weiß, kalkig (abgeleitet vom lat. calcem) und kalt und kühl (lat.: kaletos; anord: kaldr; got.: kalds; gaelisch/irisch: cald; engl.: cold). Nicht nur die lautliche Verwandtschaft ist auffallend, ebenso die inhaltliche.

Diese Verwandtschaft von „kal" und „cal" mit „bal" bestätigt, dass die in den o.a. Fassungen gebrauchten Namen identisch sind. Die schwedischen Lautungen „kallafua" und „kallaelfua" widerspiegeln m. E. nur sprachlich bedingte Eigenwilligkeiten.

Zu 2: Bergbau, Eisenwirtschaft:

Die Ausgrabungen in Küntrop und Blintrop beweisen, dass bereits im 1. / 2. Jahrhundert im Balver Raum Erze gewonnen, verhüttet und auch verarbeitet wurden. Obwohl urkundlich oder archäologisch im einzelnen nicht nachweisbar, kann davon ausgegangen werden, dass bereits Jahrhunderte vorher zur keltischen Zeit zwischen dem Balver Wald und den Höhenzügen um Affeln Erze gefördert und verhüttet wurden. Die Stollen in und um Balve (auch Pygmäenstollen genannt) waren schmal und niedrig angelegt, ein Hinweise darauf, dass sie von „Kleinwüchsigen" frühgeschichtlicher Herkunft angelegt worden sein können. Über ihr Alter gibt es keine verlässlichen Daten.

Bewiesen ist, dass zur Latènezeit keltische Fabrikanten und „Kapitalisten" ihre metallurgischen Fertigkeiten bis ins Siegerland und bis in die Eifel verbreiten konnten, bekannt ist aber auch, dass keltische Kaufleute und Transporteure selbst bei Küstenvölkern der Ostsee als Käufer (Bernstein) und Verkäufer beliebt waren. Eine der frühgeschichtlichen Fernstraßen von Köln bzw. aus dem Rhein-Main-Gebiet nach Norden (bekannt als Salzstraße, Heerstraße, Reiterweg usf.) führte bereits vor 3000 Jahren durch Balve.

Unwahrscheinlich ist, dass den gewinnorientierten keltischen Unternehmern der Erzreichtum des Hönnetales verborgen geblieben sein könnte. Die hallstatt- und latènezeitlichen irdenen und eisernen Funde in Balver Höhlen bezeugen zumindest, dass den Bewohnern des Hönnetales keltische Gebrauchsgegenstände nicht unbekannt waren. Ob sie am Ort hergestellt oder importiert wurden, lässt sich kaum noch feststellen.

Leider sind die zahlreichen an den Hängen des Balver Waldes gefundenen Schlackenhalden (Rennfeuerstellen) radiometrisch nicht erforscht worden. Sie werden dem Mittelalter zugeordnet, also jenem Zeitalter, in dem die Dietrichsage kompiliert wurde. Ob z. Zt. Wielands im Balver Wald Rennfeueröfen betrieben wurden, ist ungewiss. Den Garbecker Ausgrabungen nach scheint in den ersten beiden Jahrhunderten die Metallverhüttung auf Anwesen in offener Landschaft vorgenommen worden zu sein.

Die Bedeutung des Hönnetales und der südlich gelegenen bergigen Landschaft als Erzlagerstätte ist unbestritten. Noch um 1880 gab es in Balve 40 genehmigte Grubenfelder, aus denen Mangan-, Blei- und Zinkerze gefördert wurden. (Gold und Silber wurden im Balver Raum m. W. weder gefunden noch verarbeitet.)

Unabhängig von Lücken und Qualitätsmängeln in der Forschung ist für den Balver Raum die Kontinuität des Erzbergbaus und der Erzverhüttung von der Zeitenwende bis ins 19 Jh. als gesichert anzusehen. Wirtschaftliche Auf- und Abschwünge als Folge kriegerischer oder klimatischer Störungen, als Begleiterscheinung von Epidemien oder Hungersnöten, von technischen Errungenschaften oder gesellschaftlichen Veränderungen sind wahrscheinlich. So gibt es keinerlei Hinweise zur Lage des Bergbaus und der Eisenverarbeitung im 5. / 6. Jh. Wir wissen nur, dass unruhige Zeiten herrschten, können also vermuten, dass die langjährigen kriegerischen Auseinandersetzungen zwischen Franken und Brukterern, später Sachsen den Bedarf an Stahl, d. h. waffenfähigem Eisen, zu steigern vermochten.

Ob die Qualität der Eisenknollen, die der Erdoberfläche entnommen wurden, später der Manganerze, und das damalige Verhüttungsverfahren ausreichten, hartes Eisen zu gewinnen, das die Herstellung z. B. von Brünnen und Schwertern erlaubte, kann im einzelnen nicht geprüft werden. Gegenstände dieser Art oder Relikte davon sind weder im Boden noch in Grabstätten oder Höhlen gefunden worden.

Zu 3.: Schmiedende Zwerge

Auch die Frage, ob im Hönnetal Menschen zwergenhaften Wuchses lebten, kann nur vergleichend, besser: spekulativ beantwortet werden. Mit Zwergen sind natürlich nicht jene minderwüchsigen Menschen gemeint, die unter irgendeiner Form des Nanismus (krankhafter Zwergwuchs, „Liliputaner") litten.

254

Ohne Zweifel lebten nicht nur in Mitteleuropa vor 3000 Jahren mehr oder weniger große Gemeinschaften von Menschen, die nicht die Körpergröße indogermanischer Einwanderer erreichten. Gruppen dieser früh-(vor-)zeitlichen Rassen siedelten noch im frühen Mittelalter bis zu ihrer Ausrottung organisiert in weiten Ebenen Norddeutschlands, wie Urkunden belegen. Es gibt Berichte über das Aussehen der Zwerge, über ihren Lebensstil, ihre Bewaffnung, aber auch über ihre geschickte und tapfere Gegenwehr bei Bedrohung. Aber das wellenartige Eindringen indogermanischer Völkerschaften aus osteuropäischen Steppen (Belger, Wenden, Kelten, Veneter, später Germanen usf.) konnten die Kleinwüchsigen nicht aufhalten. Sie zogen sich in unwirtliche Räume (Moor- und Berglandschaften, Heiden und entlegene Urwaldregionen) zurück.

Ihr weiteres Schicksal hing von den Umständen ab. Fürchteten die Eroberer nach der Landnahme die „heimtückischen Gnome in der Nachbarschaft", wurden sie ausgerottet. Lebten sie jenseits nutzbarer Fluren in abgelegenen Enklaven, ließ man sie gewähren, verklärte oft erzählend ihr „ungewöhnliches" Dasein. Wussten dagegen die Kleinwüchsigen von den unsichtbaren, „geheimen" Schätzen der Erde, beherrschten sie jene Techniken, die den mächtigen, großwüchsigen Herrschern willkommen waren, konnten sie begehrte Waren für Haus, Ackerbau, Jagd und Kampf herstellen, dann nahmen die neuen Herren diese bedeutenden Überbleibsel frühzeitlicher Kulturen sozusagen in Schutzhaft. Sie dienten als Sklaven, Knechte oder Liten (sozusagen abhängige Kleinunternehmer mit Zukunftsaussichten). So kann es auch in „ballowa" gewesen sein.

Jedoch unabhängig von ihrem Schicksal rankten sich immer spannende Geschichten um das Leben der „Zwerge", wurden außergewöhnliche Vorkommnisse zu hehren, heldischen, tragischen, lehrhaften, abschreckenden, auch lustigen Geschehnissen verarbeitet und gestaltet.

Die zahlreichen Schlackenhalden an aufwindigen Hängen des Balver Waldes lassen uns wissen, dass hier jene Erze geschmolzen wurden, die „Bergleute" jenseits der Hönne dem Boden entnehmen konnten. Wo aber wurde das gewonnene Eisen gehärtet und geschmiedet? Wo befanden sich Rennfeuermulden oder –öfen?

Schmiede brauchten Wälder, Buchenholz von hohem Heizwert, einen Bach, der munter Wasser spendete, und starke Aufwinde. Das gab es im Balver Wald - in seinen Tälern und an seinen Hängen. Aber auch Einsamkeit – gewollt und ungewollt.

Die in den auslaufenden Tälern am Rande des Balver Waldes lebenden und werkelnden hiesigen Schmiede scheinen offenbar nicht angestammter Teil der sie umgebenden siedelnden Gemeinschaften gewesen sein. Sie waren, wenn man Berichten glauben darf, gewissermaßen Sonderlinge, abgesondert, ein wenig ausgestoßen. Aber sie wurden gebraucht, ihre technischen Fähigkeiten scheinen jedoch geachtet und bewundert worden zu sein.

Ob diese Waldschmiede kleinwüchsig oder großwüchsig waren, wie lange sie einer uralten Spezies Mensch angehörten, seit wann sich ihr Nachwuchs aus umwohnenden Volk zu rekrutierten vermochte, ob Kleinwüchsige und Großwüchsige biologisch verschmolzen, ob und wann sie soziale Abgeschiedenheit abstreifen konnten, wissen wir nicht. Das Volk nannten sie offenbar Jahrhunderte lang „Waldschmiede" – ob zwergisch geartet oder hoch gewachsen, ist nicht überliefert.

Es lag natürlich nahe, die wertvollen, handwerklichen Fertigkeiten der Waldschmiede in den Tiefen dunkler Täler und Waldungen mystisch zu überhöhen, ihren Tätigkeiten Nimbus zu verleihen, besondere Schmiedeleistungen zu glorifizieren. Das, was man sich so erzählte, was berufene Erzähler zu verbreiten wussten, was von Hof zu Hof, von Gau zu Gau wanderte, unterlag natürlich dem Zeitgeist der Generationen, der Landschaften, auch sprachlichen Entwicklungen und Eigentümlichkeiten.

Zu 4: Schmiedewerkstatt:

Unterstellen wir, dass handwerklich und künstlerisch hochbegabte Zwerge in einer Balver Höhle lebten, Waffen und Geschmeide aus Eisen und Edelmetallen schmiedeten. Wie musste dann der genutzte Raum beschaffen sein?

256

1. Der Hohlraum des Berges musste hallenartig, mehrräumig angelegt sein, um die Bedürfnisse der offenbar wohlhabenden Zwerge (Schlafen, Kochen, Essen, Lagern für Werkzeuge, Materialien, Lebensmittel, für Schmieden, Abschrecken, Härten, evtl. auch Gießen) abdecken zu können.

2. Die „Halle" verlangte eine gewisse Höhe, Wölbung und Neigung (Sammeln und Entweichen von Rauch und Abgasen), aber auch Öffnungen, welche die Zufuhr von Frischluft sicherten.

3. Der Höhleneingang musste so geartet sein, dass ausreichend Licht einfallen konnte, jene Menge, die Waffen- und Goldschmiede für Grob- und Feinarbeiten benötigten.

Außerdem hatte die gesuchte Höhle jenen ergänzenden Kriterien zu genügen, die in den Dietrichsagen Ths und Sv beschrieben sind:

4. War der Höhleneingang absperrbar, verschließbar? (Z. Zt. Wielands waren Holztüren bekannt.)

5. Waren Fels und seine angrenzenden Steilhänge so hoch und steinig, dass Unwetterlawinen gefährlichen Ausmaßes entstehen und abstürzen konnten?

6. Bot das Umfeld der Felsen einen Platz, der sich als Schlafstelle eignete, aber gleichermaßen zu einer Todesfalle werden konnte?

Diese sechs Kriterien treffen für die Große Burghöhle unterhalb der Burg Klusenstein zu, wie die nachstehende Beschreibung zeigt:

Um den Eingang zur Burghöhle im steilen, kalkigen, etwa 50 m hohen Felsmassiv erreichen zu können, waren (vom ursprünglichen Talboden aus) etwa 12 m zu erklimmen. Der Eingang war so schmal, dass er versperrt werden konnte. Zwei große Öffnungen oberhalb der Eintrittsspalte lassen noch heute ausreichend Tageslicht in den vorderen Teil der großen Halle fallen. Die drei Öffnungen waren geeignet, frische Luft zuzuführen und Abgase entweichen zu lassen. Dem Kalkfelsen schloss sich seitwärts eine breite, steile Felswand an. Hinter seiner Oberkante breitete sich eine ansteigende Hochfläche aus, geeignet, Sturzregen zu sammeln, Oberflächenwasser in Richtung Felskante zu kanalisieren, dort abstürzen zu lassen. Große Wassermengen hätten an solcher Stelle eine Stein-, Holz-, Erdlawine auslösen können.

Diese Kriterien treffen nur für die Große Burghöhle zu, nicht aber für die Balver Höhle, dem heimatkundlich favorisierten Wohn- und Arbeitsplatz der Zwerge. Entscheidend aber ist der Umstand, dass das Innere der Balver Höhle bis ins 19 Jh. von einem Lehmberg versperrt wurde, den Hochwasserstände weit v o r der Zeitenwende einschwemmten. Er erreichte fast Deckenhöhe. Unter einer kräftigen Sinterschicht höhleneinwärts befanden sich meterhohe Ablagerungen, deren tiefste Schichten in der Eem-Warmzeit entstanden. Diese Lehmschwelle schloss jedwede handwerkliche und wohnliche Nutzung der Höhle seit frühgeschichtlichen Zeiten aus.

Die Frage, ob andere der rd. 35 Höhlen und höhlenartigen Vertiefungen im Hönnetal als Wohnung und Schmiedewerkstat dienen konnten, ist verhältnismäßig leicht zu beantworten. Zwei erfüllten die Kriterien 1 bis 3, keine jedoch die Merkmale 4 bis 6.

Auch die Ortsbezeichnung ‚ballowa" scheint, wie oben dargestellt, die Burghöhle als Tatort der Zwerge zu bestätigen. Die beiden Wörter ‚bal" + ‚owa" kennzeichnen das Umfeld der Burghöhle. Die ursprünglichen Schuttmoränen des hoch aufragenden hellen Felsmassivs unterhalb der Burg Klusenstein und der gegenüberliegenden Kalkfelsen reichten (vor dem Bau der Bahn und der Straße) bis an die Ränder des Hönnebetts. Sie verengten das Tal, das sich flussaufwärts erst schmal, dann großflächiger erweiterte.

Trotz tausender Funde aus vielen Jahrhunderten gibt es k e i n e Hinweise, dass die Halle der Burghöhle irgendwann als S c h m i e d e werkstatt genutzt wurde. Die Irden-, Bronze-, Eisen-, Glas-, Schmuckwaren (in vielen Museen ausgestellt) sind jeweils a n d e r e n Kulturkreisen bzw. Jahrhunderten zuzuordnen. Wo – so kann man fragen - können die Zeugnisse der berühmten kunstfertigen Schmiede geblieben sein?

Nicht nur Wieland wird (der Sage nach) die Höhle nach dem Tod der Zwerge ausgeräumt haben. Nach seinem fluchtartigen Abgang haben sich für die verbliebenen Werkzeuge, Waffen oder Materialien sicher noch andere Liebhaber interessiert. Konnten sie aber alles und jedes mitgehen heißen?

Jahrelanges Schmieden hinterlässt viele Spuren, auch solche, die weder wegzuräumen noch mitzunehmen sind: Es sind jene Kohlenstoff- und Metallpartikel, die Fußboden, Wände und Decken jeder Schmiede selbst bei elektronisch gesteuertem Rauchabzug bleibend bedecken und eindunkeln. Von diesen Spuren gibt es in der Burghöhle nichts. Selbst entdeckte Feuerstellen (Aschenreste, Holzkohle) weisen auf andere Zwecke und Nutzungen hin. Sollten Korrosion und Erosion in den zurückliegenden 1500 Jahren jedwede Spur beseitigt haben?

So bleibt auch die Burghöhle als Schmiedewerkstatt nur eine interessante, aber vage Vermutung. Niemand kann mit Bestimmtheit sagen: So war es damals, dort geschah es !

Zu 5.: Die Vorgänge in der Ths

Die Dietrichsage ist ohne Zweifel ein aussagekräftiges und ansprechendes Produkt literarischer Bemühungen mittelalterlicher Autoren. Literatur ist aber nicht mit einer protokollarischen Berichterstattung zu verwechseln, selbst wenn erwähnte Personen, geografische Begriffe und technische Darstellungen historisch sind. Erzählende Autoren sind gehalten, erlebte Realitäten, d. h. Gesehenes, Gehörtes, Erdachtes, Empfundenes in glaubhafte Handlungen umzusetzen, wenn ihre Werke vom Volk erfolgreich wahrgenommen werden sollen. Beim Fabulieren werfen Dichter und Nacherzähler Störendes über Bord, verdrängen einfach, was einem vorgegebenen Handlungsablauf oder dem Ansehen von Helden zuwider laufen könnte. Sie vermitteln zeitnah, was Menschen lesend oder hörend aufnehmen möchten.

Diesen Gebräuchlichkeiten werden bei ihrer Entstehung auch jene Sagen und Berichte unterworfen gewesen sein, die den Autoren der Sv und Ths zur Verfügung standen. Wie aber sind textliche Ungenauigkeiten zu werten, die einem kritischen Leser auffallen?

Unerheblich ist, ob Vater Wade wirklich auf die geschilderte Weise zu Tode gekommen sein kann, ob die misstrauischen Zwerge Wieland unkontrolliert fortgehen ließen, um sich bewaffnen zu können, ob sich die hellwachen Schmiede ohne Gegenwehr töten ließen, ob die Zwerge in Höhlennähe Pferde unterhielten. Diese „Oberflächlichkeiten" in der Darstellung von Vorgängen sind in der Literatur üblich, erlaubt, sozusagen notwendig, um zügig und spannend Geschehnisse ablaufen lassen zu können. Exakte Berichterstattung langweilt ! Kleine Lücken in der Sache und Logik steigern jedoch die menschliche Lust, neugierig zu werden, ein wenig zu träumen, zu fantasieren. Allerdings: die Gesamthandlung muss in sich verständlich, stimmig, glaubhaft sein.

Einige Vorgänge in den untersuchten Abschnitten der Ths scheinen aber diese Limits außer Acht zu lassen, wie nachstehende Fragen zu verdeutlichen suchen.

Wie lange braucht ein handwerklich gestählter Jüngling von etwa 15 Jahren, ohne Zuhilfenahme motorischer Werkzeuge einen starken Baum zu fällen, einen langen, schweren Stamm zum Elbufer zu transportieren, ihn zu schälen und auszuhöhlen? Auf welche Weise konnte Wieland den Einbaum verschließen und gegen Wassereinbruch abdichten? Welchen Vorteil versprach das „U-Boot" mit gläsernem Ausblick? Vor wem oder vor welcher Gefahr musste sich Wieland verstecken? Welchen Nutzen rechtfertigte den großen zeitlichen und körperlichen Aufwand?

Diese Fragen mögen darauf hinweisen, dass sich die Autoren der mittelalterlichen Dietrichsagen manche unlogische dichterische Freiheiten auch jenseits unwirklicher mystischer Einlagen erlaubten. Sagen darf man eben nicht als bare Münzen nehmen, auch wenn manches historisch ist.

Ohne Zweifel ist die Geschichte von Wieland dem Schmied in Ballowa abenteuerlich und spannend. Sie und andere Lebensabschnitte gereichen dem erfinderischen Helden zu Ruhm und Ehre. Das wird den Hörern zur Völkerwanderungszeit wie auch den mittelalterlichen Lesern gefallen haben, unabhängig davon, ob es diesen Wieland wirklich gegeben hat, ob sich hinter seiner Gestalt und seinen Handlungen andere zeitgenössische Helden oder Vorgänge verbergen, ob er eine geschickte, glaubwürdige literarische Erfindung ist.

Zu 6.: Literarischer Niederschlag

Wenn also keine Balver Höhle im Sinne der Ths und Sv als geeignet in Frage kommt, wie lassen sich dann die Inhalte der Saga bzw. der Chronik erklären?

Wielands Jugendzeit - mit 9 Jahren bei Mime beginnend und mit gut 15 Jahren am Hof König Nidungs endend - kann ebenso wie andere in den Dietrichsagen dargestellte Lebensabschnitte als eine eigenständige literarische Einheit gesehen werden.

Nehmen wir einfach an, dass etwa Ende des 5. Jhs. ein Jüngling, namens Wieland, bei zwei über Stammesgrenzen hinaus berühmten Schmieden in Ballowa seine handwerklichen Fertigkeiten verfeinerte, von seinen Meistern bevormundet wurde, sie tötete und ausraubte, dann flüchtete. Zu vermuten ist, dass die Entdeckung des gewaltsamen Todes, des Raubes und der Flucht des Mörders unter dem Volk (den bäuerlichen Nachbarn, edlen Herren) in aller Munde war. Sie wurde sozusagen örtlich beredet, machte dann stammesweit die Runde, wurde schließlich von begabten Sängern oder Erzählern zu einer spannenden Geschichte geformt. Natürlich waren nun die Schmiede bösartige Zwerge, die in einer Höhle lebten und arbeiteten und dem jungen Wieland nach dem Leben trachteten.

Auf ähnliche Weise werden auch andere Taten Wielands an anderen Orten beredet und sprachlich geformt, inhaltlich genormt und verbreitet worden sein. Wie dann die einzelnen Lebensstationen eines berühmt gewordenen Handwerkers, Erfinders und Kämpfers um Recht und Erfolg zusammenfanden, wird nie schlüssig zu klären sein. Wir können aber davon ausgehen, dass es mindestens eine „Ursage" gab, die sehr früh unterschiedliche örtliche und zeitliche Vorgänge zu einer Wieland-Vita zusammenfügte. Erst später entstanden dann jene Kompilationen mit anderen Helden und Ereignissen, die den Autoren der Dietrichsage u.a. als Vorlage gedient haben werden. Ob Ursage oder Neufassungen wirklichkeitsbezogene, d. h. absolute Wahrheiten wiedergeben, ist im Grunde nebensächlich, wenn man Sagen als das nimmt, was sie waren, sind und bleiben sollten: nämlich zeitgenössisch geprägte (mündlich oder schriftlich weitergegebene) E r z ä h l u n g e n .

Sagen (wie auch Epen) hatten in alten Zeiten in Ermanglung von Schulen und Universitäten nicht nur junge Menschen zu unterrichten. Sie vermittelten Sprache, aber auch geschichtliche Vorgänge (Vergangenheit), technisches Wissen (Zukunft), Lebensschicksale (Gegenwart), mystische Vorgänge (religiöse Bedürfnisse). Um „sensationell erregende" Fakten rankten sich Vorgänge und Schicksale. Sie wurden mit erlebten, gehörten, ersonnenen Ereignissen angereichert. So entstanden sagenhafte Geschichten, entstehen heute Romane und Dramen!

Ist Wieland ein typischer Antiheld? Bilden Wielands Taten bewusst Gegenpole zu den heldenhaften Geschehnissen in den Dietrichsagen? Ohne Zweifel, er verkörpert nicht den kanonisierten Recken der Völkerwanderungszeit oder gar den galanten Ritter des hohen Mittelalters. Wieland demonstriert Wagemut und Entschlossenheit, Erfindergeist und Technik, Fortschritt und Zukunft. Nicht umsonst ließ ihn Vater Wade gleich zwei „technische Universitäten" besuchen. Natürlich kämpft Wieland auch um Anerkennung, Selbstachtung, Liebe. Die Mittel, die er einsetzt, um Gegenspieler auszuschalten, seine Ziele zu erreichen, unterscheiden sich allerdings nicht von denen seiner Gegner oder Feinde. Auch der Antiheld ist ein Kind seiner Zeit.

Damals wie heute braucht der Mensch Helden und Antihelden. Sie bringen Spannung, schenken Anteilnahme. Der Mensch sucht geradezu dramatische Ereignisse, die beleben und drohende Langeweile vergessen machen.

Wie aber ist zu erklären, dass die Wielandsage nichts über den „kleinen Mann" damaliger Zeit aussagt? Über Bauern, Knechte, Gesinde? Wer z. B. fand die ermordeten Zwerge, wer beerdigte sie? Welche wirtschaftlichen Lücken hinterließen die kunst- und handwerklich begabten Schmiede in der Region und bei ihren doch wohl vorwiegend hochgeborenen, wohlhabenden Kunden? Interessierte es die Menschen der Völkerwanderungszeit und des frühen Mittelalters nicht? Doch, aber nur im praktischen, alltäglichen Leben.

262

Der erzieherische, unterhaltende und bildende Wert von Sagen aller Art liegt nicht in der exakten, wahrheitsgetreuen Vermittlung von historischen oder historisierten ‚Wahrheiten", sondern in der glaubwürdigen Vermittlung von persönlichen und gesellschaftlichen Schicksalen vor dem Hintergrund sozialer, wirtschaftlicher, moralischer Gegebenheiten der Zeit. Sie sind angelegt wie manche unserer heutigen „Dickromane".

Moral ? Welcher Moral ist die Geschichte von Wieland in „ballowa" verpflichtet? Ich stelle mir einen junger Erdenbürger vor 1400 Jahren vor und frage mich, was er empfunden haben mag, als ihm Wielands Erlebnisse in „ballowa" vorgetragen wurden. Wahrscheinlich sagte er: „Toller Kerl, der Wieland – der hat es den Bösewichtern aber gegeben!" Das Gute, auch das angeblich Gute, muss in der Literatur immer das Schlechte besiegen.

Es wäre gut zu wissen, ob Wieland wirklich bei zwei Zwergen in einer Höhle von „ballowa" die Vervollkommnung von Schmiedetechniken erlernte. Diese Suche nach Erkenntnis und Klärung ist sicher ein amüsantes, spannendes, intelligentes, heimatbewegendes Spiel. Es macht Freude, Namen, Jahreszahlen, Sachzusammenhänge, Ortsbezüge zu vergleichen und Neues zu entdecken.

Sinnvoll erscheint mir aber nicht, um jeden Preis Heimatbezüge herzustellen, d. h. im konkreten Fall zu behaupten, Wieland habe unwiderleglich in der Balver Höhle das Schmiedehandwerk erlernt, dieses oder jenes vollbracht.

Die Frage, ob die Geschichte von Wieland dem Schmied bei zwei Zwergen in ‚ballowa" sich wirklich - wie in Ths und Sv dargestellt - abgespielt hat, muss nach den vorliegenden Fakten einfach v e r - n e i n t werden.

Das schließt nicht aus, dass irgendwann in frühgermanischen Zeiten ein junger Bursche mit Namen Wieland in „ballowa" Metalle bearbeitete, kleinwüchsige Menschen weithin bekannte Schmiedewerkstätten unterhielten, irgendwann heimtückische Zwerge ermordet und beraubt wurden, dass diese und andere zeitlich und kleinräumlich getrennten Vorgänge zu einer spannenden Geschichte ver-

einigt wurden. Der menschlichen Fantasie sind keine Grenzen gesetzt.

Vergegenwärtigen wir uns aber lieber, was allein die Mini-Sage
„Wielands Jugend" mittelbar und unmittelbar mitzuteilen vermag,
falls wir aufmerksam zu lesen, mitzudenken und aufzuarbeiten verstehen. Man entdeckt viel Stoff für den Heimatkunde- und Ge-
schichts-, ja selbst für den Deutschunterricht – geeignet für den
Gebrauch in Haus, Kindergarten oder Schule.

Uns ist in alten Maeren
viel Sauerland gesagt

Das „Sagenland" des Dietrich von Bern / Bonn stellt sich im Bergisch-Märkischen Land und in Südwestfalen real dar

Von Harry Böseke

(Abgedruckt aus DER BERNER Nr. 29 (2007), S. 44-48)

Zunächst einmal muss man schlucken: Das S a u e r l a n d als Ort unserer so bedeutenden Sagen wie der von Dietrich von Bern, Wieland dem Schmied und sogar Durchzugsregion der Niflungen?

Dr. Heinz Ritter-Schaumburg, dem für das Verdienst des Anstoßens dieser Forschung zu danken ist, hätte uns wohl andere Ortsnamen vorgestellt, wäre es ihm möglich gewesen, die Sprache der oben genannten Regionen richtig zu verstehen und zu lesen. Auf den Seiten 389 ff. im Anhang seines Buches „Die Didriks-Chronik" stellt er selbst akribisch die Abweichungen in der altschwedischen **Handschrift B** *(dem gewissermaßen „zweiten" Manuskript zu der von Ritter ins Deutsche übersetzten „Didriks-Chronik" oder „Svava", abgekürzt Sv, wie sie auch von Ritter genannt wurde, d. Red.)* zu der von ihm übersetzten „Handschrift A" zusammen. Die „Handschrift B" unterscheidet sich jedoch kolossal von allen „Ur-Manuskripten" und ist meines Erachtens die ä l t e s t e Nachricht von den Sagenkreisen um Dietrich von Bern.

Dessen Geschichten - zu Zeiten Karl des Großen wohl aufgeschrieben, von dessen Sohn Ludwig verboten - lebten als Volkssagen weiter. Man konnte diese „Sagen" nicht verbieten, und Dietrich von Bern und seine Riesen (und Reisen) lebten weiter. Das Nibelungenlied mag ein „Reflex" darauf gewesen sein, denn es bezieht sich (im Anhang, der „Klage") ausdrücklich auf eine anderssprachige Vorlage:

„Zu Passau der Bischof Pilgrim, hieß schreiben diese märe, wie es ergangen wäre, in latinischen Buchstaben...".

Sehen wir uns nun das Raumbild an, welches uns die **Handschrift B** so eindrucksvoll aufzeigt.

Da ist von Wielands Großvater die Rede, Wilcinus, der diese Länder erobert hatte: *„vilcina landh göthe alndh, das jetzt* **suar´rige** *genannt wird, und skaane* **sia´landh** *und* **ffindlandh"** (wohl Vendsches Land/Veneti/Wenden bei Olpe). Die Wilzenburg, über 2200 Jahre alt, liegt in **Schmallenberg** im Sauerland.

Auch im weiteren Verlauf, so bei Wielands Lehrherrn Mime, ist das **sia´landh** genannt, und der Lehrherr hieß nicht Mime, sondern Myner („Eisenkundler" ?: 55. und 155.Kapitel). Wielands Vater brachte den angehenden Schmied nach der Lehrzeit dort ins Sauerland, entweder nach **Kalluva** (Kalve bei Lüdenscheid) oder nach **Balluva** (Balve). Beidesmal kommt er auf diesem Weg über Sundern/Sondern (in der Übersetzung geht Wade angeblich durch den **Grönasund** von Schweden nach Balve, weil er in Schweden kein Schiff fand (HIC oder besser HICK!).

Im 20.Kapitel der SV überläßt Herding-König dem Nachfahren des Wilcinus, Nordian (Burg Nordenau bei Schmallenberg ?), vom **sua´rikes rike** nur das südliche **siahlandh.**

In der Sprache der Region sind alle Gebiete durch ihre ortsübliche Aussprache gekennzeichnet! Sie markieren den N o r d o s t p u n k t des Erzählraumes der Dietrichs-Chronik.

Der Südostpunkt ist durch Dietrichs Ritt in den „Ossem" markiert. **Ossem** steht nicht für Osning (Teutoburger Wald) sondern für das „**Osnike Gewälde", den Eisenwald** (Os: wallonisch, Eisen), das Gebiet von Wied, Windeck und Bilstein (Wenden/Olpe und hin zur Lenne), wie 1197 der Kölner Erzbischof Adolf I. von Altena seine Besitzungen nannte.

Der Ritt berührt die Orte **Seegard**/Seegrad (Südburg, Siegburg) dann über den Kamm des Nutscheid-Gebirges (übersetzt mit Alpen!), die Burg **Drekanfils** (Drakenfils um 1200, heute Drachenfels) und den Ort **Oldensziel** (heute Odenspiel), und dort in der Nähe trifft er Sintram von **Wenden.**

Ein weiterer Ritt findet unser Interesse. Da reitet Dietrich von Bonn aus über den „**Hof Her**", Wegekreuz in Meinerzhagen, wo sich 3 „Europastraßen" der Jungsteinzeit trafen, in das Gebiet der Hirschen. Die Gemeinde Herscheid dort, 10 Kilometer von Meinerzhagen, hat den Hirschen im Wappen und ist von besonders edlem Erzreichtum gesegnet. So finden sich um Herscheid und den Höhenorten Rärin herum 9 Höfe (auch von 9 Höfen ist in der „Svava" die Rede): Sirrin, Stöpplin, Reblin, Germelin, Friedlin, Danklin, Marlin, Wellin und Waldmin, die alle mit der **Eisengewinnung** zu tun haben. An anderer Stelle der Sage ist davon die Rede, dass man in 9 Königreichen (wohl 9 Königshöfen) sucht und das Wasser nicht findet, um Eisen zu härten, es schließlich in **reýia** (und das ist wohl Rärin nach M. Alberts) findet.

Besonders aber ist der Ort „Alfrin" interessant, der heute noch in der Hanglage in Nordwestrichtung eine topografische „Düse" erkennen lässt, durch die der Wind in die Quellmulde ständig bläst. Dieses war die Voraussetzung für die frühzeitliche Eisenverhüttung, und man nannte diese Täler wie in der Edda „Wolfstäler", (weil der Wind dort ein Geheul wie von Wölfen ertönen ließ, Forschungen vom Verfasser 2006, Sagenhafte Irrtümer). Nicht anders erreichte man die hohen Schmelztemperaturen als durch diese natürlichen Winde.

Nun wissen wir vom Ritt Dietrichs zu Alfrik, dem schmiedekundigen Zwerg (er heißt in der Handschrift B: **duerg** und nicht Zwerg). Dieser Eisenzauberer hatte Nagelring geschmiedet (die heutigen Herren vom benachbarten Neuenhof haben genagelte (genietete) Kettenglieder in ihrem Wappen !). Dieser Alfrik (aus Alfrin?) steht also für die herausragende Verhüttungs- und Schmiedekunst. Nun greife ich einen Aufsatz von Martin Alberts auf (DER BERNER 18, S. 42 ff.), denn Dietrich reitet von Alfrik aus zu den Riesen (und das sind für mich metallerzhaltige Berge) Hilde und Grim(m) und entwenden ihnen die (Boden?)-Schätze. Heißt das nicht anderes, als dass er aus beiden Bergen die Legierungsmetalle für seinen „Super-Helm Hildegrim" holt?

Genau auf einer Linie und benachbart liegen die Orte **Alfrin, Griminghausen** (Schloss) und **Hildeweringhausen** (heute Hilfringhausen, ebenfalls Burg). Beschreibt diese „märe" nur einen besonders wichtigen Ritt zur Gewinnung der besten Bodenschätze?

Ich kann mir nicht helfen, aber wenn ich die Artus-Sage oder den „Herrn der Ringe" lese, Harry Potter sogar, dann finde ich ein Dutzend Übereinstimmungen (Marlin/Merlin, Gremelin/Gremlin, das Schwert aus dem Stein, Alfred der Große, König von England, Merlin kennt Wilandus in der „Vita merlini"). Ich gehe davon aus, dass wir hier eine keltische G r u n d s a g e haben, die in vielen Völkern überlebt hat. Die Kelten waren die Hochmeister der Eisenkunst und gaben ihr Wissen mündlich weiter! Ist unsere Thidrekssage nicht vielleicht solch eine mündliche Wiedergabe?

Kommen wir zurück auf die örtliche Eingrenzung unseres Gebietes. Die Thidrekssage findet durch eine konkrete „Heimat" mehr Glaubwürdigkeit als durch eine übertriebene Darstellung, wie sie uns (leider) vorliegt.

Das Volk der **Ruisen** lebte nicht Russland, es war im Sauerland zu finden (Rüspe, eine frühe Herrschaft), **Bergara** - vom Meer zum Gebirge (ja, das Bergische Land reicht vom Rhein - Flüsse wurden früher oft Meere genannt - bis zu den Olper Bergen (über 600 m), das **Ungarland** mag Engern meinen oder das Gebiet der Engern im Neuwieder Becken. „Grekia" sieht Koneckis als Gellep am linken Niederrhein. Dies könnte tatsächlich ein Fixpunkt sein (Kowallek sieht in „Gretia"als Kretz bei Mayen).

Am genauesten aber wird der Nordwesten unseres Gebietes durch den Zug der Niflungen gekennzeichnet (siehe DER BERNER Nr. 27, S. 48 ff.), mit festen Angaben wie „**Myrkwid**" für den Märkischen Wald, „**Susat**" und dem „**Lyrwald**", den Arnsberger Wald, und durch „**Porta Coeli**", **Himmelspforten**. Deutlich wird auch ein Besitztum „**Tyr**"; das mag nicht das Wipperfürther Thier sein, sondern ein Thu(o)r bei Bensberg, weil es „**nahe am Rhein**" liegt.

Diese Linie mag auch fortzusetzen sein am Rhein bei Bonn, und Fritila wird Bad Breisig gegenüber dem Limes-Kopf Hönningen sein. Überlassen wir diese Forschung denen, die ein wenig „näher dran wohnen", so wie M. Alberts und ich am Sauerland. Dieses Land aber hat eine sehr alte und sehr bedeutende Geschichte, denn es besaß und besitzt allerbeste Bodenschätze und es hatte die Verkehrswege der Vergangenheit. Dann wird einem deutlich, woher der Be-griff „M y n e r " stammen dürfte.

Eine Bitte noch: sehen Sie das „Suarige Land" mit freundlichen Augen an. Auch wenn manche nun sehr „sauer" reagieren mögen.

Wieland beim Schmied „Mynner" in Siegen ?

Von Harry Böseke

(In Auszügen abgedruckt aus DER BERNER 48 (2012), S.36-45

Vorweg: ich behaupte nicht, dass das Geschehen um die Niflungen, Dietrich und Wieland „in dieser Region" passiert ist. Ich nutze diesen Ansatz dazu, die Logik von „erzählten Wegeverläufen" an die mir bekannten Orte zu koppeln. Was wurde mit Sagen gesagt ? Wege und Taten, aber diese Taten sind durchaus auch als „Patente" zu sehen. So wurde lokales Geschehen erzählt und damit vor Missbrauch geschützt. Die Geschichten können durch Ortsveränderung durchaus an anderen Stellen ebenso „wirksam" werden.

Wieland der Schmied – erzählt er ein Stück der „B 54" ?

Straßen erzählen Geschichte. Sogar Sagen ! Andersherum: Sagen erzählen den Verlauf von Straßen. Was in Schweden von der Dietrichsaga aufgeschrieben wurde (*der Verfasser meint die in Altschwedisch abgefasste „Didriks-.Kröniken", von Heinz Ritter ins Deutsche übersetzt und kurz „Svava" genannt, nicht die in Norwegen in altnorwegischer Sprache auf Pergament gebrachte Thidrekssaga". D. Red.),* war viel früher mündlich weiter gegebene Wegebeschreibung. So verwundert es uns, wenn Wieland der Schmied angeblich diese Reise unternahm, um als 11Jähriger die Lehre in Balve bei Schmiedekünstlern zu beginnen. Sein Vater *„nahm seinen Sohn Weland und zog zum Grönasund. Dort war weder Fähre noch Boot. Da nahm er den Jungen auf die Schulter und watete durch den Sund".* – Das kann eben nur „Sage" sein. Aber Sagen sagen etwas Wichtiges: Wege

Und her nun der Weg, wie er von Welands Heimat aus gewesen wäre. Mehrfach wird seine Heimat statt mit „SEELAND" mit „SIAHLAND" angegeben, auch in der Übersetzung des Herrn Ritter-

270

Schaumburg. Allerdings war dies eine „unverbesserte" Schrift, die nach seinem Tode herauskam *(das Buch „Wieland der Schmied, herausgegeben von seinem Sohn ………)*

Nein, der Übersetzer *(hier ist der vermutete Mönch gemeint, der die „Svava" aus einer anderen Sprache – Mittel-Niederdeutsch ? Dänisch ? – ins Altschwedische des frühen 15. Jahrhunderts übersetzt hat, D. Red.).* hatte wohl mit SIAHLAND das Richtige gelesen: SIEGERLAND. Auch in der „Merlin-Geschichte" *(aus dem spätmittelalterlichen Britannien ! D. Red.)* wird unser Schmied erwähnt: *„Er sah Pokale, wie Wieland sie in S i e g e n schuf."*

Der heutige Ort Wilnsdorf im Siegerland hieß früher Wielandsdorf. Und *„Er (Wieland) arbeitete in den Wolfstälern".* Genau da, wo die Aufwinde genutzt wurden, um die Rennöfen anzufachen, sie am Laufen zu halten für die Eisenschmelze. Das Vermischen der kalten Luft mit dem heißen Eisenerz machte diese Wolfsgeräusche, das Halbfertigprodukt hieß zudem „Luppe" (lat. Lupus = Wolf).

Auf seinem Weg nach Balve kam Wieland in Olpe nach Sundern und eventuell an der Lenne bei Plettenberg nach Sondern. Die Geschichte wird endlich rund, wenn man den Reiseweg zurück sieht: auf der Flucht reist er in einem „Einbaum" angeblich von Balve über die Weser nach Jütland. ! Tolle Leistung !! Statt WESER für das Wort WISARE könnte man auch die WISSER, die in die Sieg mündet, sehen, oder die WEISS, ebenfalls WISARE genannt. Dies nun ist die Geschichte, wie sie doch eher passieret sein kann.

Mit diesen Informationen zusätzlich:

1. Wieland wurde zum Meisterschmied durch perfekte Ausbildung in B a l v e

2. Dort machte man *„in der Höhle Eisen".* Tatsächlich ist ein Kaminzug zu sehen.

3. Wieland schützte mit dieser Erzählung sein „Patent". (Letzteres behauptet nachvollziehbar Prof. Torsten Drescher von der Fachhochschule Köln).

Wieland und Siegfried –unzertrennliche Feinde

Die schwedische Dietrichsage hat zwei Handschriften, Sie verhalten sich wie unzertrennliche Feinde. Sie erzählen gleiche Geschichten, nur ist die Sagenfassung B dem erzählten Original wohl viel näher stehend, lässt Namen einer bekannten Region durchscheinen. Da wird die Eisenregion SAUERLAND erkennbar mit einem König Wilkinus und seinem Sohn Nordian (Wilzenberg und Nordenau im südlichen Sauerland !): *„Er gewann im Kampf vilcinalandh, göthe landh, das jetzt sua'rige genannt wird, und skaane, sia'landh und ffinlandh".* Übersetzt wurde *(aus welcher Sprache ??)* i n s Schwedische und von da wieder zurück ins Deutsche: „Er gewann durch Kampf Wilcina-Land, das jetzt genannt wird: Schweden und Gotland, Schonen und Seeland und Winland."

Lässt man aber den Kern des Satzes durchleuchten, dann scheint mir eine ganz andere Region gemeint zu sein: Das SUA'RIGE Land, das „Land der Quellen" (Sua für Wasser, Rige = Reich): das Sauerland, das Land der Siefen (Bäche), das Siegerland. Das FFINDLANDH der Kelten um Wenden/Olpe und Finnentrop. Zusammen die wohl bedeutendste Eisenerzregion des frühen Deutschland. Selbst Mangansucher (Mangan und Eisen kommen zusammen vor) aus der Glas-Stadt Venedig durchsuchten diese Region (Venetier-Stollen), wie man im Fernsehsender ARTE sehen konnte, um daraus Spiegel herzustellen.

Am Minnerbach in S i e g e n (in der Nähe des Fußballstadions und des Klinikums) gab es eine besonders ergiebige und erkundete Eisenregion. Dort im südlichen Siegerland lebte der Schmied **MYNNER** (so Handschrift B). Nicht Mime, wie es übersetzt wurde, nein: MYNNER, EISENMANN, MINENMANN. Der hatte einen Gesellen namens Siegfried, der aber seine Lehrlinge prügelte und neckte, woraufhin Wilkinus' Sohn Wade dessen damals 9jährigen Enkel Wieland aus der Lehre nahm. Wie kam Siegfried aber dorthin ? Angeblich in einem Glasgefäß wurde er als Baby in einem Bach ausgesetzt. MYNNER hat ihn gefunden, beim Kohlenbrennen,, also ganz in der Nähe. Hat dieser Siegfried von Xanten bis Siegen eine Flussfahrt überstanden ? Also doch nur eine Geschichte? Nein - es kann am Minnerbach gewesen sein, oder in der Nähe, wo Siegfried

272

ausgesetzt wurde. Und darum musste Siegfried auf Minne-Fahrt auch nicht nach Island, um Brunhild zu küssen. Nicht ISLAND, sondern ISARNLAND muss man lesen (Isarno für Eisen). Also das Eisenland zwischen Lene, Ruhr und Sieg.

Eine Fundstelle im „Heimatbuch", Siegen 1948: *„H. Behagel stellte **in der Minnerbach** auf einer der großen Terrassen nahe bei den Hüttenplätzen zwei rechteckige Pfostenbauten fest. Die eine von ihnen hatte einen Grundriss von 3 x 5 Metern. Auch fand man in der Quellmulde der Engsbach in 1,20 Meter Tiefe einen kreisförmigen flachen Muldenherd von 1 Meter Durchmesser, der durch reichliche Holzkohle, Scherben und herumliegende Quarzsteine am Rande der Mulde als Hausherd gekennzeichnet war. "*

Zwei weitere Fakten spielen mit in diese „Sage" hinein. Nachdem Wade seinen Sohn Wieland aus der Lehre genommen hat, geht er mit ihm „zu Fuß" nach Balve (Ballova). Von Schweden aus ein schier unglaublicher Vorgang. Vom Siegerland aus sogar ein logischer Weg über die heutige Eisenstraße B 54. In der Beschreibung der Thidrekssaga kommen die beiden über einen „Sundern", und den gibt es auf dem Weg gleich zweimal: bei Olpe und an der Lenne bei Plettenberg/Ohle.

C. Wieland in Schweden

Zur skandinavischen Herkunft der Wieland-Sage

Von Hermann Wittig, Schwerin

Abdruck aus DER BERNER Nr. 15 (2004), S. 31 – 39

Im Zusammenhang mit der Erforschung meines Familiennamens Wittig/Wideke bin ich über sehr viele Literaturhinweise und Bücher zu Erkenntnissen gekommen, welche bei der Lokalisierung der Thidrekssaga oder Teilen davon hilfreich sein können.

Durch die Sprachentwicklungen im Laufe der Jahrhunderte entstanden für die beiden Personen in der Überschrift des Aufsatzes zahlreiche Namensabwandlungen:

Wieland, Weland, Völundr, Waland, Wayland – der Schmied;

Wittig, Witege, Wideke, Vidka, Widerik, Viderich Verlandsson – sein berühmter Sohn.

Die Namen kommen auch in slawischen Sprachen vor, wie aus einem Namenslexikon der Slawen von Jana Pacice (Buda 1828) hervorgeht.

Diese Namen und Strukturierungen sind von namhaften Germanisten und Sagenforschern untersucht worden, wie W. Grimm, G. Lange, A. Raszmann, K. Müllenhoff, M. Haupt, O. L. Jiriczek, H. Paul, G. Schütte, L. Schmidt und vielen anderen. Es ist nicht meine Absicht, mich in einen Disput über die Wertigkeit dieser Theorien zu verwickeln.

Meine wichtigsten Erkenntnisse stelle ich wie folgt voran:

1.   Jeder Sage haftet grundsätzlich ein wahrer Kern an, der aber in der langen Überlieferungszeit bis zur schriftlichen Fixierung

unterschiedlichen Änderungen und Ausschmückungen unterliegt. In diesem Zusammenhang sind örtliche Volkssagen und Überlieferungen sowie Orts- und Landschaftsnamen wegen ihrer längeren Beständigkeit gleichwertig zu berücksichtigen.

2. Die Bildung der europäischen Staaten im Sinne der heutigen Nationalstaaten hat eigentlich erst nach der Völkerwanderungszeit angefangen. Vor und während der Völkerwanderungszeit gab es im heutigen Europa außerhalb des in Auflösung befindlichen römischen Imperiums viele germanische Stammesverbände und auch Kleinkönigreiche, welche unterschiedliche Bündnisse oder auch Kriege untereinander hatten. Daraus lässt sich aber kein nationaler Anspruch im heutigen Sinne auf die eine oder andere Sage herleiten. Es sind alles Sagen der germanischen S t ä m m e , mehr oder weniger lokal festgemacht mit Aussagen zu ein und derselben Sage, die teilweise Stämme und Territorien übergreifen können.

3. Im Fall meiner Namensforschung bin ich durch die Verbindung des nicht adligen germanischen Helden Witege als Sohn des Schmiedes Wieland und Kampfgefährten Dietrichs von Bern zu der Erkenntnis gekommen, dass die Urheimat des Schmiedes Wieland mit großer Wahrscheinlichkeit in Skandinavien liegt.

Dies lässt sich durch mehrere Zusammenhänge nachweisen. Bereits Wilhelm Grimm hat die altdänischen Heldenlieder in der Vorrede seiner Ausgabe von 1811 in die frühe heidnische Zeit des 5. und 6. Jahrhunderts datiert. In diesen Liedern werden bekannte historische Persönlichkeiten wie Dietrich, Hagen, Witege Verlandsson, Siward u.a genannt, welche zeitlich auch in den Bereich der Völkerwanderung passen.

In einem der Lieder wird der Kampf König Dietrichs mit dem Lindwurm unter Mithilfe eines Löwen genannt, nach dessen siegreichem Ende König Dietrich auf dem Löwen reitet. Dies ist im schwedischen Hunnestad-Monument (in der südwestschwedischen Provinz Halland, am Kattegat) auf dem Stein Nr. 4 abgebildet. In diesem Fall ergibt sich die Frage: warum wird eine nach Auffassung der etablierten akademischen Forscher z e n t r a l e u r o p ä -

i s c h e Sagenfigur ausgerechnet in Schweden im Frühmittelalter in Stein verewigt ?

Zu dem altdänischen Heldenlied „Zur Heldenfahrt", welches eine genaue Beschreibung der Schildzeichen von Dietrich mit einem gekrönten stehenden goldenen Löwen und von Witege mit Hammer und Zange enthält, schreibt bereits N. S. Vedel im Jahr 1591 im Vorspann zum genannten Gedicht, dass Widrik Werlandsson im Gerichtsbezirk Villands härad (nach seinem Vater Villand benannt) bei Sissebäck (in der Nähe von Bromölla, Schonen, Südschweden) begraben und in einem Hof in der Nähe geboren wurde. *(Härad ist in Skandinavien bis heute die unterste Verwaltungseinheit, früher auch für Rechtspflege und Finanzen, entstanden aus der „Hundertschaft" germanischer Stämme, d. Red.)* Auch wüsste eine Frau Jacobs genau, dass das Siegel des Gerichtsbezirks Hammer und Zange sei. Dieses Siegel ist nach Angaben von David Chyträus 1595 zum Andenken an den Schmied Villand nebst einer Fahne mit Hammer und Zange gestiftet worden und wird noch heute als Wappen des Gerichtsbezirks Villand härad geführt (siehe auch Hylten-Cavallius, Sagan im Didrik af Bern, 1850) (siehe Abbildung des Siegels).

Für die Begräbnisstätte des Witege gibt es noch eine Bestätigung durch einen Bericht des Pastors Jens Svendon von 1624 auf Anforderung des dänischen Königs Christian IV. (liegt im Kopenhagener Archiv). Es gibt auch eine Abbildung des Grabes von Witege in „Samlingar des Nordens", Bd. 2, von 1824

Dort wird das Grab um 500 datiert und der „Widrik" wird „Fylkes Kong" genannt. Das ist ein Begriff, den E. G. Geijer in „Geschichte Schwedens", Teil 1, erklärt als Häradskönig oder Fylkiskönig, der eine Art Adel mit fürstlicher Ehre, aber kein gebürtiger König ist. Wahrscheinlich war er einer der Kleinkönige.

Ich habe die Angaben überprüft und festgestellt, dass sich der Ort heute Widriksberg nennt (in der Nähe von Bromölla, Schonen). Da das Gebiet bis 1645 zu Dänemark gehörte, habe ich mir vom königlich dänischen Archiv die o.g. Siegelabbildungen schicken lassen und musste feststellen, dass die alten Siegel Hammer und Zange und auch einen Karfunkelstein enthalten *(der Stern zwischen beiden Ge-*

räten). Noch heute führt das Villands Härad Hammer und Zange im Wappen.

Eine weitere bildliche Darstellung Dietrichs von Bern und Widrik Werlandssons wird als Gemälde in der Flodakirche *(in Söderman-land, südlich von Stockholm)* bereits in „Runa antiquariks Tidschrift" 1844 genannt und abgebildet. Von den älteren Abbildungen des Dietrich von Bern sind mir bis jetzt nur die Bilder in der Burg Runkelstein (Südtirol, dort neben Siegfried) und die Abbildung auf dem Säulenkapitell des Baseler Münsters bekannt.

Der entscheidende Nachweis der skandinavischen Verbindung ergab sich aus den Ausgrabungen in Vendel und Valsgärde und den dabei aufgefundenen Helmen mit ihrer besonderen Form. *(In Vendel, Mittelschweden, wurde ein „Bootgräberfeld" mit zahlreichen Grabbeigaben gefunden; in der schwedischen Frühgeschichte heißt die Epoche v o r der Wikingerzeit „Völkerwanderungs- oder V e n d e l-Zeit"; sie entspricht etwa der Merowingerzeit in Mitteleuropa, d. Red.).* Hinzu kommt, dass die Fürstengräber in Skandinavien fast alle eine namentliche Zuordnung haben (z. B. Ottarshögen für den vorhistorischen Ottar Vendelkraka aus der Zeit um 500 bis 550).

Der wesentliche Beitrag zur zeitlichen und örtlichen Fixierung ergab sich aus dem Inhalt des „Virginal", welches mir dankenswerter Weise von der Handschriftenabteilung des Universität Heidelberg als Kopie zur Verfügung gestellt wurde: Codex Pal. Germ. 324, Bl. 199. *(Das „Virginal" ist eines der mittelhochdeutschen Heldenepen mit Erzählungen über Abenteuer Dietrichs und seiner Gefährten; der Dichter wusste offenbar Einzelheiten über Wieland und Wittich, die in der Ths nicht enthalten sind; d. Red.)* Dort wird zum ersten Mal die deutsche Form des Namens Wittich genannt. (Julius Zupitza nennt in seiner 1870 gedruckten Form des Textes den Namen Witege.) Im „Virginal" (nicht in der Ths) werden die Wappenzeichen „Hammer und Zange rot, und die Natter von Golde (am Helm), als ihm sein Vater Welent gebot" genannt. Hier schreibt Zupitza in der gedruckten Form wieder Wielant.

Wilhelm Grimm beschreibt (in Haupt's Zeitschrift für deutsches Altertum, 1842) ausführlich Wittichs Rüstung nach dem Epos „Virginal" und weist nach, dass dessen in der Wilkinasaga (Kap. 33, 156) beschriebener Helm eine Schlange am Scheitel besaß. Er verweist auch noch auf einen Text im „Eckenlied" des Kaspar von der Rön *(einem anderen spätmittelalterlichen Heldenepos, d. Red.)*, wo ein gleicher Helm aus Wielands Schmiede erklärt wird. Diese Feststellungen Wilhelm Grimms stellen die Verbindung zu den heutigen Ausgrabungsergebnissen her. Durch die Abbildung eines Helms aus der Vendelzeit, welche in Schweden ein Teil der Völkerwanderungszeit ist, wurde ich auf die eigentümliche Form des Helmes aufmerksam, welche sich mit der Beschreibung von Wilhelm Grimm deckt. Nach umfangreichen Literaturrecherchen ergab sich, dass diese Art der „Hjälme", wie sie in Schweden genannt werden, mit einer über den Scheitel geführten Schlange, n u r aus den fürstlichen Bootsgräbern von Vendel und Valsgärde in Schweden sowie von Sutton Hoo in Großbritannien *(nordisches Bootsgrab eines Königs, d. Red.)* aus archäologischen Grabungen bekannt sind.

Bezeichnend ist auch, dass Grabbeigaben in Vendel mit den Angaben aus dem Beowulf-Epos übereinstimmen (Bildplättchen am Helm, Schwert u.a. *(der Schrifttext des Beowulf-Epos stammt aus England, 10. Jh. der viel ä l t e r e Inhalt aus Südschweden/Dänemark; d. Red.)*

Die ersten Funde der Bootsgräber in Vendel stammen von 1881. Die Ausstattung dieser Gräber ist von einer so hohen Qualität, was Waffen- und Metallverarbeitung betrifft, so dass hier die Arbeit von Ausnahmehandwerkern angenommen wird. Danach ist die Vermutung nicht abwegig, dass hieran Wieland gearbeitet hat.

Die Ausgrabungen wurden bis in die jüngste Zeit fortgesetzt. Wilhelm Grimm konnte sie also nicht kennen, als er seine Niederschrift über den in der Heldensage (Virginal, Eckenlied) beschriebenen Helm des Wittich verfasste. Die Helme werden in der schwedischen Literatur „Kammhjälme" genannt, nach der über den Scheitel von hinten nach vorne geführten Schlange, welche mit dem Kopf jeweils über dem Nasenschutz endet. Die schwedische Datierung der Gräber von Vendel liegt zwischen 550 und 800 n. Chr. Das Grab in Sutton Hoo wird in das 6. Jhd. datiert. Einige der dortigen Helme sind mit Abbildungen aus der Beowulf-Sage versehen, wobei letzteres Epos in die Zeit des 5. bis 6. Jahrhunderts datiert wurde. Bei den Boots-

278

gräbern von Sutton Hoo wird auf Grund der Formvergleiche und von C-14-Analysen von v o r –wikingerzeitlicher Besiedlung Großbritanniens durch Skandinavier ausgegangen *(also nach üblicher Annahme v o r 793, d. Red.).*

Durch die Arbeit von Wilhelm Grimm, der die erwähnten Ausgrabungen von Vendel und Sutton Hoo nicht gekannt haben kann, erfolgte eine Auswertung der mittelalterlichen Texte mit einer so genauen Beschreibung, dass der Vergleich mit der ausgegrabenen Wirklichkeit überzeugend wirkt. Da bisher nur die Schlangenhelme aus der schwedischen Vendelzeit bekannt sind und außerdem die zeitliche Datierung alle annähernd übereinstimmen, kann man annehmen, das diese für die damalige Zeit so hochwertigen Erzeugnisse den Ruf des berühmten Schmiedes Wieland in Skandinavien begründet haben.

Ein weiterer Bericht der schwedischen Archäologie über die Zusammensetzung der Eisenschlacken im Raum von Bromölla (Englund und Larson, 1997) spricht von dem höchsten Gehalt an Kobalt (320 ppm). Durch den Zusatz von Kobalt erhöht man heute die Standzeit und Wärmefestigkeit von hochfesten Werkzeug- und Ventilstählen. Deshalb ist es nicht verwunderlich, wenn es dem Schmied Wieland, der in der unmittelbaren Nähe von Bromölla (nach schwedischen Sagen) seinen Hof hatte, gelang, die für die damalige Zeit so hochfesten Schwerter und Rüstungen herzustellen. Derart hohe Kobalt-Legierungen konnten bisher im übrigen Europa nicht nachgewiesen werden (Wilhelm Winkelmann und Michael Müller-Wille in Frühmittelalterliche Studien 1977).

Außerdem verweist Michael Müller-Wille noch darauf, dass die ältesten Eisenschlackenfunde der Völkerwanderungszeit aus Grabanlagen in Finnland stammen. In dem Zusammenhang müsste man auch die Edda-Überlieferung neu betrachten. Nach dem alten Lied der Edda ist ja Wieland ein finnischer Königssohn gewesen, wobei der Begriff „Finne" viele Völker im nördlichen und mittleren Schweden umfasst (nach E. G. Gejer, Geschichte Schwedens).

Bereits Wilhelm Müller schreibt in seinem Vorwort zur „Mythologie der griechischen und deutschen Heldensagen" (1889), dass er gerade wegen der an ihm geübten Kritik zur Zuordnung namentlich der Wielandsage diese Ansicht noch weiter begründet *(Müller wurde wegen seiner Behauptung der nicht-germanischen Herkunft der Wielandsage angegriffen; d. Red.).* Er verweist auf die Beziehungen zwischen finnischen und skandinavischen Völkern und die gegenseitige Beeinflussung ihrer Mythologien. Conrad Hofmann schreibt in seinen „Gothischen Konjekturen und Worterklärungen" (S. 10, Germania 8. Jahrgang), dass eine Rückwirkung bei bestimmten Worten aus dem Finnischen ins Germanische stattgefunden hat. So stellt er die Frage, ob der Name Valand (Völundr) nicht daher, d. h. aus dem Finnischen, kommt. Er weist nach, dass „walen" (= erstens „gießen" überhaupt und zweitens „Metall gießen") von den permischen Finnen herstammen muss und deshalb der Name Valand = Völundr daher stammt. In diesem Zusammenhang sollten auch die von Geijer getroffenen Feststellungen (a.a.O.) zu finnischen Schmieden beachtet werden.

Wie die Rolle des Wate als Sohn des Königs Wilcinus und der Meerfrau (Fischersfrau ?) anzugehen ist, muss noch geklärt werden. Jedenfalls hat es zwei Könige in Skandinavien vor oder im Zeitraum der Völkerwanderung mit einem sehr großen Reich bis Russland gegeben, jedoch mit anderem Namen. Puffendorf schreibt von Roticus Slingabod und seinem Sohn Vicleto. Nach Holthausen (a.a.O. S. 492) musste dieses Reich neben Schweden, Schonen, Seeland, Jütland und Winland auch Finnland umfassen, da sonst Wilcinaland nicht nördlich von Holmgard/Novgorord liegen konnte.

Weitere Untersuchungen müssen zeigen, ob es sich um eine reine Namensverwechselung oder um zeitgeschichtliche Verschiebungen und Vermischungen innerhalb der Thidrekssaga handelt, die ja auch in Skandinavien durch Volksüberlieferungen und auch in Abbildungen eine breite Grundlage hat. Bereits Hylten-Cavallius hat in seiner Vorrede zu den „Sagan om Didrik af Bern" (1850) auf die Vergleichsmöglichkeit der Sagenpersonen mit den historischen schwedischen Regenten hingewiesen. In seinen Anmerkungen zu „Hunna" verweist er noch auf die vielen Orts- und Flurnamen mit dem Vorsatz „Hunna, Hunne" u.ä. in Skane (Schonen, Südschweden). Vielleicht hat ja der Hunnastamm hier seine Wurzeln gehabt und ist in der Völkerwanderungszeit (mit den Herulern ?) nach Süden gezogen. In der Nähe von Bleckinge (Schonen) sollen die Heruler ansässig gewesen sein (nach „Skänes Historia von 1719, überarbeitete Neuausgabe 1958).

Da ja ein Stamm der Hunna in der Umgebung von Soest ansässig war, ist es durchaus wahrscheinlich, dass es sich um einen Stammesteil handelt, der sich im Zuge der Völkerwanderung dort niedergelassen hat. Es hat übrigens zur gleichen Zeit (5. Jhd.) auch einen Attila als „Skänelands regenter" in Schonen gegeben. Es ist bezeichnend, dass aus diesem Bereich die Nord-Süd- und Ost-West-Bewegungen der Völkerwanderung ausgegangen sind.

Jedenfalls springen jemandem, der sich mit dieser Thematik befasst, die vielen Namen mit diesem Präfix „Hunna" in der Karte Schonens schon ins Auge. Und es sind bedeutend mehr als in Deutschland. Man muss auch dabei berücksichtigen, dass ja Schonen, Blekinge und Halland – heute schwedische Provinzen – einmal lange dänisches Territorium waren, und dass sich die Grenzen auch in vorhistorischer Zeit je nach Krieg oder Heirat hin und her geschoben haben.

Aus alledem kann man mit Sicherheit auch annehmen, dass die Sage mit dem Aufbruch der germanischen Völker während der Völkerwanderungszeit in Nord-Süd-Richtung transportiert wurde und gleichfalls auch auf dem Seeweg nach Großbritannien gekommen ist. Dabei sind natürlich auch Rückwanderungen einiger Stammesteile erfolgt (in der Literatur werden die Heruler genannt, s. Geijer a.a.O.). Dass diese Stoffe aber so weit in das Gedankengut der ortsansässigen Bevölkerung eindrangen, dass ganze Landschaften oder Orte diese Namen übernahmen, bezweifle ich, da fahrende Sänger meistens an den Fürstenhöfen Quartier nahmen und so die Bevölkerung des Landes, die ja als Sprachträger auch für den größten Teil der lokalen Namen und Volksüberlieferungen fungierte, außen vor blieb.

Inwieweit Dietrich von Bern als Held in die nördlichen Gefilde gelangt ist, werden zukünftige Untersuchungen zeigen müssen. Auf alle Fälle gibt es im skandinavischen Bereich sehr viele festgehaltene Volksüberlieferungen, Namensbezeichnungen und Abbildungen für

Orte und Gebiete und auch überzeugende Grabungsergebnisse als
Beweise, die im zeitlichen und territorialen Zusammenhang mit der
Wilcina-Sage bzw. Thidrekssaga stehen und bei weiteren Untersu-
chungen nicht unberücksichtigt gelassen werden sollten.

(Quellen – 2 Seiten ! - hier nicht mit abgedruckt)